U0338869

高等院校经济管理类信息技术实验系列教材

数据库实验

张雪凤 主编

李欣苗
李艳红 副主编

上海财经大学出版社

图书在版编目(CIP)数据

数据库实验/张雪凤主编.一上海:上海财经大学出版社,2015.8
(高等院校经济管理类信息技术实验系列教材)
ISBN 978-7-5642-2208-6/F·2208

Ⅰ.①数… Ⅱ.①张… Ⅲ.①数据库系统-高等学校-教材
Ⅳ.①TP311.13

中国版本图书馆 CIP 数据核字(2015)162405 号

□ 责任编辑 吴晓群
□ 封面设计 张克瑶

SHUJUKU SHIYAN
数据库实验

张雪凤 主 编

李欣苗
李艳红 副主编

上海财经大学出版社出版发行
(上海市武东路 321 号乙 邮编 200434)
网 址:http://www.sufep.com
电子邮箱:webmaster @ sufep.com
全国新华书店经销
启东市人民印刷有限公司印刷装订
2015 年 8 月第 1 版 2015 年 8 月第 1 次印刷

787mm×1092mm 1/16 17 印张 435 千字
印数:0 001—3 000 定价:45.00 元

高等院校经济管理类信息技术实验系列教材

编委会

总 序

科技在飞速发展，社会在不断进步，当代大学生若要适应市场经济对人才的需求，除了要有深厚的理论基础外，更需要具有实践能力，因此，大学的实验教学和实践体系设计越发重要，成为在校生学习和受教育过程的重要组成部分。

高等学校 IT 人才的创新和实践能力与社会岗位需求之间存在一定差距，很重要的一个原因是高校实验课程的设计与企业需求联系不够紧密，实验课程设置中整体思想贯穿不够。所以，为了加快经济管理类高校 IT 类实验课程的建设步伐，需要在新一轮课程体系改革中，围绕“能力分解、阶梯推进”的课程实验改革思路，基于阶段项目训练的课程体系建设规划，同时结合 IT 相关专业的特点，在遵循现有课程体系的前提下，对专业课程的实验环节进行重组、整合和系统性规划，将 IT 行业的职业化场景真正引入课程体系和教学的全过程。

根据实验教学规律，我们将实验教学分为基础认知型（软件实验和硬件实验）、应用设计型、综合创新型（包括课程性综合实验、专业性综合实验、学科性综合实验）三个层次。分层次安排实验项目和内容，实现实验教学的系统优化。通过基础认知型实验设计，对学生进行基本实验技能、实验原理、实验方法的训练，巩固和应用理论知识；通过应用设计型实验设计，让学生能够运用基础实验内容，通过比较、抽象、概括、归纳等积极思维活动进行课程设计；通过综合创新型实验设计，运用多门课程的实验内容和实验结果，提出实现综合设计实验的总体方案，充分发挥学生的积极性、主动性和创造性，促进知识向能力转化。通过以上三个层次的实验设计规划，形成彼此关联、相互配合的系统化、层次化的实验课程体系。在这一过程中强调在课程群中统一实验目标、集中规划，在各门课程认知实验的基础上，强调专业知识的集成和学科综合。与此同时，利用“案例与任务驱动”的教学模式，启发学生在课程群环境中通过演练式学习主动分析和研究企业仿真环境，发现问题，创新思维，培养大学生的创造性思维。

本系列实验教材具有一定的实践意义：(1)形成了分阶段、渐进式学习模式，课程体系在原有的单一性、演示型、验证性课程实验的基础上设计了设计型、综合性实验，以及开放性、创新型实验，引导学生由浅入深，从知识理解到知识运用，再从知识运用到自主创新。(2)设计了以知识贯穿和课程融合为主导的集成实验内容，实现了十几门课程、基于两个案例的实验课程集成，弥补了课程之间的知识断点，实现了各课程之间的知识融合，促使学生从科目分科学习到知识融会贯通，从各门课程的知识积累向所有知识的综合运用能力转化。

本系列实验教材分专业和公共两个系列：专业系列包括综合设计实验、数据库、系统分析与设计、管理信息系统等实验教材；公共系列包括管理会计、经济管理中的计算机应用、ERP 综合实验等实验教材。本系列实验教材既适合作为高等学校信息管理与信息系统专业和经济管理类的 IT 专业本科生学习及实践的配套指导教材，也可以作为非计算机专业学生教学实践课程的专用教材。

希望通过本系列实验教材的共享和传播，能促进上海财经大学IT专业实验教学的深入开展，助力于全国财经类院校经管类IT专业实验教学的改革探索，继而推动全国高等院校实验教学的创新发展。

刘兰娟
上海财经大学信息管理与工程学院
2015年8月

前　言

数据库技术是发展最快的、应用最广的计算机技术之一，数据库基础教学的重要性也已得到各大专院校相关专业的广泛认可和重视。而数据库课程又是一门理论与实际结合非常紧密的课程，实用性非常强。为此，本书针对数据库课程的不同知识点，编制了配套的实验，使读者能够在最短时间内掌握数据库设计以及数据库的创建和操作方法，培养读者的实践和创造能力。

本书安排了与数据库有关的十二个实验。实验一旨在帮助读者掌握 Microsoft Access 2010 中数据库的创建、数据表的创建以及表数据的输入和导入操作。实验二包含了使用 Microsoft Access 2010 软件对数据库进行单表查询、多表查询、计算字段和汇总查询的实验。实验三将指导读者用 Microsoft Query 对数据库进行查询操作。经过这三个实验的练习，相信读者对数据库会有一个比较感性的认识。在此基础上，实验四中安排了对数据库进行设计的实验。要求读者用 Microsoft Excel 2010 软件绘制传统的 E-R 模型，然后将其转换为关系模型，再用 Microsoft Visio 软件绘制 E-R 模型，其中实体型用属性表示法。实验五至实验十二，安排了大量的需要在 Oracle11g 中完成的、关于结构化查询语言 SQL(Structured Query Language)的实验。其中，实验五包含了很多对数据库进行单表查询的实验，以帮助读者掌握对表的投影、选择操作，掌握简单和复杂查询条件的设置方法以及数据排序和汇总方法。实验六是关于连接查询和嵌套查询的，目的是帮助读者掌握基本的连接查询操作，熟悉自身连接和外连接操作，掌握各类子查询的使用方法。实验七是基本表的创建、插入、更新和删除实验。实验八包含了对视图、序列、同义词和索引的创建实验，使读者能掌握这些对象的创建及使用方法，熟悉如何用 Oracle 数据字典来查看这些对象。实验九包含了表的变更和删除及完整性约束定义等实验。实验十包含了若干个关于数据库的并发和安全性控制方面的实验，以帮助读者掌握 Oracle 数据库的事务提交和撤销操作，熟悉保存点的设置方法，熟悉 Oracle 数据库的用户创建方法，掌握 Oracle 数据库的安全性控制方法。实验十一是关于简单 PL/SQL 程序的实验，以帮助读者学会编写简单的 PL/SQL 程序，熟悉 IF 语句和各类循环语句的使用，熟悉程序块中的异常处理方法。实验十二是游标操作实验，要求读者能掌握游标的声明和使用，以及游标属性和游标 FOR 循环的使用方法，熟悉带参数游标的声明以及 FOR UPDATE OF 和 CURRENT OF 子句的使用方法。

本书既可作为财经类院校管理类和经济类专业、计算机背景类专业本科数据库课程的实验教学用书，也可作为从事数据库领域相关工作人员的参考书。

本书由张雪凤、李欣苗和李艳红编写，全书由张雪凤审定和统稿。由于学识浅陋、水平有限，书中不当之处恳请广大读者批评指正。

编　者

2015 年 8 月

目　录

newNorthwind 贸易数据库的建立

实验 1－1　newNorthwind 贸易数据库的创建

实验目的

- 理解数据库的概念；
- 理解关系(二维表)的概念以及关系数据库中数据的组织方式；
- 掌握数据库创建方法。

实验环境

- Microsoft Office Access 2010

实验要求

"newNorthwind"贸易数据库是在 Microsoft Office 2003 软件包自带的"Northwind.mdb"数据库的基础上修改后得到的,内含八个表,分别用于存放客户、订单、订单明细、类别、产品、供应商、雇员和运货商等信息,各个表的结构见表 1－1 至表 1－8,其中带下划线的字段是各表的主键。该数据库各个表之间的联系如图 1－1 所示。

试用 Microsoft Office Access 2010 软件创建该数据库,并将其存放在"newNorthwind.accdb"文件中。

表 1—1 客户表

字段名	数据类型	字段大小
客户 ID	文本	5
公司名称	文本	40
联系人姓名	文本	8
联系人职务	文本	30
地址	文本	30
城市	文本	10
地区	文本	4
邮政编码	文本	6
电话	文本	13

表 1—2 订单表

字段名	数据类型	字段大小
订单 ID	自动编号	长整型
客户 ID	文本	5
雇员 ID	数字	长整型
订购日期	日期/时间	
运货商	数字	长整型
运货费	货币	

表 1—3 订单明细表

字段名	数据类型	字段大小
订单 ID	数字	长整型
产品 ID	数字	长整型
单价	货币	
数量	数字	整型
折扣	数字	单精度型

表 1—4 类别表

字段名	数据类型	字段大小
类别 ID	自动编号	长整型
类别名称	文本	10

表 1—5 产品表

字段名	数据类型	字段大小
产品 ID	自动编号	长整型
产品名称	文本	40
供应商 ID	数字	长整型
类别 ID	数字	长整型
单价	货币	
库存量	数字	整型

表 1—6 供应商表

字段名	数据类型	字段大小
供应商 ID	自动编号	长整型
公司名称	文本	40
联系人姓名	文本	8
联系人职务	文本	30
地址	文本	30
城市	文本	10
地区	文本	4
邮政编码	文本	6
电话	文本	13

表 1—7 雇员表

字段名	数据类型	字段大小
雇员 ID	自动编号	长整型
姓氏	文本	4
名字	文本	4
职务	文本	30
分机	文本	4
上级	数字	长整型

表 1—8 运货商表

字段名	数据类型	字段大小
运货商 ID	自动编号	长整型
公司名称	文本	40
电话	文本	13

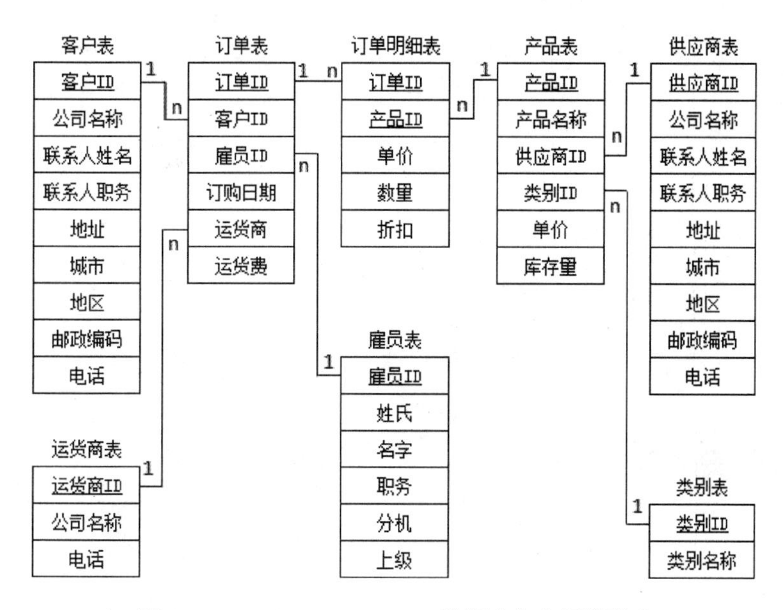

图 1—1 newNorthwind.accdb 数据库各表间的联系

实验步骤

一、Access 数据库软件的启动

在使用任何一个应用程序前都要启动该应用程序，使用完毕后要退出该应用程序。在 Windows 中启动 Microsoft Office Access 2010 数据库软件的方法有以下三种：

- 选择 Windows 任务栏中的“开始/程序/ Microsoft Office/Microsoft Office Access 2010”命令，即可打开 Access 软件；
- 若桌面上已建立“Microsoft Office Access”快捷方式，则直接双击该快捷方式图标；
- 在资源管理器中直接双击 Access 的程序文件“MSACCESS.EXE”。

二、创建数据库

在 Microsoft Office Access 2010 中，数据表是存放在一个“.accdb”数据库文件中的，因此首先要创建一个空数据库，并给它规定一个文件名和保存该文件的文件夹，然后利用设计视图、表向导等不同的方法来建立各个表。新建“newNorthwind.accdb”数据库的具体步骤如下：

1. 创建空数据库

在 Access 中选择“文件”/“新建”命令，屏幕右边将出现如图 1—2 所示的对话框，双击其中的“空数据库”模板或选中“空数据库”模板后单击【创建】按钮，就创建了一个空的数据库，如图 1—3 所示，用户可以在其数据库窗口执行创建表等操作。

图 1－2 “Microsoft Access”窗口

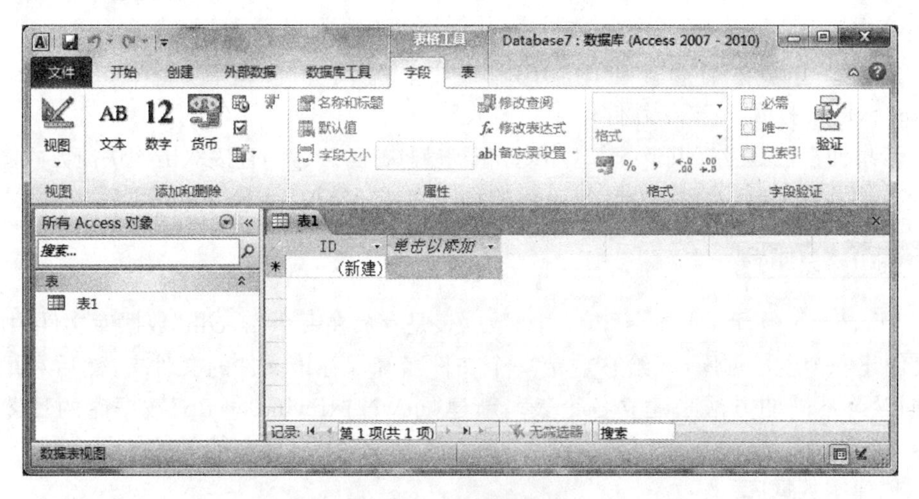

图 1－3 数据库窗口

2. 保存数据库

选择“文件”/“数据库另存为”命令，在随后出现的如图 1－4 所示的“另存为”对话框中为即将创建的数据库规定好文件名(如 newNorthwind.accdb)和存放该文件的适当的文件夹。

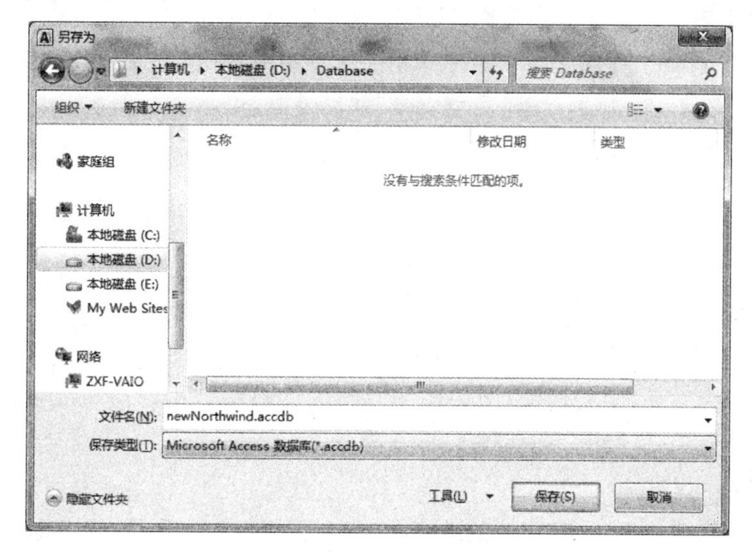

图 1—4　“另存为”对话框

单击“另存为”对话框中的【保存】按钮，即建立了一个空的、不包含任何数据表的“newNorthwind.accdb”数据库。

三、在数据库中创建表

在 Access 中可以使用表向导或设计视图建立数据表。表向导可以利用事先设计好的标准格式帮助经验不足的用户创建所需要的表；对于完全了解字段设置方法的用户，通过设计视图来创建表是一种比较好的方法，它不像向导那样逐步完成创建过程，但可以更多地控制表的特征和字段。这里使用设计视图来进行表的建立。

以“订单”表为例，在“newNorthwind.accdb”数据库中创建表的具体步骤如下：

1. 进入“表设计”视图

在如图 1—5 所示的“newNorthwind：数据库”窗口中选择“创建”选项卡的【表设计】命令按钮，进入“表设计”视图。

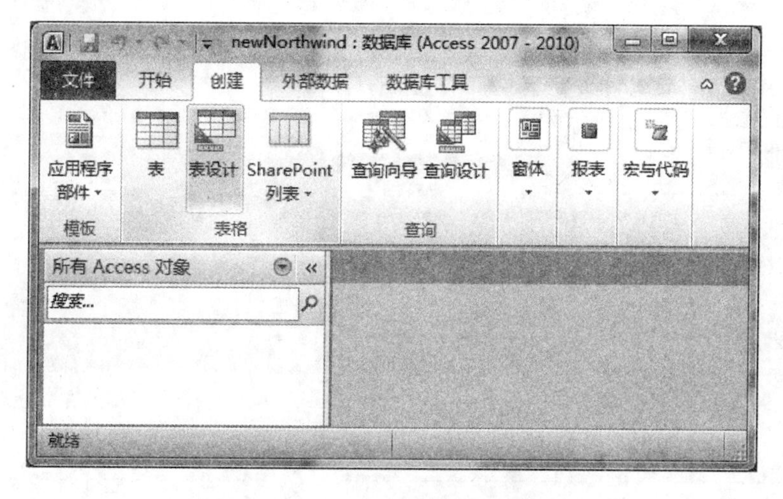

图 1—5　“newNorthwind：数据库”窗口

2. 定义数据表中的各字段的名称、数据类型、字段大小和格式

在“表设计”视图的“字段名称”列中，单击第一个空单元格，键入“订单 ID”以新建该字段；按 Tab 键移到“数据类型”列，选择“自动编号”数据类型。

在“设计”视图第二行定义“客户 ID”字段，数据类型设为“文本”，在下方的“常规”选项卡中将字段大小设为“5”。

在“设计”视图第三行定义“雇员 ID”字段，数据类型设为“数字”，在下方的“常规”选项卡中将字段大小设为“长整型”。

在“设计”视图第四行定义“订购日期”字段，数据类型设为“日期/时间”，在下方的“常规”选项卡的“格式”项中选择某种格式，如“短日期”格式，如图 1－6 所示。

在设计视图的第五、第六行定义“运货商”和“运货费”字段，数据类型分别设为“数字”和“货币”。

3. 设置数据的有效性

对“订单”表来说，“运货费”字段的取值必须“大于等于 0”，应该对该字段进行数据的有效性规则设置。

具体方法如下：在该字段“常规”选项卡“有效性规则”项中直接输入“＞＝0”，或单击其右边的【…】按钮，在随后出现的“表达式生成器”中设置有效性规则，如图 1－7 所示。

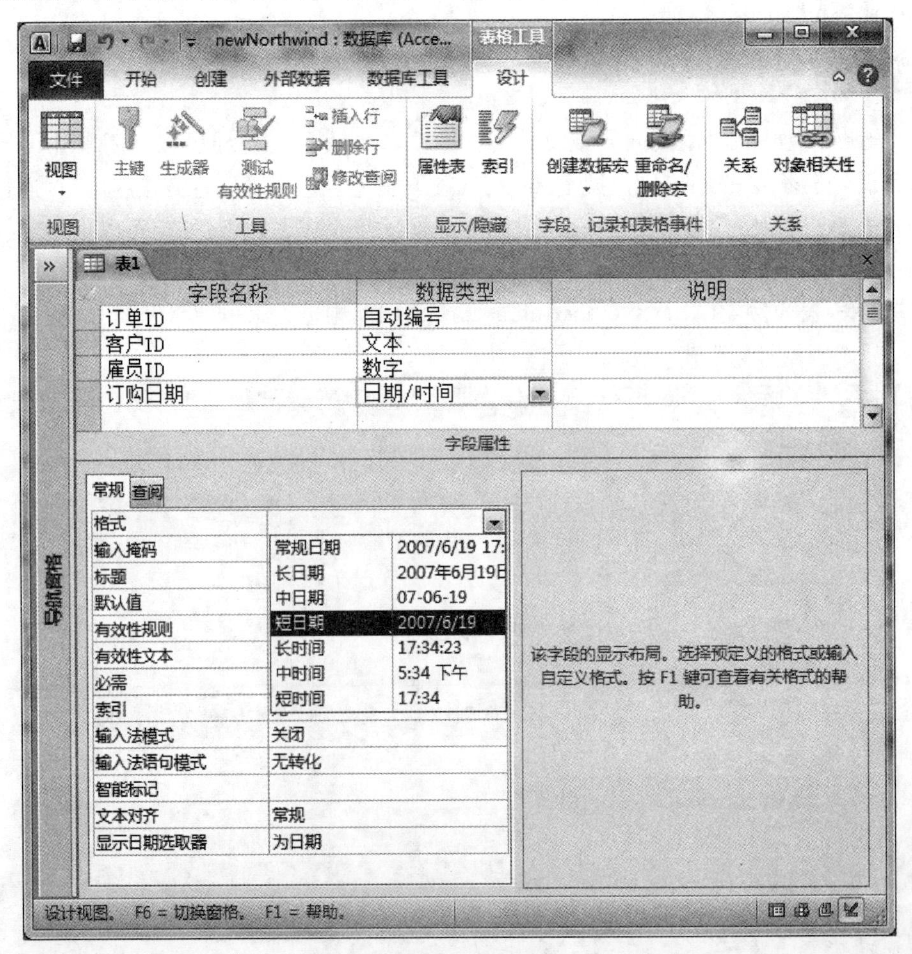

图 1－6 设计视图

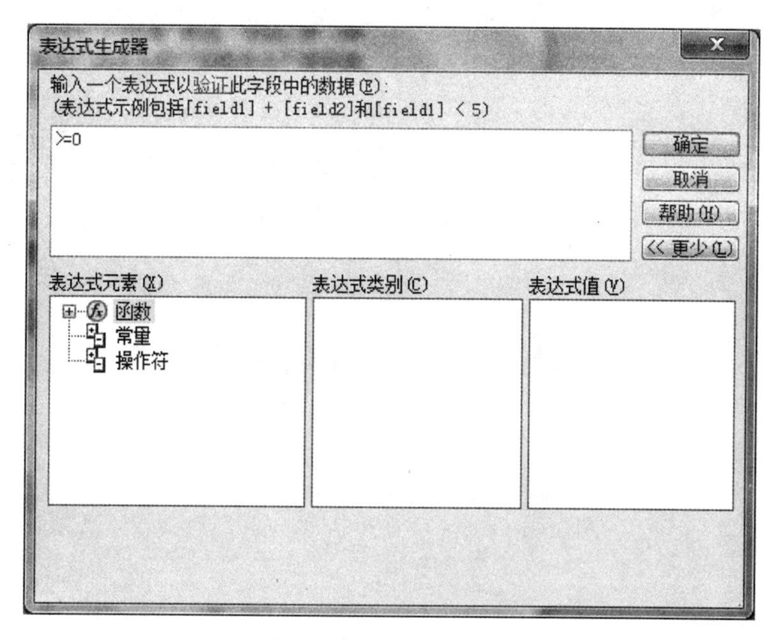

图 1—7　表达式生成器

4. 定义数据表(订单表)的主键(订单 ID)

将鼠标移至“订单 ID”字段，然后单击“设计”选项卡的【主键】命令按钮将“订单 ID”字段定义为主键，成为主键的字段旁会显示一个小钥匙标记，如图 1—8 所示。

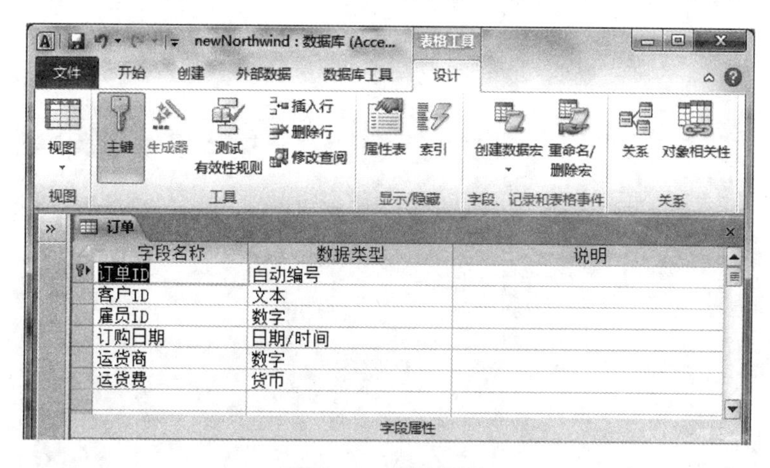

图 1—8　设计视图

5. 保存数据表

关闭“订单”表的设计窗口，在如图 1—9 所示的对话框中单击【是】按钮，再在如图 1—10 所示的“另存为”对话框中输入表的名称“订单”，然后单击【确定】按钮。这样，在“newNorthwind.accdb”数据库中就创建好了“订单”表。

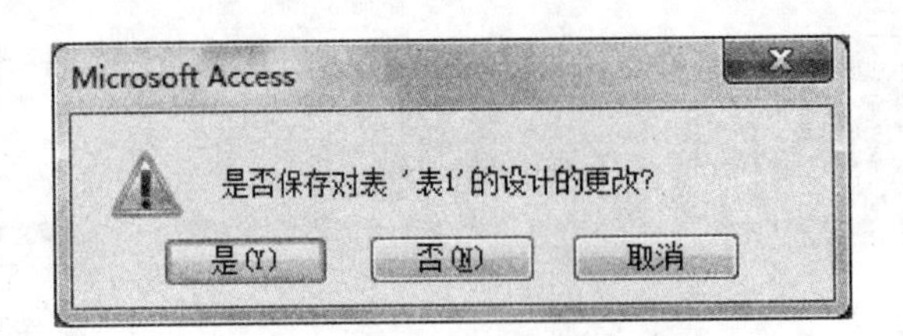

图 1—9 对话框

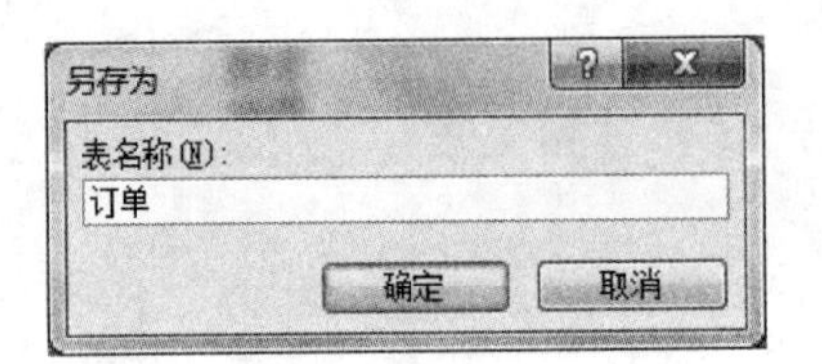

图 1—10 “另存为”对话框

6. 创建其他数据表

创建“newNorthwind.accdb”数据库中其他表的方法与“订单”表相同。“newNorthwind.accdb”数据库的 8 个数据表定义完毕后，单击导航窗格中“表”的下拉菜单按钮( )后，就可以看到该数据库中的所有数据表，如图 1—11 所示。

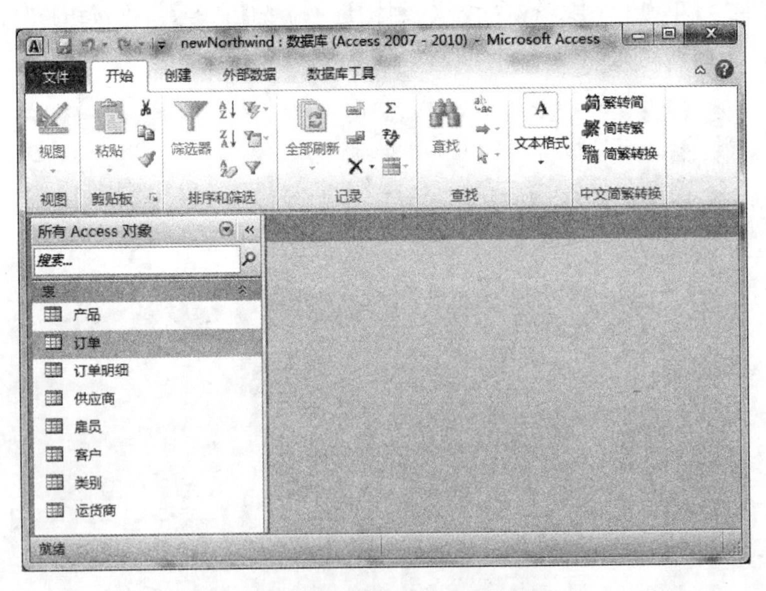

图 1—11 newNorthwind.accdb 数据库

7. 编辑表结构

表创建好以后，若想修改其表结构，可以右击该表的名称，出现如图 1—12 所示的快捷菜单，单击“设计视图”命令即可修改所选表的结构。

图 1—12　快捷菜单

四、创建数据表之间的联系

数据库中表与表之间存在着一定的联系，建立联系的具体步骤如下：

1. 添加相互间要建立联系的表至“关系”窗口

选择“数据库工具”选项卡的【关系】命令按钮，如图 1—13 所示，出现如图 1—14 所示的“显示表”对话框，选择其中的某个表并按【添加】按钮（或者直接双击表名），可将该表添加到“显示表”对话框后面的“关系”窗口中，如图 1—15 所示。

或者，先选中“显示表”对话框的第一个表，然后在按住“Shift”键的同时单击最后一个表，然后按【添加】按钮，可以一次性将所有表加入“关系”窗口中。

这里，不妨直接双击“订单”和“客户” 表，将它们添加至“关系”窗口。

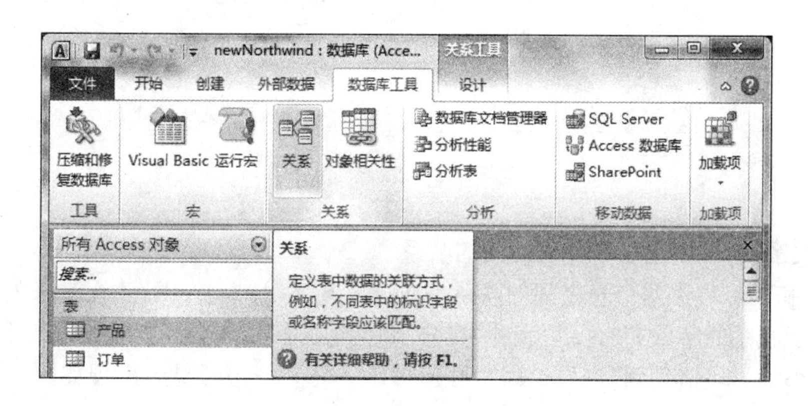

图 1—13　数据库工具选项卡的关系命令按钮

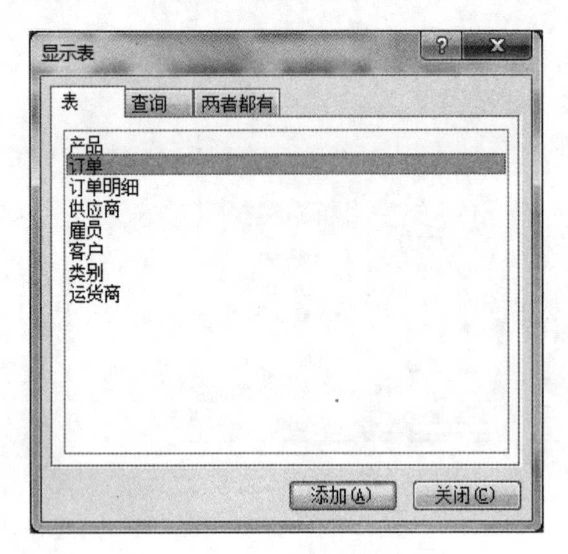

图 1—14 “显示表”窗口

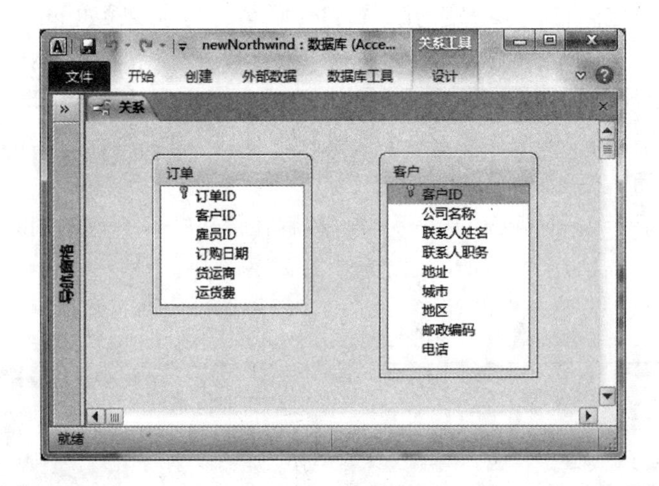

图 1—15 “关系”窗口

2. 在“关系”窗口中建立表与表之间的联系

“订单”和“客户”这两个表之间的联系是通过公共字段“客户 ID”建立起来的。用户只要单击表中用于联系的字段如“订单”表的“客户 ID”字段，然后按住鼠标左键拖动鼠标，将随后出现的一个小加号块拖动到“客户”表的“客户 ID”字段上，松开鼠标，出现如图 1—16 所示的“编辑关系”对话框。

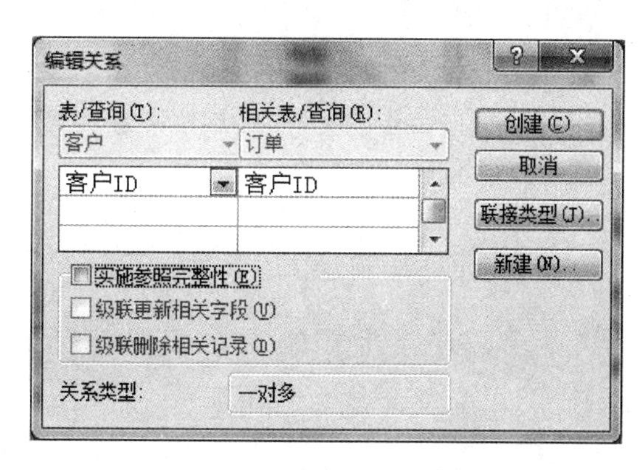

图 1—16 “编辑关系”窗口

说明：

(1)如果要拖动多个字段，在拖动之前请按下“Ctrl”键并单击每一字段。在大多数情况下，表中的主键(主关键字)字段将拖动到其他表中的外键(外部关键字)字段。

(2)主键与外键字段不一定具有相同的名称，但是它们必须有相同的数据类型，当匹配的字段是“数字”字段时，它们必须有相同的“字段大小”属性设置。匹配数据类型的两种例外情况是：

- 可以将“自动编号”字段与“字段大小”属性设置为“长整型”数据类型的“数字”字段匹配；
- 可以将“自动编号”字段与“字段大小”属性设置为“同步复制 ID”数据类型的“数字”字段匹配。

3. 实施参照完整性

选中“编辑关系”对话框中的“实施参照完整性”复选框，单击【创建】按钮即可在这两个表之间建立联系并实施参照完整性。“订单”和“客户”表之间的连线代表了它们之间的联系，如图 1—17 所示。

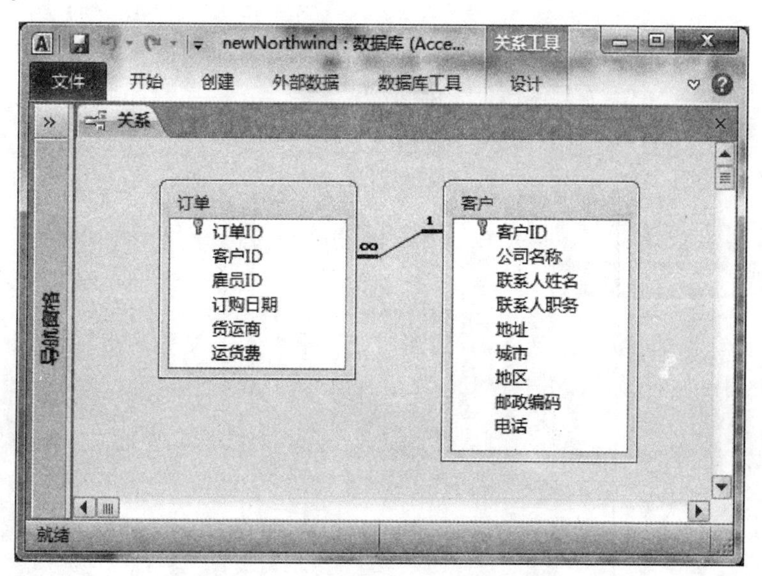

图 1—17 订单和客户表之间的联系

说明：

在表之间建立联系的同时要求实施参照完整性就是规定数据库管理系统(如 Access)必须负责并自动检查用户的操作(如输入或修改表数据、删除表数据等操作)是否会违反表之间的参照完整性,若违反就给出提示并拒绝相应操作。

按同样的方法完成"newNorthwind.accdb"数据库中各数据表之间联系的建立工作。所有联系建立完毕以后,关系窗口如图 1—18 所示。

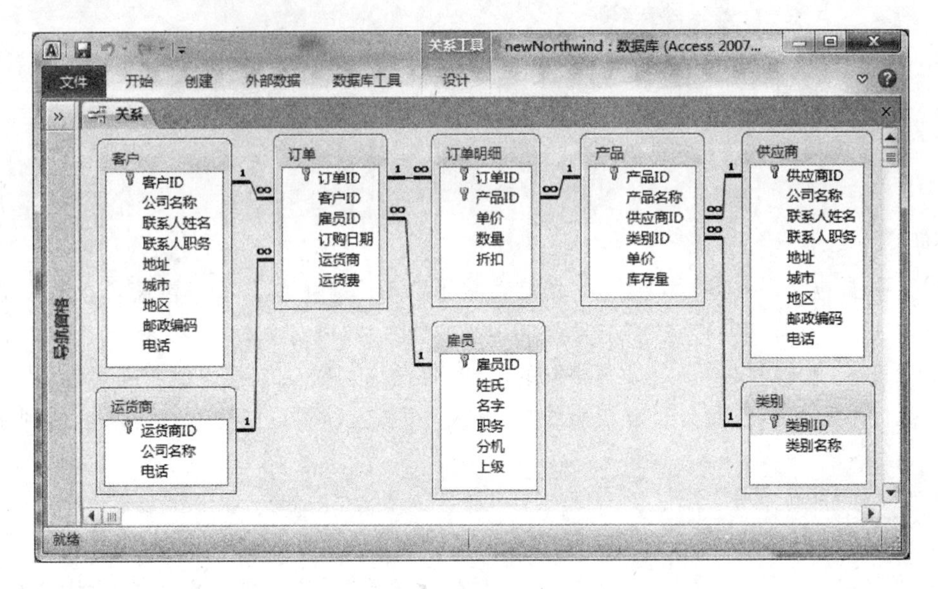

图 1—18　关系窗口

关闭"关系"窗口,系统提示是否保存对关系布局的更改,如图 1—19 所示,单击【是】按钮保存关系。

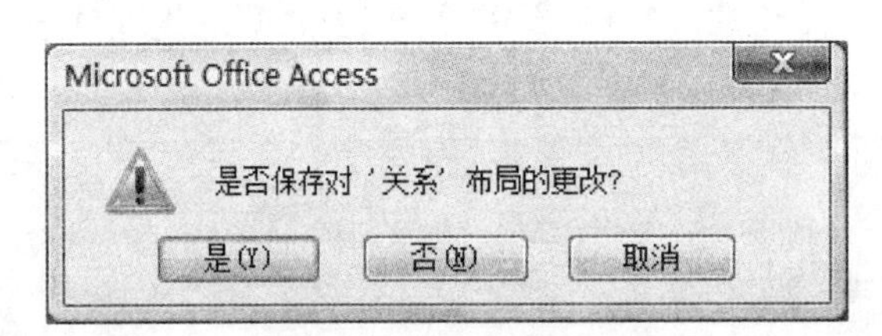

图 1—19　保存关系

五、编辑与删除表间联系

用鼠标选中关于表间联系的连线,双击连线或用图 1—20 关系工具"设计"选项卡中【编辑关系】命令按钮即可编辑联系;而按"Delete"键则可删除联系。

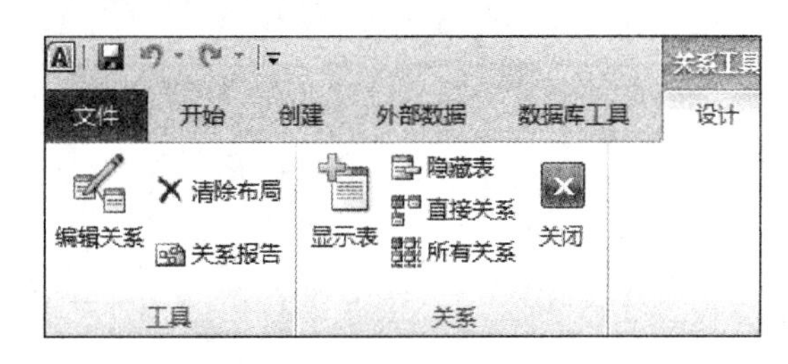

图 1—20 关系工具栏

若关系窗口中重复添加了表，则先删除这些表之间的联系，再删除关系窗口中的表。

实验 1—2 newNorthwind 数据库的数据输入和导入

实验目的

- 进一步理解关系(二维表)的概念；
- 熟悉并利用表的数据表视图输入数据；
- 掌握数据库导入数据的方法。

实验环境

- Microsoft Office Access 2010

实验要求

在“newNorthwind.accdb”数据库的类别表、运货商表和雇员表中输入数据，表中数据见表 1—9 至表 1—11。数据库中其他表的数据则要求直接从“newNorthwind.xlsx”文件(如图 1—21所示)中导入。

表 1—9 类别表

类别 ID	类别名称
1	饮料
2	调味品
3	点心
4	日用品
5	谷类/麦片
6	肉/家禽
7	特制品
8	海鲜

表 1—10 运货商表

运货商 ID	公司名称	电 话
1	急速快递	(010)65559831
2	统一包裹	(010)65553199
3	联邦货运	(010)65559931

表 1－11 雇员表

雇员 ID	姓氏	名字	职务	分机	上级
1	张	颖	销售代表	5467	2
2	王	伟	副总裁(销售)	3457	
3	李	芳	销售代表	3355	2
4	郑	建杰	销售代表	5176	2
5	赵	军	销售经理	3453	2
6	孙	林	销售代表	428	5
7	金	士鹏	销售代表	465	5
8	刘	英玫	内部销售协调员	2344	2
9	张	雪眉	销售代表	452	5

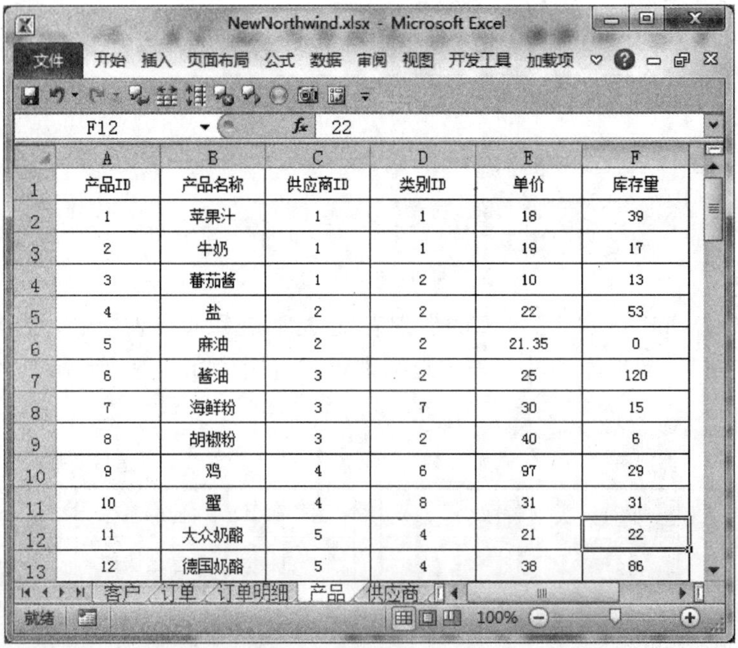

NewNorthwind.xlsx - Microsoft Excel

文件 开始 插入 页面布局 公式 数据 审阅 视图 开发工具 加载项

F12 fx 22

	A	B	C	D	E	F
1	产品ID	产品名称	供应商ID	类别ID	单价	库存量
2	1	苹果汁	1	1	18	39
3	2	牛奶	1	1	19	17
4	3	蕃茄酱	1	2	10	13
5	4	盐	2	2	22	53
6	5	麻油	2	2	21.35	0
7	6	酱油	3	2	25	120
8	7	海鲜粉	3	7	30	15
9	8	胡椒粉	3	2	40	6
10	9	鸡	4	6	97	29
11	10	蟹	4	8	31	31
12	11	大众奶酪	5	4	21	22
13	12	德国奶酪	5	4	38	86

客户 订单 订单明细 产品 供应商

就绪 100%

图 1－21 newNorthwind.xlsx 文件

实验步骤

一、newNorthwind 数据库的数据输入

在创建了所需要的各个表及关系并加以保存之后，数据库中表的结构与关系便已建立，但数据表中尚无数据。这时可以利用表的“数据表视图”向各个表添加数据。

以运货商表为例，在表中输入数据的操作步骤如下：

1. 选择表

在导航窗格中，选中需要输入数据的表："运货商"表。

2. 输入数据

双击表名或右击表名后快捷菜单选择"打开"命令，就可进入运货商表的数据表视图窗口，直接输入相应数据即可，如图 1－22 所示。若在表的设计视图中，也可选择"设计"选项卡的"视图/数据表视图"命令，如图 1－23 所示，切换至数据表视图输入数据。

用同样方法可以在类别表和雇员表中完成数据输入操作。

在输入数据的过程中需注意以下几点：

(1)用户不需要输入"自动编号"类型的字段的值，系统会自动生成。

(2)输入数据的类型应与表中相应字段的数据类型一致，否则系统会报错。例如，用户试图在订单表的运货费字段输入一个负的运货费"－345"时，系统就会给出如图 1－24 所示的出错提示窗口。

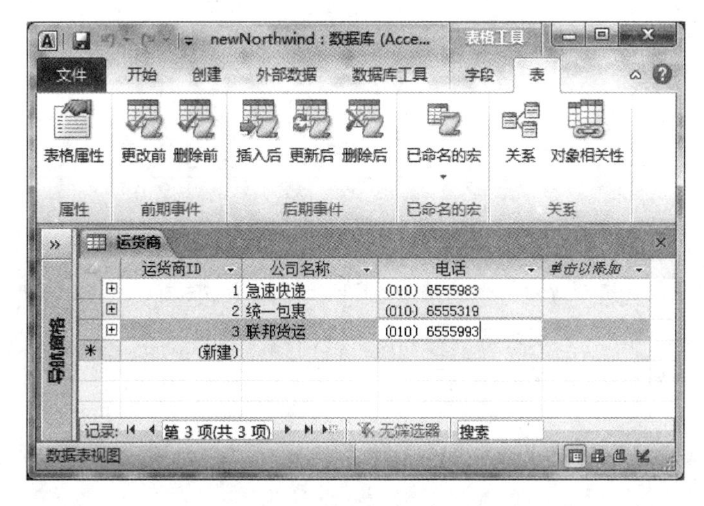

图 1－22 在数据表视图输入运货商表数据

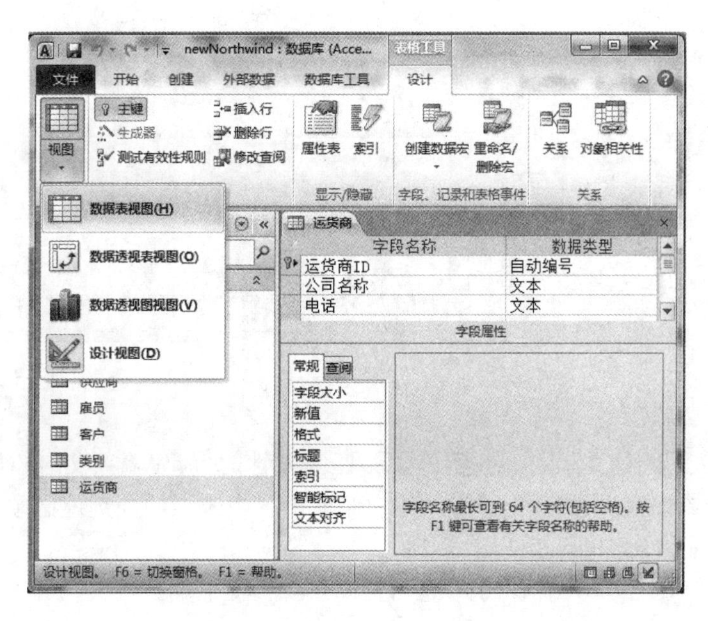

图 1－23 设计视图

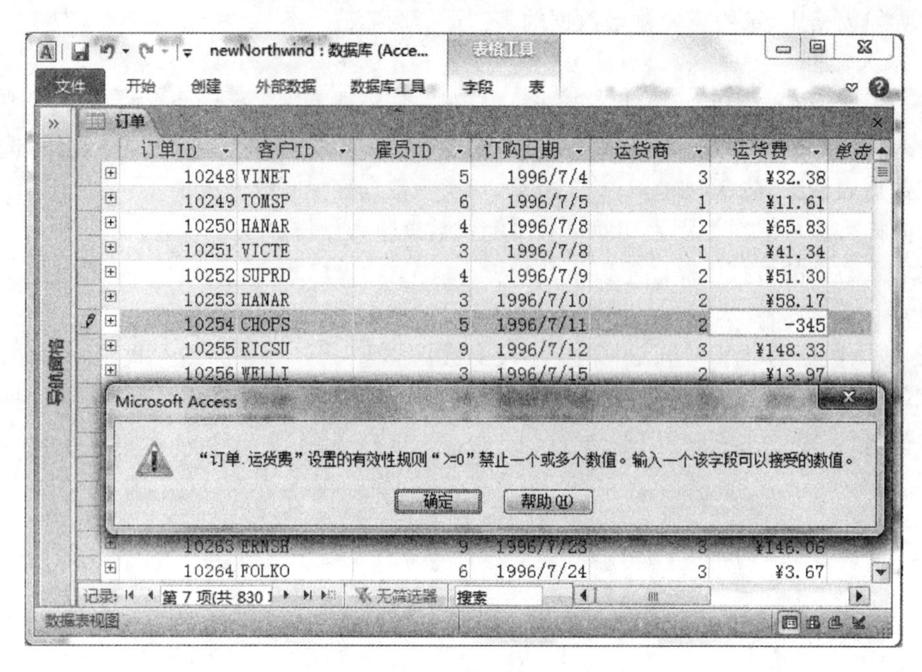

图 1－24　出错提示窗口

(3)输入的主键(或称主关键字)的值必须非空且唯一,否则系统会报错。例如,当用户在客户表的某一行漏输了“客户 ID”字段时,系统将给出如图 1－25 所示的出错提示窗口,提示主关键字的值不能为空(Null)值。

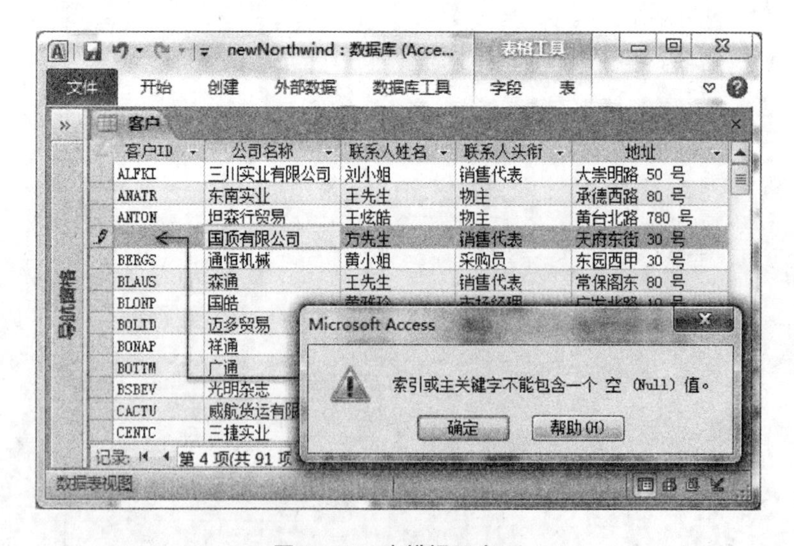

图 1－25　出错提示窗口

(4)当两个表之间建立了联系并实施了参照完整性时,应先输入父表(被参照表)中的数据,再输入子表(参照表)中的数据。另外还应保证子表中输入的外键值必须是父表的主键中出现过的值,否则系统将拒绝相应操作。

例如,当用户在订单明细表的外键“订单 ID”字段中输入了一个订单表中不存在的

"12079"订单时，系统就会给出如图 1－26 所示的出错提示窗口，提示用户由于订单表中没有相关的记录所以对订单明细表的添加记录操作失败。

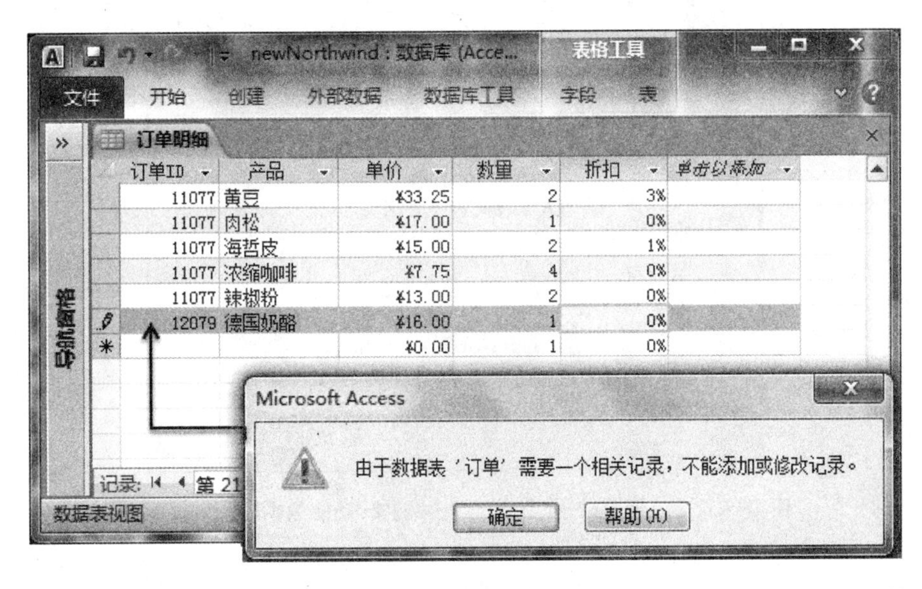

图 1－26 出错提示窗口

(5)若用户不希望考虑表之间的输入顺序，则在输入各表数据之前先不要建立表之间的联系。这样用户输入数据时比较灵活，但缺点是在输入数据时系统无法做参照完整性检查，这项工作只能由用户自己完成。用户自己需要保证输入的数据是符合参照完整性的，否则当所有数据输入完毕后建立表之间联系并实施参照完整性时系统还是会报错。

二、newNorthwind 数据库的数据导入

这里需要将"newNorthwind.xlsx"文件中的客户、产品、供应商、订单和订单明细表数据导入"newNorthwind.accdb"数据库的对应表中。下面以"客户表"的导入为例，说明具体的数据导入方法。

1. 选择要导入的文件

单击"外部数据"选项卡"导入并链接"功能组中的【Excel】命令按钮(如图 1－27 所示)，出现如图 1－28 所示的"获取外部数据-Excel 电子表格"对话框。单击其中的【浏览】按钮，在随后出现的"打开"对话框(如图 1－29 所示)中选择要导入的文件"newNorthwind.xlsx"，然后单击【打开】按钮，返回"获取外部数据-Excel 电子表格"对话框。

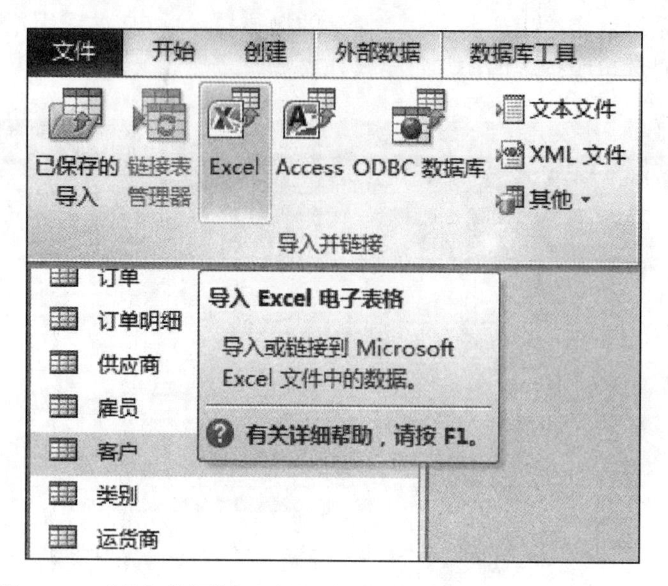

图 1－27 “外部数据”选项卡“导入并链接”功能组中的“Excel”命令

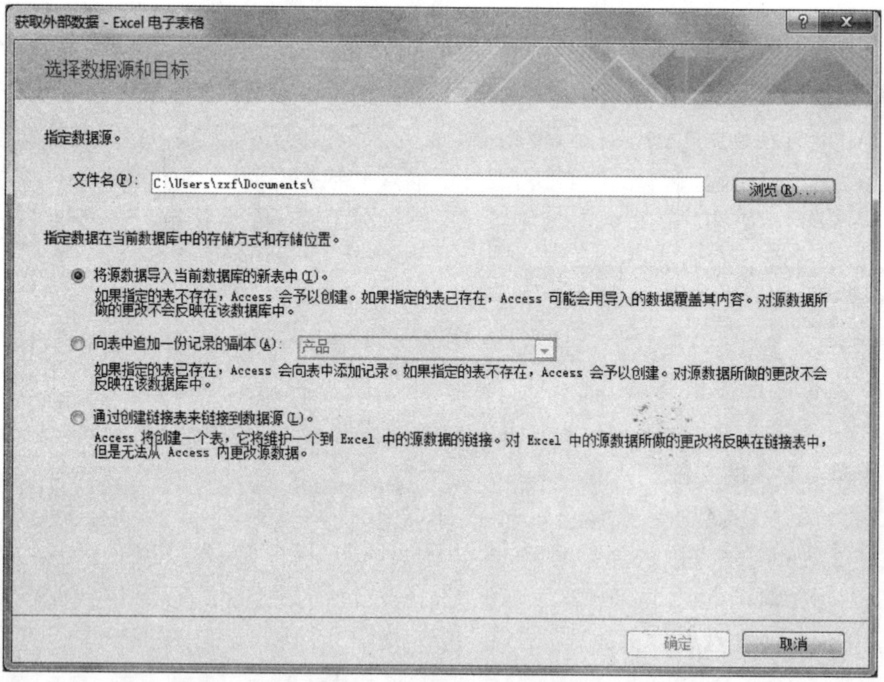

获取外部数据 - Excel 电子表格

选择数据源和目标

指定数据源。

文件名(F): C:\Users\zxf\Documents\ 浏览(R)...

指定数据在当前数据库中的存储方式和存储位置。

◉ 将源数据导入当前数据库的新表中(I)。
如果指定的表不存在，Access 会予以创建。如果指定的表已存在，Access 可能会用导入的数据覆盖其内容。对源数据所做的更改不会反映在该数据库中。

○ 向表中追加一份记录的副本(A): 产品
如果指定的表已存在，Access 会向表中添加记录。如果指定的表不存在，Access 会予以创建。对源数据所做的更改不会反映在该数据库中。

○ 通过创建链接表来链接到数据源(L)。
Access 将创建一个表，它将维护一个到 Excel 中的源数据的链接。对 Excel 中的源数据所做的更改将反映在链接表中，但是无法从 Access 内更改源数据。

确定 取消

图 1－28 “获取外部数据-Excel 电子表格”对话框

图 1—29　“打开”对话框

2. 规定导入数据的储存位置

在如图 1—30 所示的“获取外部数据-Excel 电子表格”对话框中指定“数据在当前数据库中的储存方式和储存位置”为“向表中追加一份记录的副本”，并选择“客户”表，按【确定】按钮，出现如图 1—31 所示的“导入数据表向导”对话框。

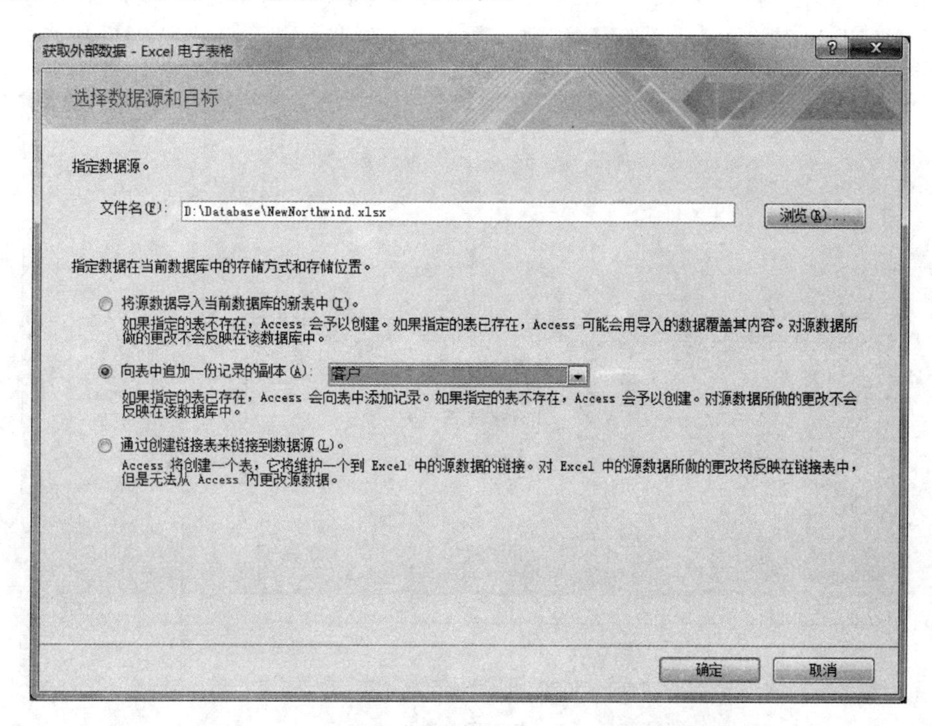

图 1—30　“获取外部数据-Excel 电子表格”对话框

3. 确定要导入的工作表（“客户”表）

在如图 1—31 所示的“导入数据表向导”对话框的列表框中显示了“newNorthwind.xlsx”文件中各个工作表的名字。

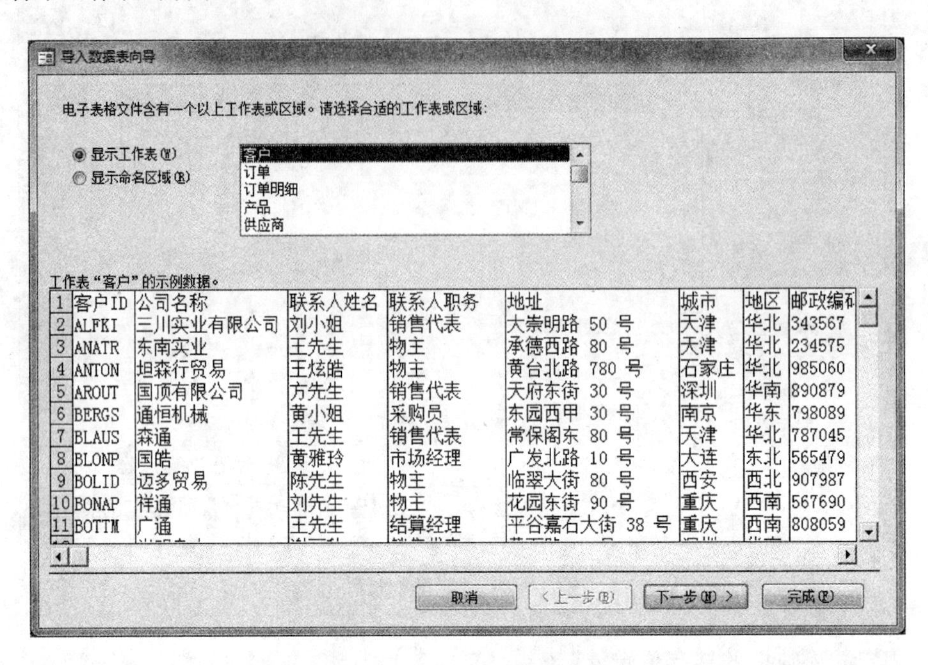

图 1—31 导入数据表向导

选择其中要导入的工作表“客户”，在其下方就会显示该工作表所包含的数据，其中的第一行是列标题。单击【下一步】按钮，出现如图 1—32 所示的“导入数据表向导”对话框，再单击【下一步】按钮，出现如图 1—33 所示的“导入数据表向导”对话框。

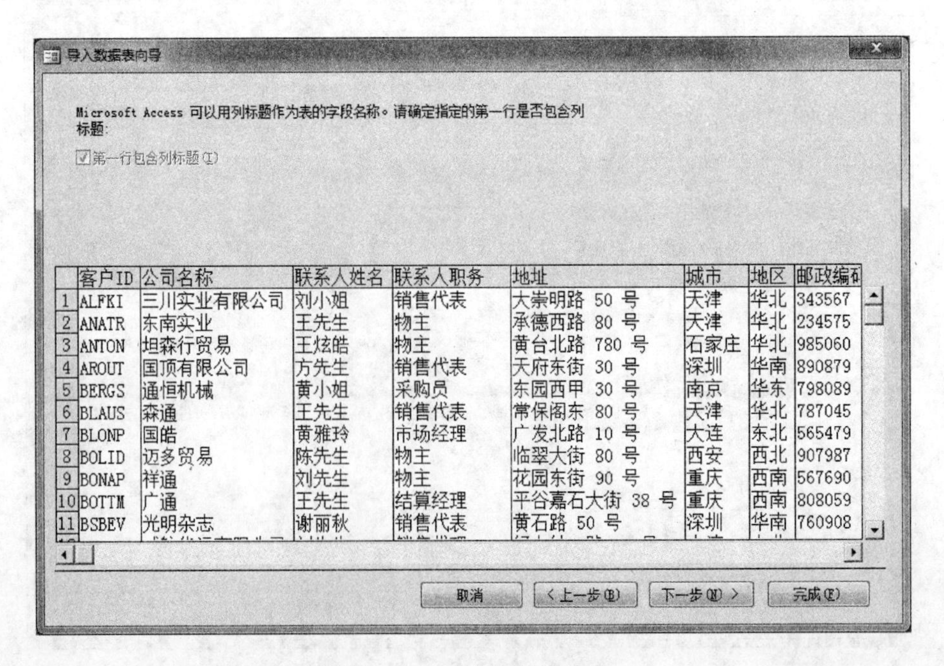

图 1—32 导入数据表向导

4. 完成数据导入工作

在如图 1—33 所示的"导入数据表向导"对话框中单击【完成】按钮，就会出现如图 1—34 所示的"获取外部数据-Excel 电子表格"对话框，其中显示的文字表明导入"newNorthwind.xlsx"文件中客户数据的工作已经成功，单击其中的【关闭】按钮即可。

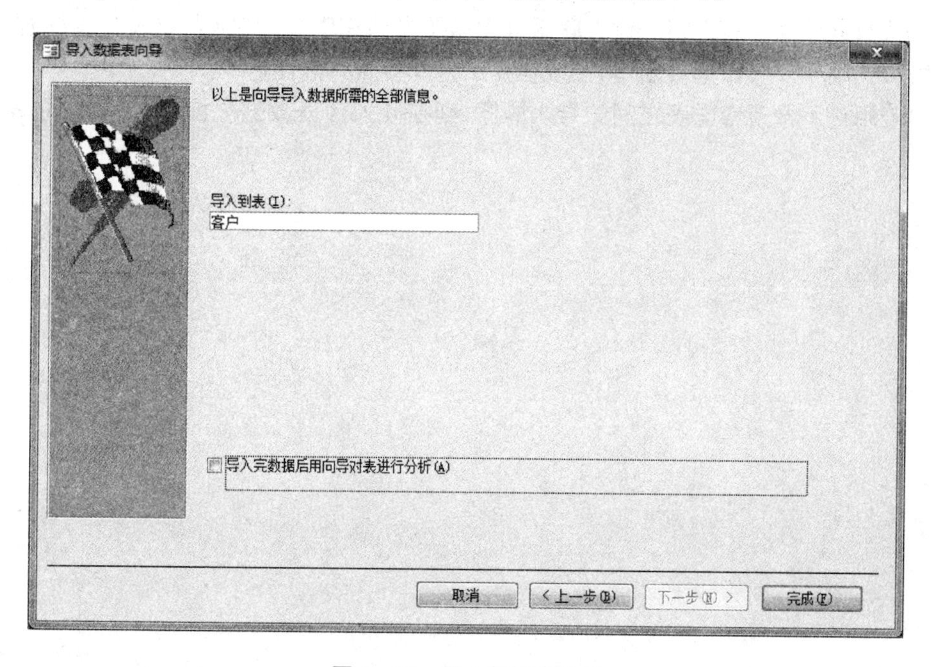

图 1—33　导入数据表向导

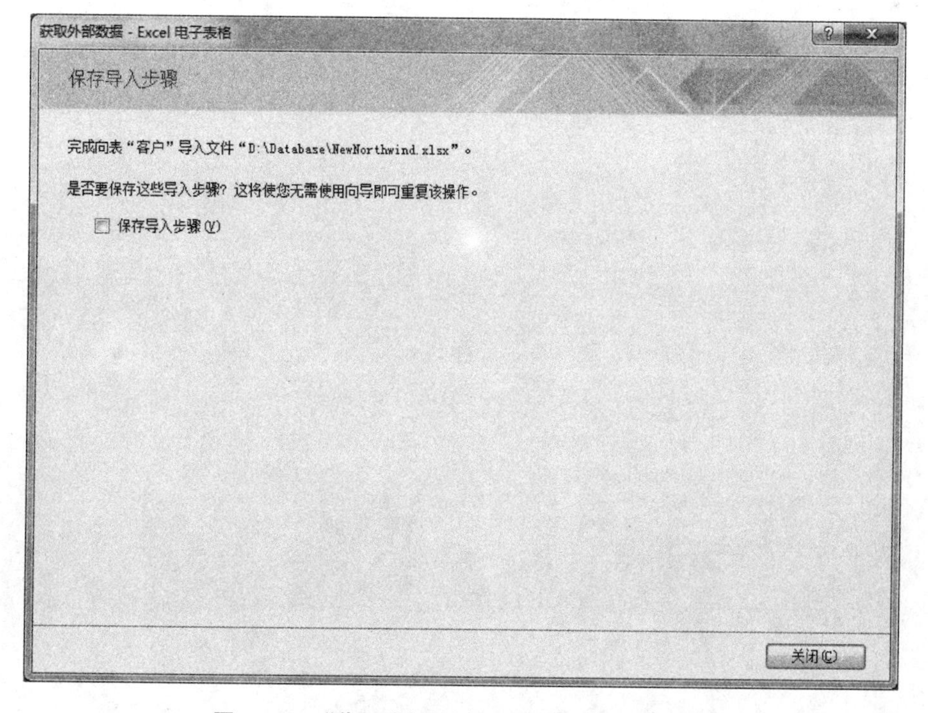

图 1—34　"获取外部数据-Excel 电子表格"对话框

在导入数据的过程中还需注意以下几点：

(1)导入的外部文件中各列数据的类型应与数据库中对应表的相应字段类型一致；

(2)导入的外部文件中主键的值应唯一，否则导入操作也会出错，主键值重复的记录会丢失；

(3)若数据库的各表之间已建立联系且实施了参照完整性，则应先导入父表数据，再导入子表数据，否则导入操作也会出错，系统会提示违反参照完整性；

(4)若用户不希望考虑表之间的导入顺序，则在导入各表数据之前，先不要建立表之间的联系。

实验报告

实验项目名称　实验一　newNorthwind 贸易数据库的建立

实　验　室＿＿＿＿＿＿＿＿＿＿＿＿＿＿＿＿

所属课程名称　数据库

实验日期＿＿＿＿＿＿＿＿＿＿＿＿＿＿＿＿

班　级＿＿＿＿＿＿＿＿＿＿

学　号＿＿＿＿＿＿＿＿＿＿

姓　名＿＿＿＿＿＿＿＿＿＿

成　绩＿＿＿＿＿＿＿＿＿＿

【实验环境】

· Microsoft Office Access 2010

【实验目的】

· 理解数据库的概念；
· 理解关系(二维表)的概念以及关系数据库中数据的组织方式；
· 掌握数据库创建方法；
· 熟悉并利用表的数据表视图输入数据；
· 掌握数据库导入数据的方法。

【实验结果提交方式】

● 实验 1-1：

· 按实验步骤创建"newNorthwind"贸易数据库，该数据库的命名规则是"NW-XXXXXXXXXX.accdb"，其中"XXXXXXXXXX"是学号；
· 数据库中各表的命名规则是"原表名 XXXXXXXXXX"，其中，"原表名"是指实验步骤中写明的表的名字(如客户)，而"XXXXXXXXXX"是学号。

● 实验 1-2：

· 按实验步骤完成"newNorthwind.accdb"数据库数据的输入和导入；
· 在教师规定的时间内通过 BB 系统提交"NW-XXXXXXXXXX.accdb"文件。

【实验思考】

1. 自动编号类型的字段与其他类型字段有什么区别？

2. 在定义字段时设置数据有效性规则有什么作用？

3. 什么是表的主键？当主键包含多个字段时，如何定义表的主键？

4. 输入表数据时，对主键的值有什么限制？

5. 什么是外键和参照完整性？输入表数据时，对外键的值有什么限制？

6. 在数据库中各表之间的联系建立以后，将外部数据导入到表的过程中可能会遇到什么问题？

【思考结果】

1.

2.

3.

4.

5.

6.

- 将思考结果保存在“XXXXXXXXXX－1－思考.docx”文件中，其中“XXXXXXXXXX”是学号；
- 在教师规定的时间内通过 BB 系统提交“XXXXXXXXXX－1－思考.docx”文件。

实验成绩：　　批阅老师：　　批阅日期：

Northwind 贸易数据库的数据查询

实验 2—1　Access 数据库简单查询

实验目的

- 理解数据查询的概念；
- 掌握 Access 数据库的基本查询方法。

实验环境

- Microsoft Office Access 2010

实验要求

本实验将以一个为 Northwind 贸易公司开发的数据库“Northwind.accdb”作为查询用数据库。该数据库与 Microsoft Office 2003 软件包自带的“Northwind.mdb”数据库的结构和数据完全一样，其中各表的字段名及表之间的联系如图 2—1 所示。

假设，Northwind 贸易公司的销售人员希望了解位于不同城市的客户的公司名称、联系人姓名、联系人头衔和电话等信息，而采购人员则希望了解产品及供应商信息。请你设计相关查询，帮助他们获取相应信息。

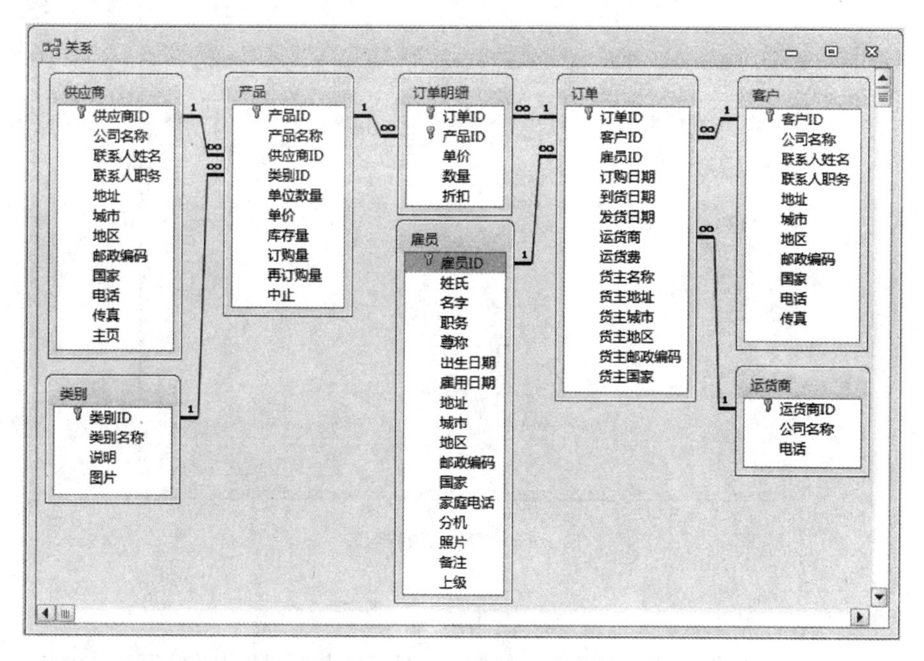

图 2－1　Northwind 数据库中各表的字段名及表之间的联系

实验步骤

一、查询位于不同城市客户的信息

Northwind 贸易公司销售人员需要了解自己所管辖城市的客户的信息。例如，查询位于大连的客户的城市、公司名称、联系人姓名、联系人职务和电话号码等数据。Access 提供了设计视图和查询向导这两种建立查询的工具。一般来说，“查询向导”比较受初学者的欢迎，读者对 Access 使用了一段时间以后会更加喜欢用“设计视图”进行查询，因为它比较简洁，所有查询的设置全部放在一个窗口中，可以让读者一目了然。

(一)利用设计视图查询

下面先利用设计视图方法完成本查询。

本查询是从数据库的一个表(客户表)的全部记录中挑选出符合规定的某种条件的部分记录的某几个特定的字段值。其中，需要规定一个筛选条件：“城市 ＝ 大连”。

建立这一查询的具体操作步骤如下：

1. 打开“Northwind.accdb”数据库

单击 Access 应用程序“文件”菜单中的“打开”命令，在如图 2－2 所示的“打开”对话框中选择“Northwind.accdb”数据库，并单击【打开】按钮打开该数据库。

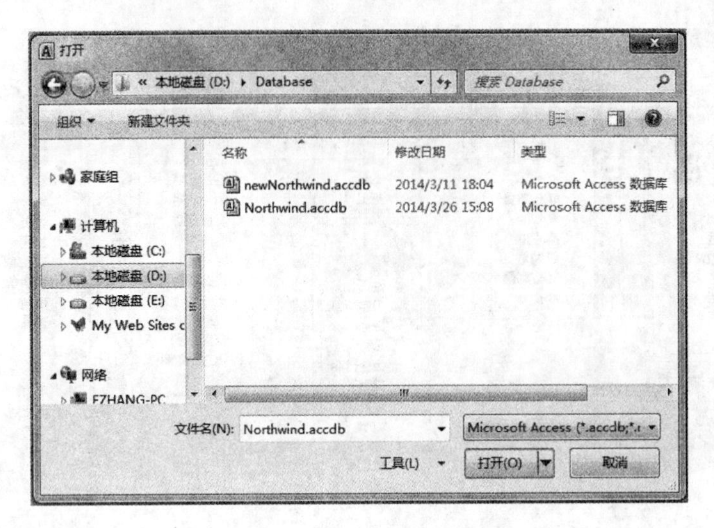

图 2—2 “打开”对话框

2. 打开设计视图并选择查询用的表

单击“创建”选项卡的【查询设计】命令按钮，出现一个标题为“查询 1”的查询设计视图窗口，同时在其前面还会显示一个“显示表”对话框，如图 2—3 所示。在“显示表”对话框的“表”选项卡中选中“客户”表并单击【添加】按钮从而将该表添加到查询设计视图窗口上部的表窗格中，再在“显示表”对话框中单击“关闭”按钮以将它关闭。

3. 选择要查询的字段

在查询设计视图窗口上部表窗格中列出的“客户”表字段名列表中，双击所需要的“城市”“公司名称”“联系人姓名”“联系人职务”和“电话”等字段名而使它们逐个地添加到窗口下部的查询设计窗格中注明“字段”的那一行中，或者用鼠标器将它们逐个拖至该窗格中。当这些字段名在该行中出现时，在它们下方注明“表”的那一行的单元格中就会显示它们所在的表的名称(如客户)，而在注明“显示”的那一行的单元格中则会出现一个对钩图标(表示该字段值需要显示)。

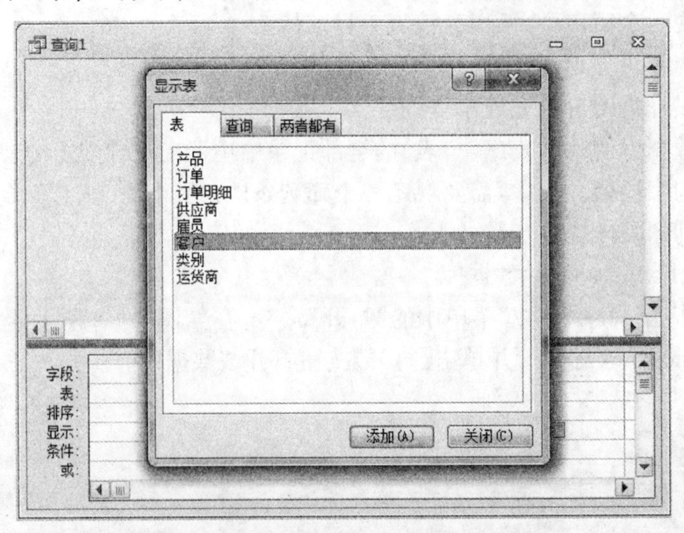

图 2—3 “查询 1:选择查询”查询设计视图窗口

4. 设置查询条件

为了只挑选出那些位于“大连”的客户就必须输入一个体现这个要求的筛选条件，为此只需在查询设计窗格中注明“条件”的那一行中位于字段名“城市”下方的单元格中输入“大连”，如图 2—4 所示。

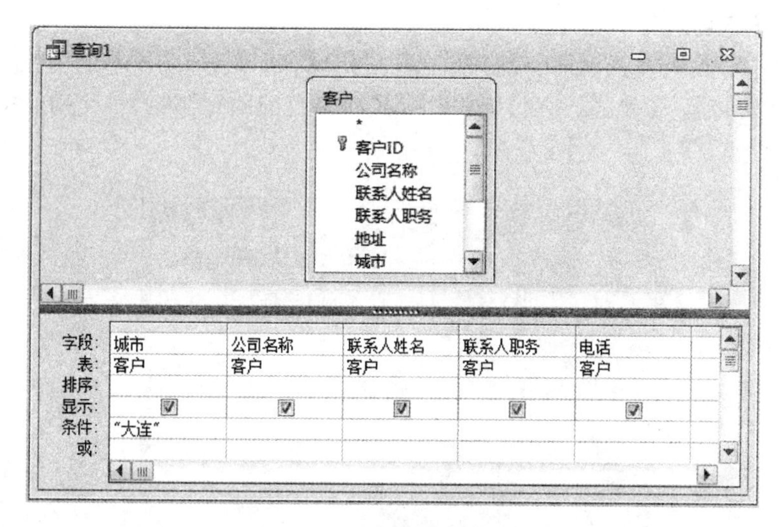

图 2—4 查询设计视图窗口

5. 显示查询结果

在查询设计窗口的空白处右击鼠标，然后选择快捷菜单中的“数据表视图”命令，即可看到查询结果，如图 2—5 所示。

查询1

城市	公司名称	联系人姓名	联系人头衔	电话
大连	国皓	黄雅玲	市场经理	(0671) 88601531
大连	威航货运有限公司	刘先生	销售代理	(061) 11355555
大连	三捷实业	王先生	市场经理	(061) 15553392
大连	五金机械	苏先生	销售代表	(053) 5556874
大连	华科	吴小姐	市场助理	(0514) 5558054

记录: 第 1 项(共 5 项) 无筛选器 搜索

图 2—5 “大连客户”数据表视图

6. 保存查询

关闭查询设计窗口，再在随之出现的如图 2—6 所示的“另存为”对话框中为所设计的查询输入一个名称(例如“大连客户”)并单击【确定】按钮。

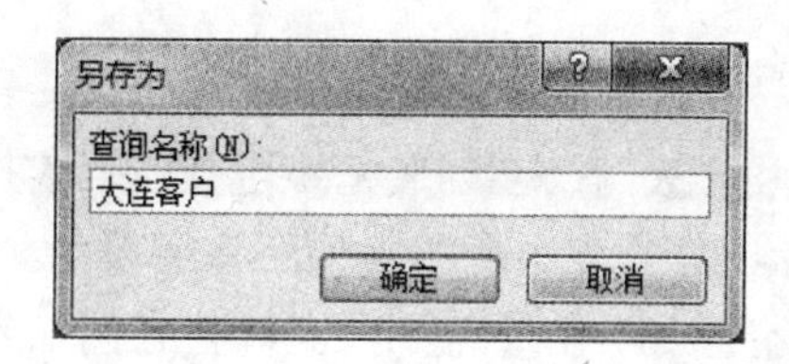

图 2—6 “另存为”对话框

(二)利用查询向导查询

Access 也提供了“简单查询向导”来帮助用户建立查询，用户只要回答向导提出的问题就可以方便地查询数据库中的数据。下面用“简单查询向导”来进行本次查询。具体操作步骤如下：

1. 进入简单查询向导

单击“创建”选项卡的【查询向导】按钮，在随后出现的如图 2－7 所示的“新建查询”对话框中选中“简单查询向导”并单击【确定】按钮，出现“简单查询向导”的第一个对话框，如图 2－8 所示。

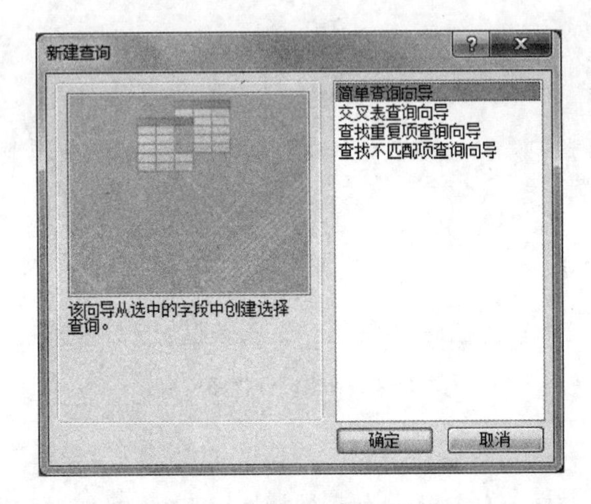

图 2－7 “新建查询”对话框

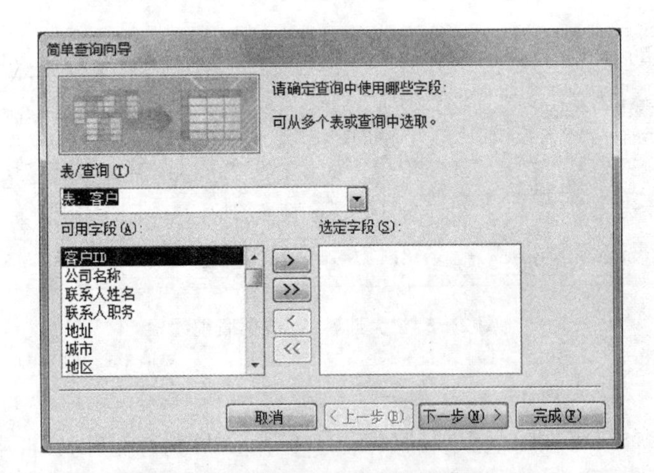

图 2－8 “简单查询向导”对话框之一

2. 选择查询的表和字段

在“简单查询向导”对话框的“表/查询”列表框中选择“表：客户”（代表客户表），这时在对话框的“可用字段”框中便显示出客户表中所包含的所有字段名。双击所需要的“城市”“公司名称”“联系人姓名”“联系人职务”和“电话”等字段名以将它们加入到右边的“选定字段”框中，如图 2－9 所示。

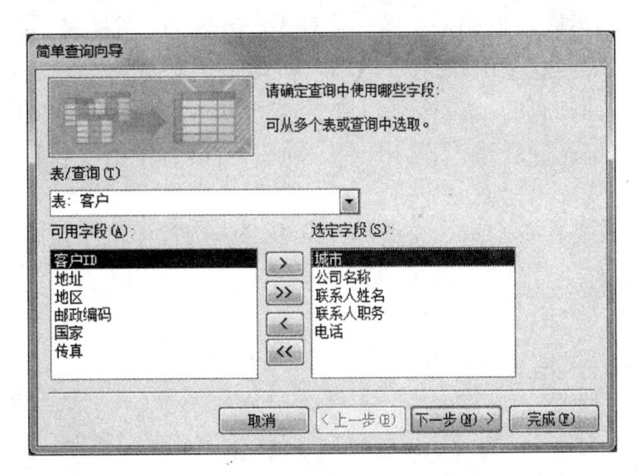

图 2—9 “简单查询向导”对话框之一

3. 设置查询条件并保存查询

单击【下一步】按钮以使“简单查询向导”第二对话框显示出来，如图 2—10 所示。在该对话框中先为自己的查询输入一个标题(例如“大连客户查询”)，再将下方的“修改查询设计”单选钮设置为选中状态，并单击【完成】按钮。这样，在“简单查询向导”对话框关闭后设计视图窗口便显示出来，即可使用前面介绍的设置查询条件的方法，输入条件表达式“城市＝大连”，并观察查询的结果集。

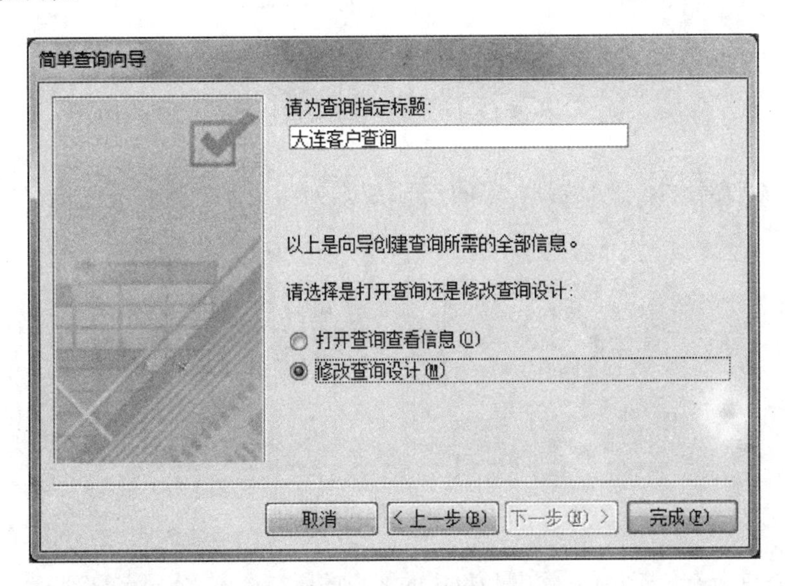

图 2—10 “简单查询向导”对话框之二

在前面建立的“大连客户”查询中所使用的条件只牵涉一个查询条件，在许多比较复杂的查询中经常需要使用不止一个查询条件。例如，假如希望获得 Northwind 贸易公司所有位于“深圳”且联系人职务是“销售代表”的客户的所在城市、公司名称、联系人姓名、联系人职务和电话等数据，这就是一个多重条件查询。

任何复合条件的条件表达式都是由若干个简单条件表达式用“与”或者“或”这两种关系联

系起来的。“位于深圳且联系人职务是销售代表”这个查询的条件表达式就是“城市＝深圳与联系人职务＝销售代表”，它是由“城市＝深圳”和“联系人职务＝销售代表”这两个简单条件表达式用“与”联系起来而构成的。在 Access 中用位于同一“条件”行中的不同字段值表示两个以“与”联系起来的简单条件表达式，又用位于不同“条件”行中的字段值表示两个以“或”联系起来的简单条件表达式。

为完成本查询，只需在查询设计窗格的同一个“条件”行中位于“城市”和“联系人职务”这两个字段名下的单元格中分别输入“深圳”和“销售代表”，就完成了对于所需条件的设置，如图 2—11 所示。

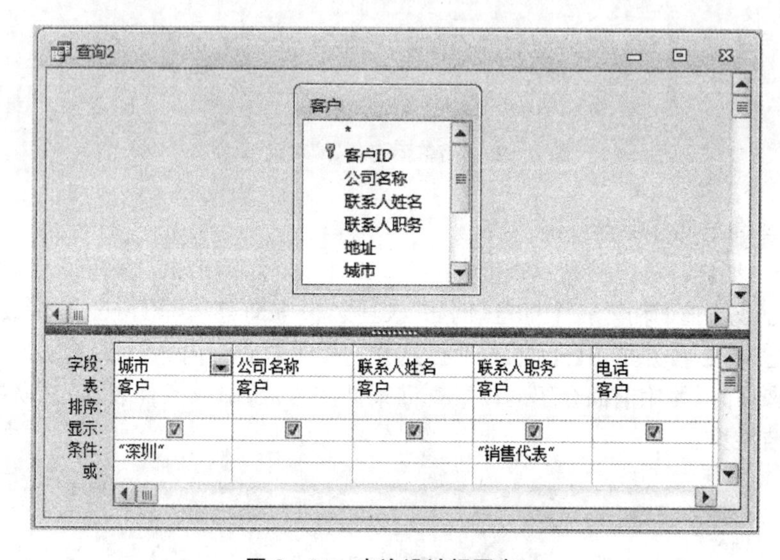

图 2—11　查询设计视图窗口

切换到“数据表视图”，可看到相应的查询结果，如图 2—12 所示。

查询2

城市	公司名称	联系人姓名	联系人头衔	电话
深圳	国顶有限公司	方先生	销售代表	(0571) 45557788
深圳	光明杂志	谢丽秋	销售代表	(0571) 45551212
深圳	远东开发	王先生	销售代表	(0571) 75551340
深圳	大东补习班	陈小姐	销售代表	(0571) 51235555

记录: 第 1 项(共 4 项)　无筛选器　搜索

图 2—12　数据表视图

下面将查询所有位于厦门、深圳和重庆的客户的所在城市、公司名称、联系人姓名、联系人头衔和电话等信息。

这里的查询条件是“城市＝厦门或城市＝深圳或城市＝重庆”，它是由“城市＝厦门”和“城市＝深圳”和“城市＝重庆”这三个简单条件表达式用“或”联系起来而构成的。为此，需要在查询设计窗格中位于“城市”字段名下方的三个不同条件行的单元格中分别输入“厦门”“深圳”和“重庆”来表示该条件，如图 2—13 所示。

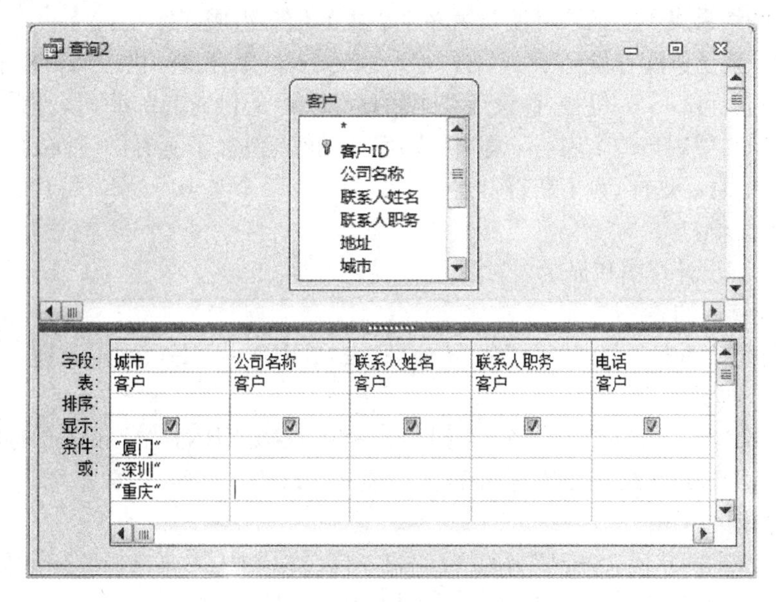

图 2—13 查询设计视图

查询结果集中共包含位于“厦门”“深圳”和“重庆”的 23 个客户记录，如图 2—14 所示。

查询2

城市	公司名称	联系人姓名	联系人头衔	电话
深圳	国顶有限公司	方先生	销售代表	(0571) 45557788
重庆	祥通	刘先生	物主	(078) 91244540
重庆	广通	王先生	结算经理	(078) 95554729
深圳	光明杂志	谢丽秋	销售代表	(0571) 45551212
厦门	万海	林小姐	销售代表	(071) 45552282
深圳	正人资源	谢小姐	销售经理	(0571) 76753425
深圳	红阳事业	王先生	市场助理	(0571) 75559857
深圳	东旗	王先生	市场经理	(0571) 20334560
深圳	远东开发	王先生	销售代表	(0571) 75551340
重庆	永业房屋	谢丽秋	销售员	(025) 55509876
重庆	霸力建设	谢小姐	销售代表	(025) 30598410
深圳	春永建设	王先生	市场经理	(0571) 35557969
厦门	兴中保险	方先生	物主	(0415) 5555938
深圳	阳林	刘先生	市场经理	(0571) 36402300
深圳	一诠精密工业	刘先生	物主	(0571) 10644327
深圳	大东补习班	陈小姐	销售代表	(0571) 51235555
重庆	汉光企管	王先生	物主	(071) 98923542
重庆	大钰贸易	胡继尧	销售代表	(071) 85558097
厦门	赐芳股份	刘先生	市场经理	(0177) 4755601
深圳	昇昕股份有限公司	谢小姐	销售经理	(0571) 35554680
深圳	伸格公司	林小姐	销售员	(0571) 55518257
深圳	中硕贸易	苏先生	销售经理	(0571) 86213243
深圳	凯诚国际顾问公司	刘先生	销售经理	(0571) 35558122
*				

记录: 第 23 项(共 23 1 无筛选器 搜索

图 2—14 数据表视图

二、查询产品及供应商信息

在前面的实验中，查询结果集中的记录来自数据库中同一个表(客户表)。然而，在许多实际情况下,查询结果集中的记录可能要由多个表中的信息组成。

例如,如果要了解库存量小于15的每种产品的名称、库存量和供应商ID,那么只要对“产品”表进行查询就可以了。但是,假设还要了解这些产品的供应商的公司名称、联系人姓名和电话,就必须同时使用另一个表——即“供应商”表,该表包含了所有供应商的公司名称、联系人姓名和电话信息。这样,为了获得上述数据必须建立一个对于产品和供应商表的联合查询。

具体步骤如下:

1. 打开查询设计视图和显示表对话框

2. 选择查询用的表

将查询中涉及的多个表(“产品”和“供应商”表)分别选中并按【添加】按钮将它们添加到查询设计视图中,如图2-15所示。

可以看到在“产品”表和“供应商”表之间有一根两端分别标着“1”和“∞”的连接两表公共字段(“供应商ID”)的连线,该连线表示这两个表之间已建立一种“一对多的联系”。

3. 选择查询的字段

双击希望查询的字段:“产品”表的产品名称、库存量和“供应商”表的公司名称、联系人姓名和电话,并在“库存量”字段的“条件”行中输入查询条件“<15”,查询设计视图如图2-16所示。

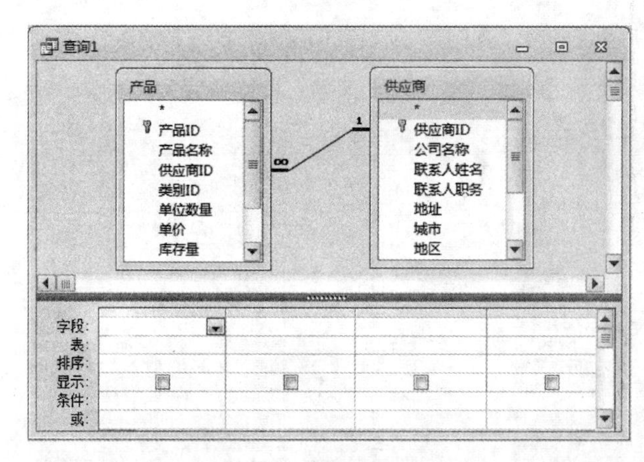

图2-15 查询设计视图

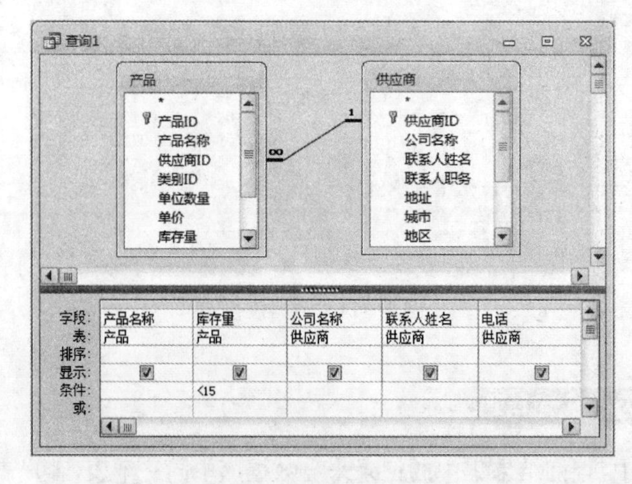

图2-16 查询设计视图

4. 显示查询结果并查看 SQL 语句

切换至“数据表视图”便可看到自己所需要的查询结果，如图 2—17 所示。

在“数据表视图”的标题栏上右击，快捷菜单中选择“SQL 视图”，即可查看完成该查询的 SQL 语句，如图 2—18 所示。

查询1

产品名称	库存量	公司名称	联系人姓名	电话
蕃茄酱	13	佳佳乐	陈小姐	(010) 6555222
麻油	0	康富食品	黄小姐	(010) 6555482
胡椒粉	6	妙生	胡先生	(021) 8555573
猪肉	0	正一	方先生	(021) 444-234
花生	3	康堡	刘先生	(010) 555-444
鸭肉	0	义美	李先生	(010) 8992755
黄鱼	10	东海	林小姐	(010) 8713459
温馨奶酪	0	福满多	林小姐	(0544) 560323
白奶酪	9	福满多	林小姐	(0544) 560323
干贝	11	小坊	方先生	(020) 8123456
雪鱼	5	日通	方先生	(0322)4384410
薯条	10	利利	谢小姐	(010) 8109568
盐水鸭	0	涵合	王先生	(010) 6555591
肉松	4	康富食品	黄小姐	(010) 6555482
绿豆糕	6	康堡	刘先生	(010) 555-444
酸奶酪	14	福满多	林小姐	(0544) 560323
鸡精	4	为全	王先生	(020) 6555501

记录: 第 17 项(共 17 项) 无筛选器 搜索

图 2—17 数据表视图

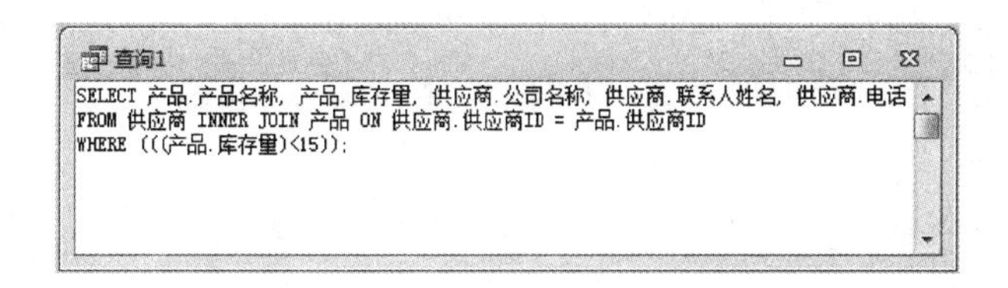

图 2—18 SQL 视图

实验 2—2 Access 数据库复杂查询

实验目的

- 进一步理解数据查询的概念；
- 掌握 Access 数据库的多表查询方法；
- 掌握 Access 数据库的汇总查询和计算字段查询方法。

实验环境

- Microsoft Office Access 2010

实验要求

Northwind 贸易公司的销售人员想了解如下的信息：某年度与 Northwind 贸易公司发生过订货业务的客户的公司名称、联系人姓名以及该客户在 1997 年发出的所有订单的订单 ID、订购日期、运货费、产品名称、单价和数量等信息；某年度销售给各个位于上海的客户的每一笔订货中每种产品的销售金额；某时间段内向每一客户发送产品时的总运费等。

请你设计若干个查询，帮助他们获取相关信息。

实验步骤

一、查询客户及其订单信息

这里先查询所有在1997年发生过订货业务的客户的公司名称、联系人姓名以及该客户在1997年发出的所有订单的订单ID、订购日期、运货费、产品名称、单价和数量等信息。

此查询牵涉来自“客户”表、“订单”表、“订单明细”表和“产品”表共四个表的8个字段（“客户”表的“公司名称”和“联系人姓名”字段，“订单”表的“订单ID”“订购日期”和“运货费”字段，“产品”表的“产品名称”字段，以及“订单明细”表的“单价”和“数量”字段）。

完成此查询的操作步骤如下：

1. 打开查询设计视图

2. 选择查询用的表

将“客户”表、“订单”表、“订单明细”表和“产品”表添加到查询设计视图的表窗格中。

3. 选择查询用字段

在查询设计窗口双击各表中需要查询的字段名，将它们添加到查询设计窗格中。

4. 设置查询条件

在“订购日期”字段名下方的“条件”行中键入“>=1997/1/1 And <=1997/12/31”。这样，所需要的查询便已建立，查询设计窗口如图2—19所示。

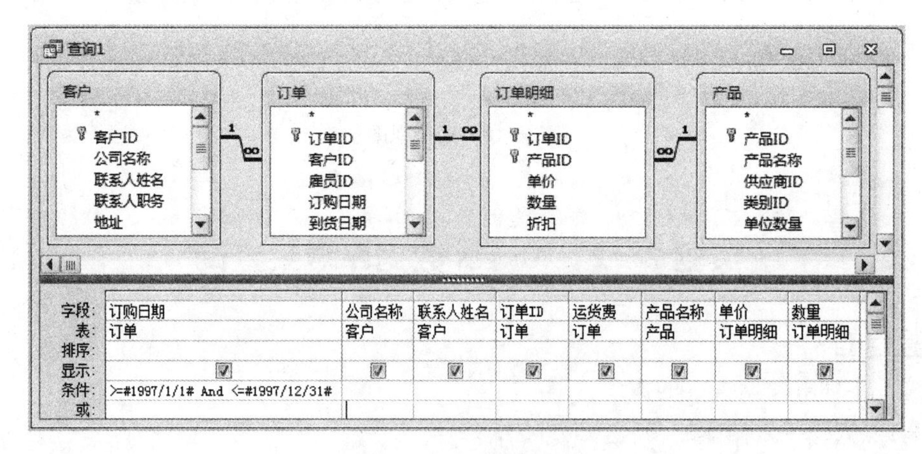

图2—19 查询设计视图

5. 查看结果

切换至“数据表视图”便可看到所需要的查询结果，如图2—20所示。

查询1

订购日期	公司名称	联系人姓名	订单ID	运货费	产品名称	单价	数量
1997-01-01	中通	林小姐	10400	￥83.93	鸭肉	￥99.00	21
1997-01-01	中通	林小姐	10400	￥83.93	蜜桃汁	￥14.40	35
1997-01-01	中通	林小姐	10400	￥83.93	薯条	￥16.00	30
1997-01-01	学仁贸易	余小姐	10401	￥12.51	黄鱼	￥20.70	18
1997-01-01	学仁贸易	余小姐	10401	￥12.51	白米	￥30.40	70
1997-01-01	学仁贸易	余小姐	10401	￥12.51	海苔酱	￥16.80	20
1997-01-01	学仁贸易	余小姐	10401	￥12.51	意大利奶酪	￥17.20	60
1997-01-02	正人资源	谢小姐	10402	￥67.88	燕麦	￥7.20	60
1997-01-02	正人资源	谢小姐	10402	￥67.88	甜辣酱	￥35.10	65
1997-01-03	正人资源	谢小姐	10403	￥73.79	饼干	￥13.90	21
1997-01-03	正人资源	谢小姐	10403	￥73.79	玉米片	￥10.20	70
1997-01-03	阳林	刘先生	10404	￥155.97	棉花糖	￥24.90	30
1997-01-03	阳林	刘先生	10404	￥155.97	糙米	￥11.20	40
1997-01-03	阳林	刘先生	10404	￥155.97	薯条	￥16.00	30
1997-01-06	保信人寿	方先生	10405	￥34.82	蕃茄酱	￥8.00	50
1997-01-07	留学服务中心	赵小姐	10406	￥108.04	苹果汁	￥14.40	10
1997-01-07	留学服务中心	赵小姐	10406	￥108.04	花生	￥8.00	30
1997-01-07	留学服务中心	赵小姐	10406	￥108.04	烤肉酱	￥36.40	42
1997-01-07	留学服务中心	赵小姐	10406	￥108.04	鱿鱼	￥15.20	5
1997-01-07	留学服务中心	赵小姐	10406	￥108.04	虾米	￥14.70	2
1997-01-07	一诠精密工业	刘先生	10407	￥91.48	大众奶酪	￥16.80	30
1997-01-07	一诠精密工业	刘先生	10407	￥91.48	黑奶酪	￥28.80	15
1997-01-07	一诠精密工业	刘先生	10407	￥91.48	意大利奶酪	￥17.20	15
1997-01-08	嘉业	刘先生	10408	￥11.26	干贝	￥20.80	10

记录: 第 1 项(共 1059 无筛选器 搜索

图 2—20　数据表视图

二、查询某城市客户订单销售金额

上面的实验都是从一个(或多个)表中挑选符合条件的记录中原有字段的值,但有时也需对这些记录的某些数值型字段进行适当计算,即建立计算字段并显示结果。

例如,针对 Northwind 数据库查询 1997 年内销售给各个位于上海的客户的每一笔订货中每种产品的销售金额。

所要建立的查询牵涉来自“客户”表、“订单”表、“订单明细”表和“产品”表共四个表的 5 个字段(“客户”表的“公司名称”字段、“城市”字段,“订单”表的“订购日期”字段,“产品”表的“产品名称”字段以及“订单明细”表的“单价”“数量”和“折扣”字段)。另外,还需按照“销售金额=单价×数量×(1－折扣)”这一公式建立一个新的计算字段“销售金额”。查询条件为:“客户表.城市=上海”与“订单表.订购日期>=1997/1/1”与“订单表.订购日期<=1997/12/31”。

建立此查询的操作步骤如下:

1. 打开查询设计视图

2. 选择查询用的表

将“客户”表、“订单”表、“订单明细”表和“产品”表添加到查询设计视图窗口的表窗格中。

3. 选择查询用字段

双击各个表中所牵涉的字段名,将它们添加到查询设计窗格中。

4. 创建计算字段

在一个空白字段名中键入表达式:“订单明细.单价 * 数量 * (1－折扣)”并按回车键,此时会出现“表达式 1:[订单明细].[单价] * [数量] * (1－[折扣])”字样,将“表达式 1”这一缺省字段名改为“销售金额”。

注意:由于在“产品”表和“订单明细”表中都有“单价”字段,所以表达式中字段“[单价]”前加了表名称“[订单明细]”,表示该“单价”字段来自于“订单明细”表。

5. 设置查询条件

在“订购日期”字段名下方的“条件”行中键入“>=1997/1/1 And <=1997/12/31”,在“城市”字段名下方的“条件”行中键入“上海”。这样,所需要的查询便已建立,如图 2—21 所示。

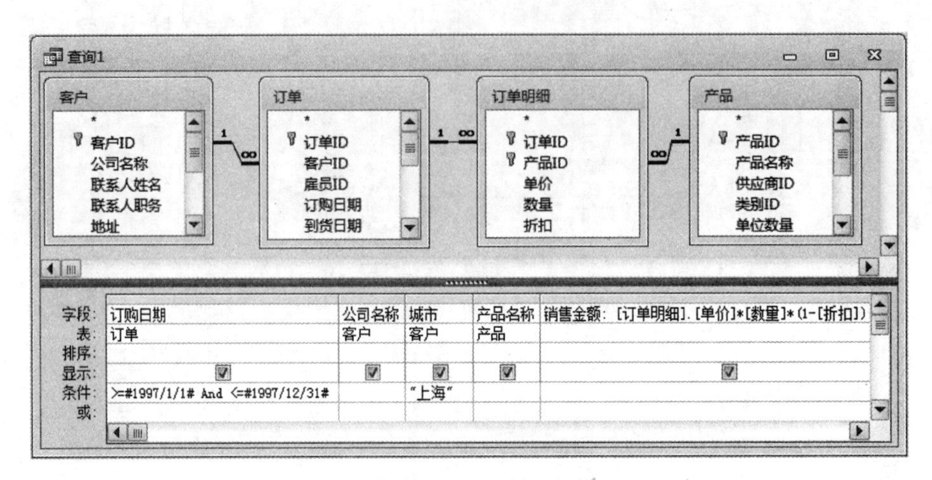

图 2—21 查询设计视图

6. 查看结果

切换至“数据表视图”,便可看到查询结果,如图 2—22 所示。

查询1

订购日期	公司名称	城市	产品名称	销售金额
1997-01-23	业兴	上海	温馨奶酪	140
1997-01-23	业兴	上海	光明奶酪	880
1997-09-01	业兴	上海	黄鱼	38.835
1997-09-01	业兴	上海	糙米	280
1997-09-29	业兴	上海	蟹	620
1997-09-29	业兴	上海	虾子	38.6
1997-09-29	业兴	上海	蛋糕	142.5
1997-10-17	业兴	上海	胡椒粉	1600
1997-10-17	业兴	上海	猪肉干	1484
1997-10-17	业兴	上海	花奶酪	340
1997-11-07	业兴	上海	酱油	750
1997-11-07	业兴	上海	黄鱼	388.35
1997-11-07	业兴	上海	柠檬汁	360
1997-12-15	业兴	上海	糙米	223.999999165535
1997-12-22	业兴	上海	海鲜粉	76.4999994635582
1997-12-22	业兴	上海	白米	645.999995470047

记录: 第 1 项(共 16 项 无筛选器 搜索

图 2—22 数据表视图

三、查询某时间段内总运费信息

在实际的应用中,有时不仅要从一个(或多个)表中获得符合适当条件的记录的原有字段值或计算字段值,还需要进行一些分类汇总操作。

例如，查询 Northwind 贸易公司在 1998 年第一季度（1998 年 1 月至 3 月）向每一客户发送产品时的总运费。

具体操作步骤如下：

1. 打开查询设计视图

2. 选择查询用的表

将“客户”表和“订单”表添加到查询设计视图窗口的表窗格中。

3. 选择查询用字段

双击“订单”表的“订购日期”和“运货费”以及“客户”表的“公司名称”字段名，将它们添加到查询设计窗格中。

4. 设置查询条件

在“订购日期”字段名下方的“条件”行中键入“＞＝1998/1/1 And ＜＝1998/3/31”，得到 Northwind 贸易公司在 1998 年第一季度向每一客户按照他们的订单发送产品时的每笔运费。

5. 查询结果排序

为方便查看，对查询结果按公司名称的升序排列，方法是在查询设计窗格的排序行中将公司名称字段的单元格设为“升序”。这时，查询设计视图如图 2—23 所示。切换至数据表视图，查询结果如图 2—24 所示。

在该查询结果中可以看到每个客户在 1998 年第一季度每次订货所发生的运费。例如，对于“保信人寿”来说，总共订了 5 次货，每次订货的运费分别为 27.91 元、31.22 元、2.71 元、59.28 元和 19.80 元。经过手工计算得到该公司总的运费为 140.92 元，但手工计算效率太低，也容易出错，可以借助 Access 中的分类汇总功能。

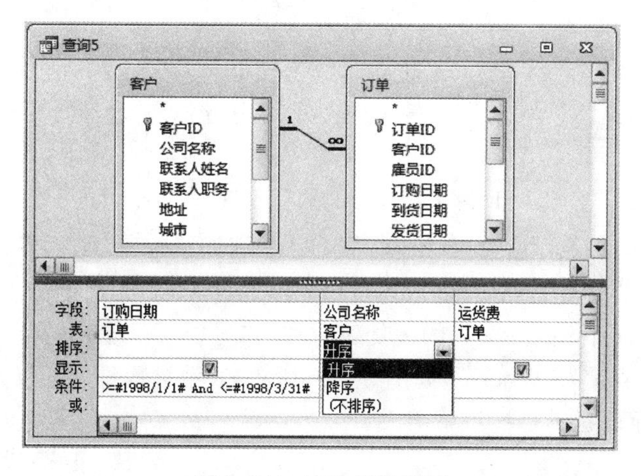

图 2—23 查询设计视图

查询5

订购日期	公司名称	运货费
1998-02-04	艾德高科技	￥143.28
1998-03-05	霸力建设	￥19.79
1998-01-29	霸力建设	￥52.51
1998-03-24	霸力建设	￥0.02
1998-03-24	霸力建设	￥15.17
1998-03-17	保信人寿	￥27.91
1998-01-02	保信人寿	￥31.22
1998-01-19	保信人寿	￥2.71
1998-01-19	保信人寿	￥59.28
1998-03-02	保信人寿	￥19.80
1998-03-03	池春建设	￥68.26
1998-01-14	池春建设	￥43.26
1998-02-25	赐芳股份	￥9.19
1998-03-20	赐芳股份	￥87.38
1998-01-13	大东补习班	￥90.85
1998-02-27	大东补习班	￥63.77
1998-01-22	大钰贸易	￥487.57
1998-02-11	大钰贸易	￥23.10
1998-02-18	大钰贸易	￥116.13
1998-01-05	大钰贸易	￥14.62
1998-03-11	大钰贸易	￥400.81
1998-03-30	大钰贸易	￥211.22
1998-03-27	大钰贸易	￥657.54
1998-03-02	德化食品	￥8.29
1998-01-21	顶上系统	￥25.22
1998-03-23	东帝望	￥62.22
1998-03-04	东南实业	￥39.92
1998-01-15	东南实业	￥69.53

记录: 第 1 项(共 182 无筛选器 搜索

图 2—24 查询结果

6. 设置分类字段、被汇总字段和汇总方式

在本实验中，要汇总的字段是“运货费”，称为被汇总字段；而在汇总时用于分组的字段是“客户”表的“公司名称”，称为分类字段；运货费的汇总方式是“合计”。下面将按客户的公司名称汇总运货费。

切换至设计视图，把订购日期列显示行中的“√”去除，表示订购日期列不需要显示，然后单击“设计”选项卡的【汇总】(Σ)按钮，在“查询设计窗格”中插入一个“总计”行(标有“Group By”字样)。单击需要计算总和的字段(运货费)的“总计”行单元格中的下箭头，在随后出现的列表中选择“合计”以计算每一客户的运货费总和，如图 2—25 所示。然后，将订购日期所在列的总计行单元格的值设为“Where”，如图 2—26 所示，表示订购日期仅仅是为设置查询条件而用，它既不是分类字段也不是被汇总字段。

7. 查看结果

切换至“数据表视图”，就可以看到如图 2—27 所示的查询结果。

图 2—25　查询设计视图

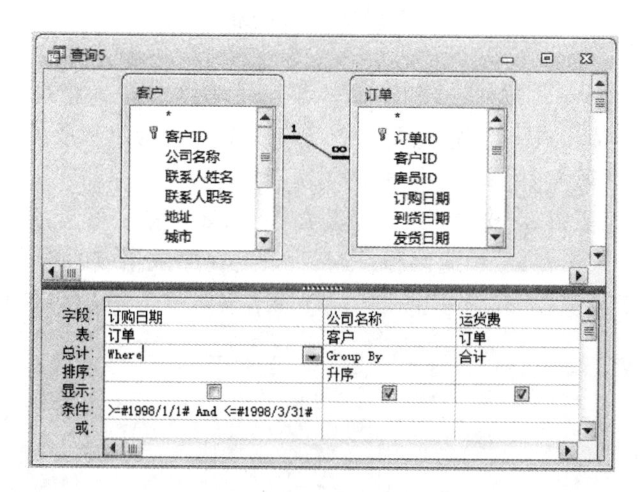

图 2—26　查询设计视图

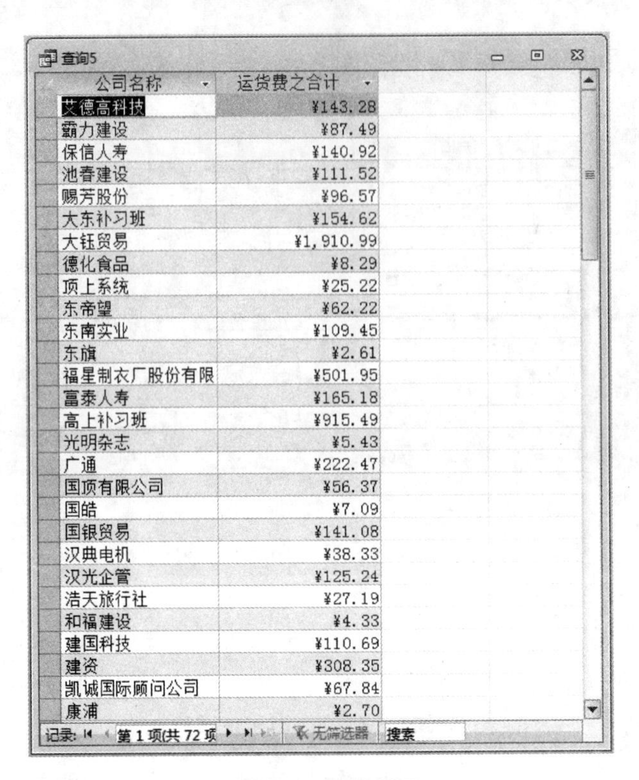

查询5

公司名称	运货费之合计
艾德高科技	¥143.28
霸力建设	¥87.49
保信人寿	¥140.92
池春建设	¥111.52
赐芳股份	¥96.57
大东补习班	¥154.62
大钰贸易	¥1,910.99
德化食品	¥8.29
顶上系统	¥25.22
东帝望	¥62.22
东南实业	¥109.45
东旗	¥2.61
福星制衣厂股份有限	¥501.95
富泰人寿	¥165.18
高上补习班	¥915.49
光明杂志	¥5.43
广通	¥222.47
国顶有限公司	¥56.37
国皓	¥7.09
国银贸易	¥141.08
汉典电机	¥38.33
汉光企管	¥125.24
浩天旅行社	¥27.19
和福建设	¥4.33
建国科技	¥110.69
建资	¥308.35
凯诚国际顾问公司	¥67.84
康浦	¥2.70

记录: 第 1 项(共 72 项 无筛选器 搜索

图 2—27 查询结果

如果想了解 Northwind 贸易公司在 1998 年第一季度向每一客户发送产品时的运费次数、平均运费、最大运费和最小运费，只要在图 2—25 中将运货费字段的总计行单元格分别设置成“计数”“平均值”“最大值”和“最小值”即可。

更进一步，如果想了解 Northwind 贸易公司在 1998 年第一季度所发生的全部运费的运费次数、平均运费、最大运费、最小运费和总运费，只要在原来相应的查询设计视图中将“客户表”删除，按图 2—28 设置查询设计视图即可，查询结果如图 2—29 所示。

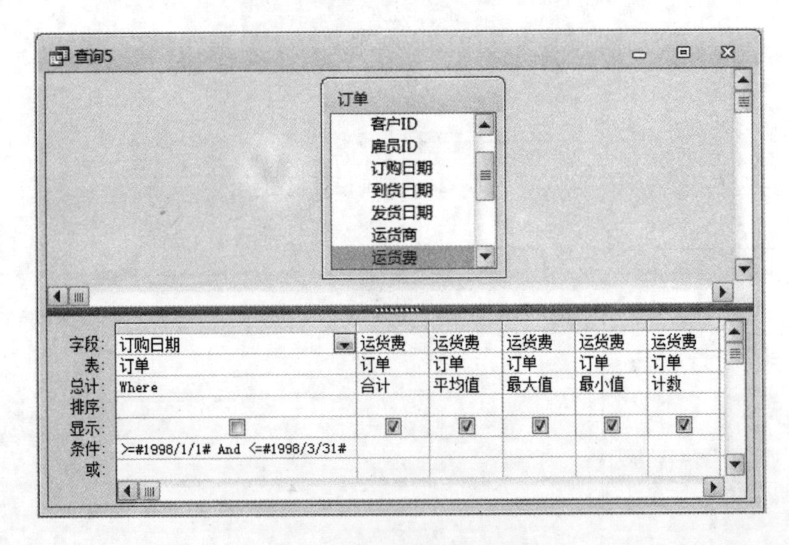

图 2—28 查询设计视图

查询5

运货费之合计	运货费之平均值	运货费之最大值	运货费之最小值	运货费之计数
¥15,115.40	¥83.05	¥719.78	¥0.02	182

记录: 第 1 项(共 1 项) 无筛选器 搜索

图 2—29 查询结果

实 验 报 告

实验项目名称 实验二 Northwind 贸易数据库的数据查询

实 验 室 ____________

所属课程名称 数 据 库

实 验 日 期 ____________

班 级 ____________

学 号 ____________

姓 名 ____________

成 绩 ____________

【实验环境】

- Microsoft Office Access 2010

【实验目的】

- 理解数据查询的概念；
- 掌握 Access 数据库的基本查询方法；
- 掌握 Access 数据库的多表查询方法；
- 掌握 Access 数据库的计算字段和汇总查询方法。

【实验结果提交方式】

- 实验 2－1：
  - 按实验步骤建立各个查询，并将包含了新查询的 northwind.accdb 数据库另存为“CX－XXXXXXXXXX.accdb”，其中“XXXXXXXXXX”是学号。
- 实验 2－2：
  - 按实验步骤建立各个查询，并保存在“CX－XXXXXXXXXX.accdb”文件中，其中“XXXXXXXXXX”是学号；
  - 在教师规定的时间内通过 BB 系统提交“CX－XXXXXXXXXX.accdb”文件。

【实验思考】

1. 在设置多个查询条件时，如何区分条件之间是“与”还是“或”的关系？
2. 什么是计算字段？如何在查询中生成计算字段？
3. 在查询过程中，什么时候字段名的前面必须加上表的名字？
4. 当进行多表查询时，用于建立表之间联系的字段必须具有什么条件？
5. 什么是汇总查询？数据的汇总方式有哪几种？如何设置？
6. Northwind 公司的销售总监想了解公司十大客户的公司名称，以及这些公司购买的产品的类别、总销售数量和销售金额，试设计相关查询。

【思考结果】

1.

2.

3.

4.

5.

6.

- 将思考结果保存在“XXXXXXXXXX－2－思考.docx”文件中，其中“XXXXXXXXXX”是学号；
- 在教师规定的时间内通过 BB 系统提交“XXXXXXXXXX－2－思考.docx”文件。

实验成绩： 批阅老师： 批阅日期：

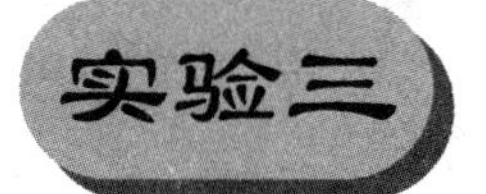

Microsoft Query 数据查询

实验 3－1　ODBC 数据源的建立

实验目的

- 理解 ODBC 的概念；
- 掌握 ODBC 数据源的建立方法。

实验环境

- Microsoft Query

实验要求

本实验将分别利用控制面板中的 ODBC 数据源管理器和 Microsoft Query 定义一个名为“nw”的 ODBC 数据源，该数据源引用的是“Northwind.accdb”数据库。

实验步骤

一、利用控制面板中的 ODBC 数据源管理器定义 ODBC 数据源

具体步骤如下：

1. 启动 ODBC 数据源管理器

双击“控制面板”窗口中“管理工具”组的“数据源(ODBC)”图标，即可启动如图 3－1 所示的“ODBC 数据源管理器”对话框。

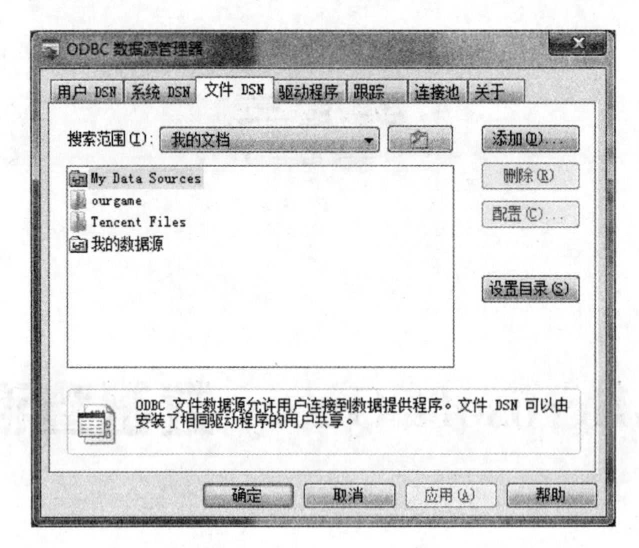

图 3－1 “nw”数据源定义前的“ODBC 数据源管理器”对话框

2. 选择数据库驱动程序

在“ODBC 数据源管理器”对话框的“文件 DSN”选项卡中单击【添加】按钮，出现如图 3－2 所示的“创建新数据源”对话框。选择与“Northwind.accdb”相匹配的驱动程序“Microsoft Access Driver(*.mdb，*.accdb)”。

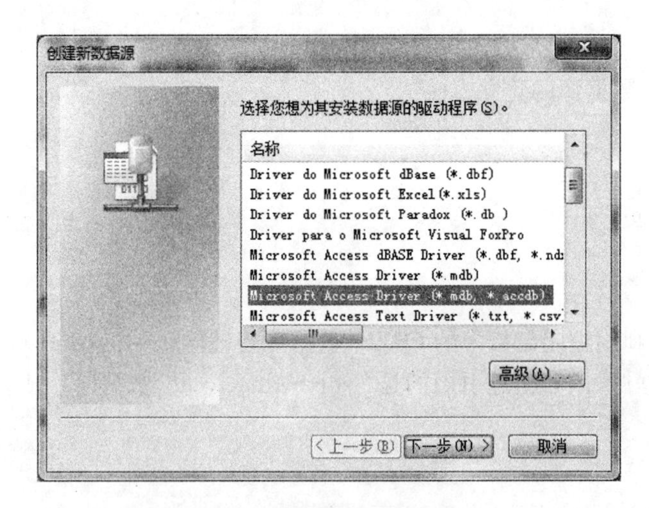

图 3－2 “创建新数据源”对话框之一

3. 输入数据源名字

单击“创建新数据源”对话框中的【下一步】按钮，在随后出现的对话框中输入数据源名字“nw”，如图 3－3 所示，然后单击【下一步】按钮，出现如图 3－4 所示的对话框，单击【完成】按钮，出现如图 3－5 所示的“ODBC Microsoft Access 安装”对话框，目前该对话框的数据库项中还没有设置数据库连接信息。

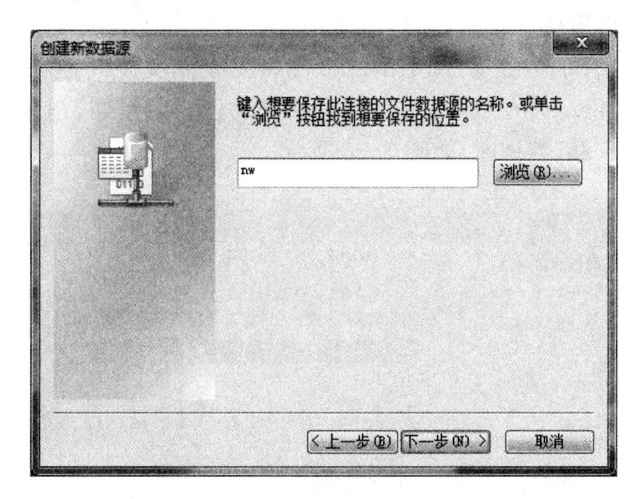

图 3—3　“创建新数据源”对话框之二

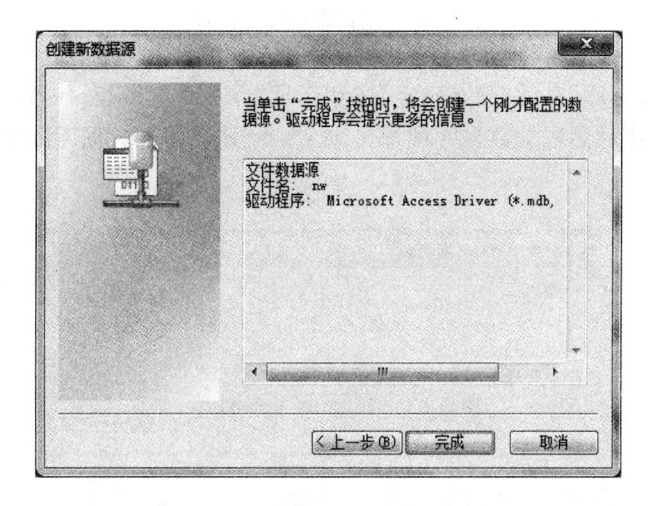

图 3—4　“创建新数据源”对话框之三

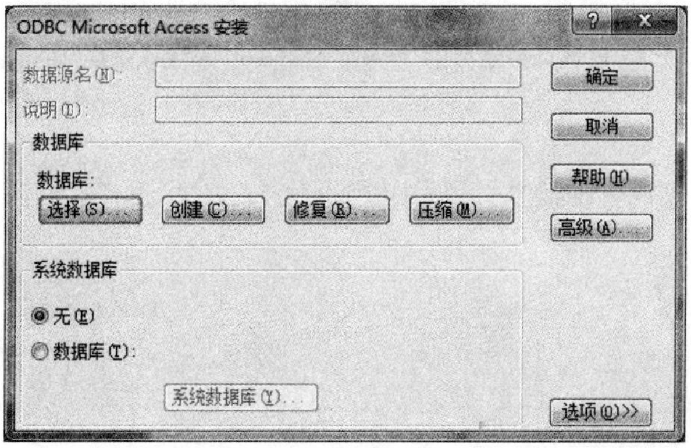

图 3—5　未选择好数据库时的“ODBC Microsoft Access 安装”对话框

4. 定义数据库连接信息

选择数据源所要引用的数据库“Northwind.accdb”，具体步骤如下：

(1)单击“ODBC Microsoft Access 安装”对话框的【选择】按钮，出现“选择数据库”对话框，选择“Northwind.accdb”数据库，如图 3－6 所示。

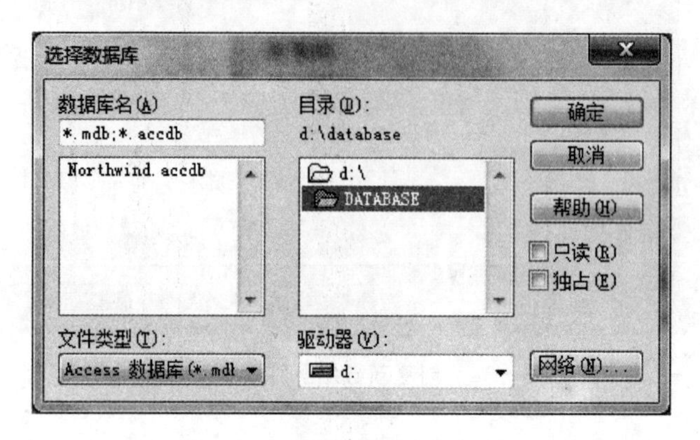

图 3－6 “选择数据库”对话框

(2)单击“选择数据库”对话框的【确定】按钮返回“ODBC Microsoft Access 安装”对话框，如图 3－7 所示。在该对话框的数据库项里可以看到刚才选择的数据库的文件夹及数据库名，单击【确定】按钮。

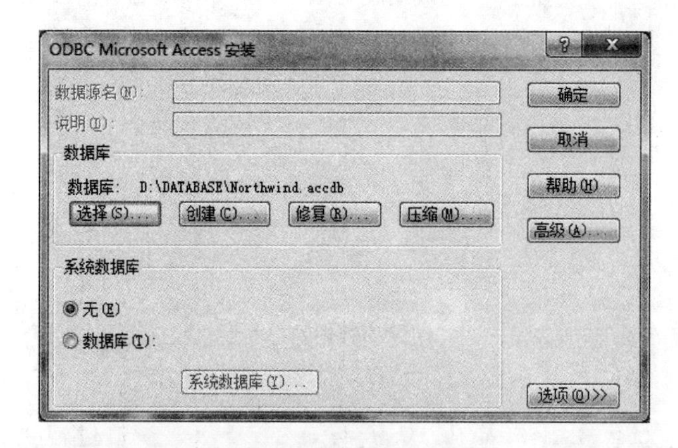

图 3－7 已选择数据库的“ODBC Microsoft Access 安装”对话框

5. 完成数据源定义

可以在“ODBC 数据源管理器”对话框中看到已定义好的“nw”数据源，如图 3－8 所示。

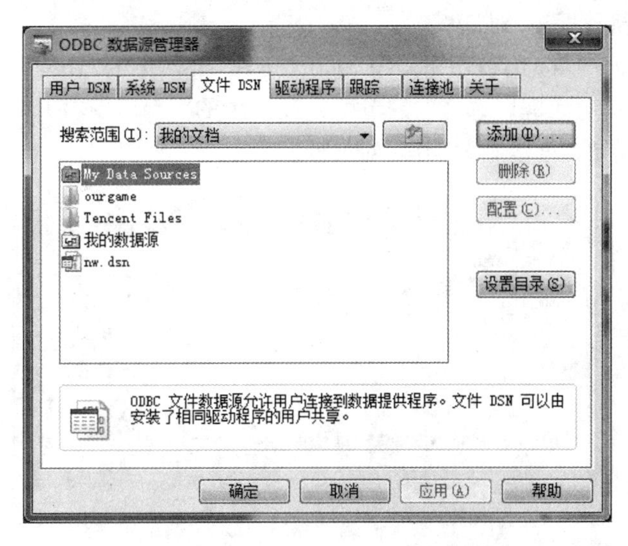

图 3－8 “nw”数据源定义后的 ODBC 数据源管理器对话框

二、利用 Microsoft Query 定义 ODBC 数据源

下面利用 Microsoft Query 定义“nw”数据源，具体步骤如下：

1. 启动 Microsoft Query 应用程序

读者可以直接启动(双击)位于“\Program Files(x86)\Microsoft Office\Office14”文件夹中的“msqry32.exe”应用程序；也可以右击该应用程序，选择快捷菜单中的“发送到/桌面快捷方式”命令，以便在桌面上建立指向该应用程序的快捷方式，如图 3－9 所示，然后再双击桌面上的 Microsoft Query 快捷方式图标，启动该应用程序。

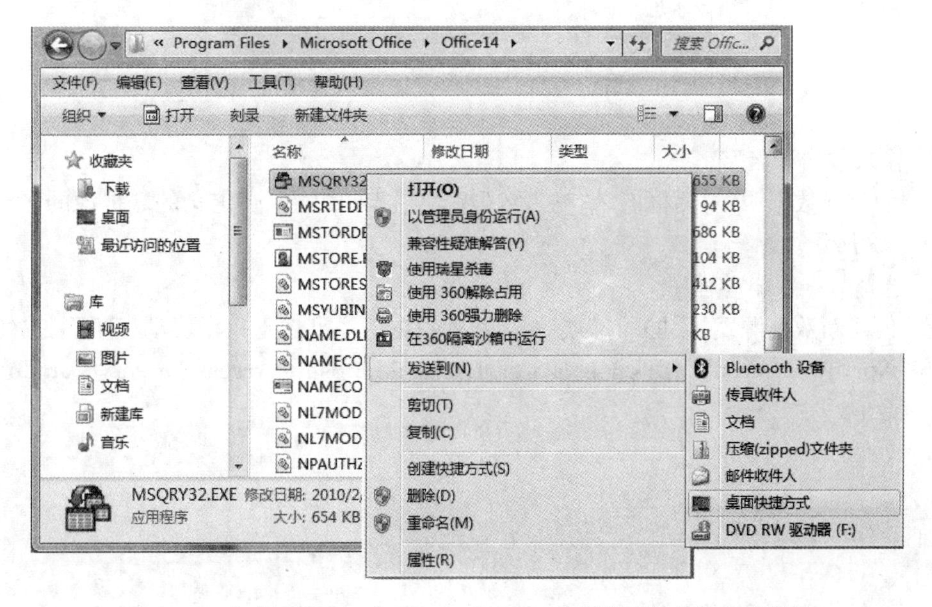

图 3－9 在桌面建立一个 Microsoft Query 应用程序的快捷方式图标

2. 进入“创建新数据源”对话框

在 Microsoft Query 应用程序窗口中，单击“文件”菜单中的“新建”命令，出现如图 3－10 所示的“选择数据源”对话框。选择“数据库”选项卡中的“＜新数据源＞”，再单击【确定】按钮，出现如图 3－11 所示的“创建新数据源”对话框。

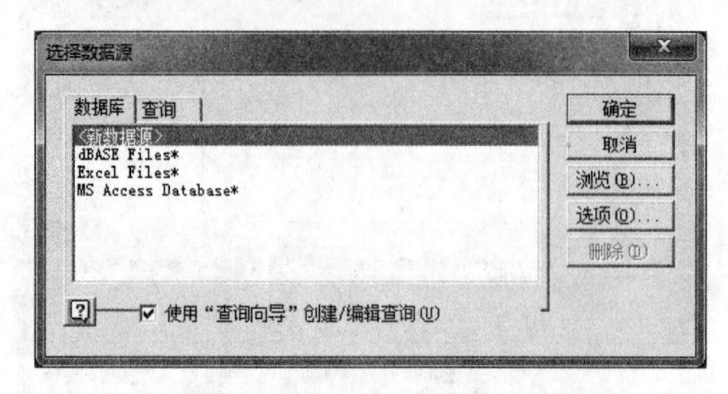

图 3－10　创建“nw”数据源前的“选择数据源”对话框

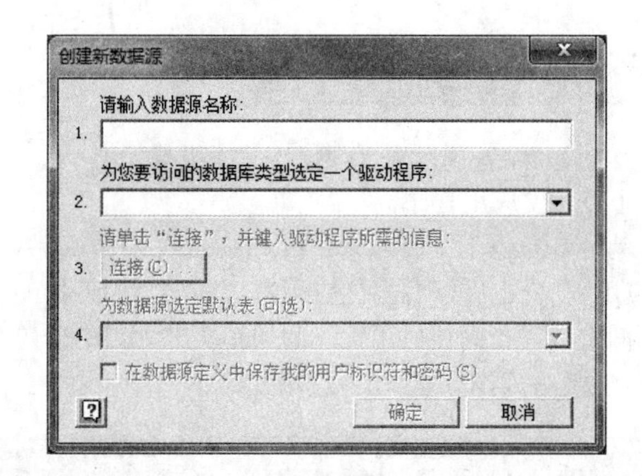

图 3－11　“创建新数据源”对话框

3. 输入数据源名字

在“创建新数据源”对话框的“请输入数据源名称”项中输入要定义的数据源的名称“nw”，如图 3－12 所示。

4. 选择数据库驱动程序

在“创建新数据源”对话框的“为您要访问的数据库类型选定一个驱动程序”下拉列表框中选择与“Northwind.accdb”相匹配的驱动程序，即“Microsoft Access Driver(*.mdb， *.accdb)”，如图 3－12 所示。

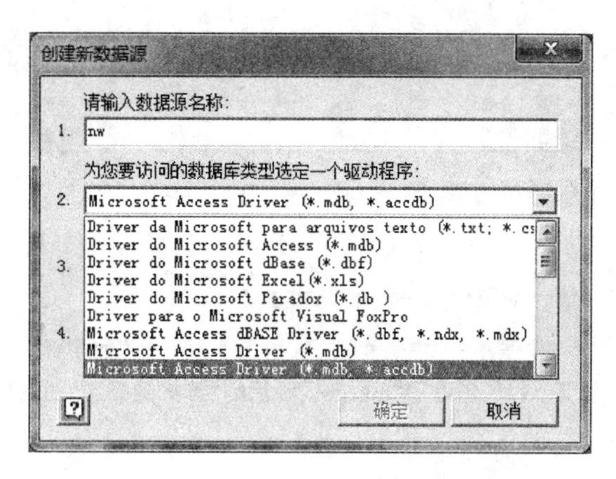

图 3—12　“创建新数据源”对话框

5. 定义数据库连接信息

单击“创建新数据源”对话框的【连接】按钮，出现如图 3—5 所示的“ODBC Microsoft Access 安装”对话框。然后，使用与前面同样的方法选择数据库“Northwind.accdb”，使“ODBC Microsoft Access 安装”对话框如图 3—7 所示。再单击其中的【确定】按钮，返回“创建新数据源”对话框，如图 3—13 所示。

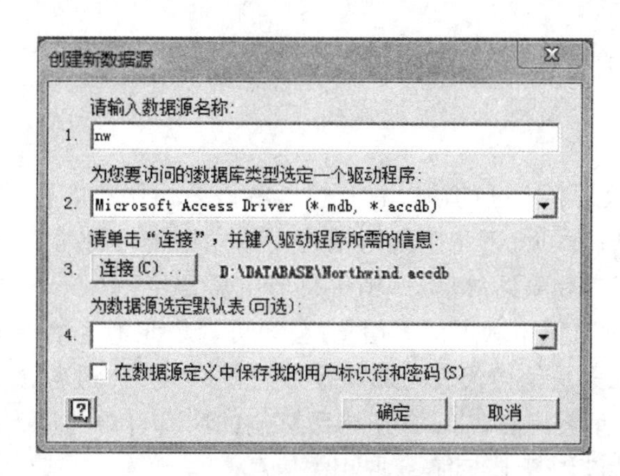

图 3—13　“创建新数据源”对话框

6. 完成数据源定义

定义数据源时必须要做的三项工作都完成后，单击“创建新数据源”对话框的【确定】按钮，数据源“nw”就创建好了，在如图 3—14 所示的“选择数据源”对话框的“数据库”选项卡中可以看到该数据源的名字。

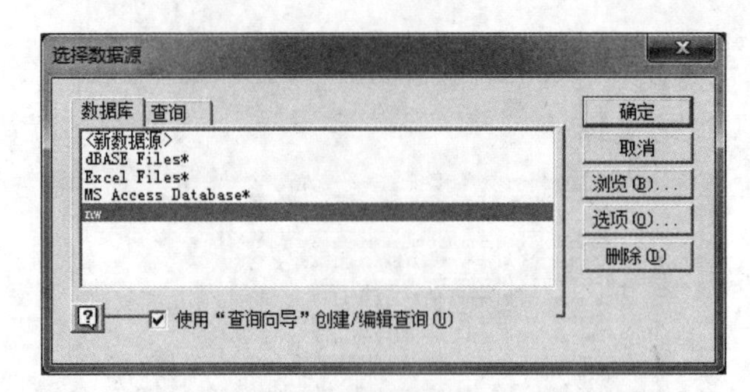

图 3－14 创建了“nw”数据源后的“选择数据源”对话框

实验 3－2 Northwind 贸易公司客户和订单信息的单表查询

实验目的

- 掌握利用 Microsoft Query 进行投影操作的方法；
- 掌握利用 Microsoft Query 进行选择操作的方法。

实验环境

- Microsoft Query

实验要求

Northwind 贸易公司新上任的销售总监想了解该公司所有客户的客户 ID、公司名称、地区、城市和电话等信息；公司负责华东地区销售工作的销售主管希望了解该地区客户的客户 ID、公司名称、地区、城市和电话等信息；销售总监也希望了解位于华东或华南地区的客户的客户 ID、公司名称、地区、城市和电话等信息；公司负责华北地区销售工作的销售主管希望获得华北地区、联系人职务是销售代表的那些客户的客户 ID、公司名称、城市和电话等信息；另外，公司有关人员想查询客户在 1996 年下半年订购的所有订单的订购日期、订单 ID、客户 ID 和雇员 ID 等信息。试设计若干查询，获取相关信息。

实验步骤

本次实验仅涉及对一个表的投影和选择操作。投影就是从表中挑选出若干个属性列（字段）。选择就是从表中挑选出满足一定条件的元组（记录）。

一、客户信息查询

Northwind 公司新上任的销售总监想了解该公司所有客户的客户 ID、公司名称、地区、城市和电话等信息，下面将为其设计查询。该查询只涉及一个“客户”表，需要从中取出全部记录中某些字段的值，这是最简单的查询。Microsoft Query 提供了“查询向导”和“查询设计”窗口来进行数据查询。初学者可以用“查询向导”进行数据查询，而对 Microsoft Query 比较熟悉的用户可以直接用“查询设计”窗口进行数据查询。用“查询向导”完成本实验的具体步骤如下：

1. 选择“nw”数据源

启动 Microsoft Query 应用程序，单击“文件”菜单中的“新建”命令，出现如图 3－15 所示的“选择数据源”对话框，单击其中“数据库”选项卡中的“nw”数据源，再单击【确定】按钮，出现“查询向导－选择列”对话框。

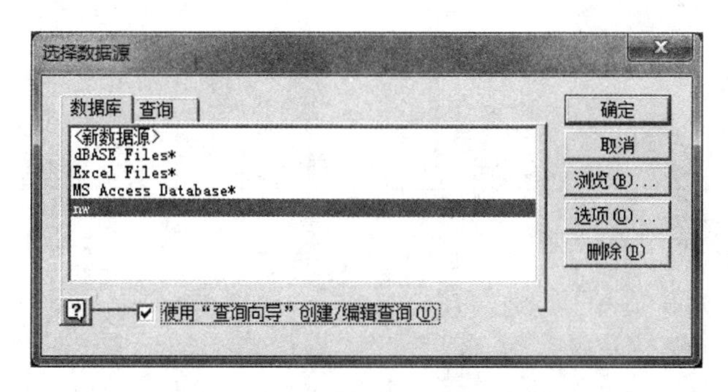

图 3－15　“选择数据源”对话框

注意：选择“nw”数据源的操作是使用“nw”数据源进行查询所必须做的操作；另外，用户若想在“查询向导”中完成本查询，则应保证图 3－15 对话框中的“使用‘查询向导’创建/编辑查询”项前的方框处于“选中”状态。

2. 选择所要查询的字段

在“查询向导－选择列”对话框中的“可用的表和列”列表框中单击“客户”表左边的“＋”，列表中即可显示该表具有的所有字段名。用鼠标单击要选择的字段名，如“客户 ID”，再单击【>】按钮，即可将该字段移至“查询结果中的列”列表中。用户还可以双击“可用的表和列”列表框中的字段名，将字段移至“查询结果中的列”列表中。重复操作，直至将所有需要查询的字段，包括“客户 ID”“公司名称”“地区”“城市”和“电话”字段，全部移至“查询结果中的列”列表中，如图 3－16 所示。

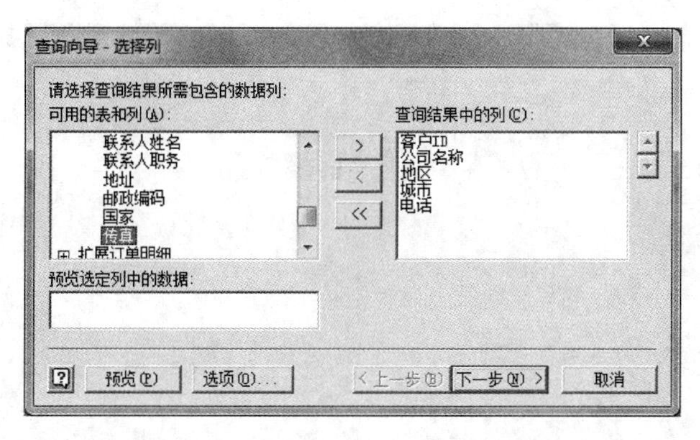

图 3－16　“查询向导－选择列”对话框

3. 显示查询结果

单击“查询向导—选择列”对话框中的【下一步】按钮，出现“查询向导—筛选数据”对话框，单击【下一步】按钮，出现“查询向导－排序顺序”对话框，单击【完成】按钮，即可出现查询结果，如图 3－17 所示。该图中的窗口称为查询设计窗口，窗口的上半部分称为表窗格，其中显示的是查询中使用到的表（“客户”表）；窗口的下半部分是查询结果窗格，其中显示的是查询结果记

录，包含了“Northwind”示例数据库中所有客户的客户 ID、公司名称、地区、城市和电话字段的值，单击窗口底部的【▶|】按钮，在记录项中就可以看出共有 91 个客户记录。

查询来自 nw

客户
*
城市
传真
地区
地址
电话

客户ID	公司名称	地区	城市	电话
THECR	新巨企业	西南	成都	(046) 55565834
TOMSP	东帝望	华东	青岛	(0251) 1031259
TORTU	协昌妮绒有限公司	华北	天津	(030) 45552933
TRADH	亚太公司	华北	石家庄	(031) 55562167
TRAIH	伸格公司	华南	深圳	(0571) 55518257
VAFFE	中硕贸易	华南	深圳	(0571) 86213243
VICTE	千固	华北	秦皇岛	(071) 8325486
VINET	山泰企业	华北	天津	(030) 26471510
WANDK	凯旋科技	华北	天津	(030) 71100361
WARTH	升格企业	华北	石家庄	(031) 9814655
WELLI	凯诚国际顾问公司	华南	深圳	(0571) 35558122
WHITC	椅天文化事业	华东	常州	(026) 5554112
WILMK	志远有限公司	华北	张家口	(023) 9022458
WOLZA	汉典电机	华北	天津	(030) 56427012

记录: 91

图 3—17 查询设计窗口

4. 保存查询

单击“文件”菜单的“保存”命令，出现如图 3—18 所示的“另存为”对话框。用户可以在该对话框的默认保存位置“..\Microsoft\Queries”中保存该查询，也可以另行选择一个文件夹保存该查询。查询文件的扩展名为“.dqy”。

注意：在默认保存位置保存的查询，以后会出现在“选择数据源”对话框的“查询”选项卡的列表中；另存在其他位置的查询将不出现在查询选项卡的列表中。

图 3—18 “另存为”对话框

用户也可以选择在 Microsoft Office Excel 2010 中调用 Microsoft Query 软件的功能，并将查询结果返回到 Excel 中保存。具体方法如下：

1. 在 Microsoft Office Excel 2010 软件中启动 Microsoft Query 软件

选择 Microsoft Office Excel 2010 软件“数据”选项卡的“自其他来源/来自 Microsoft Query”命令，如图 3－19 所示，即可启动 Microsoft Query 软件。

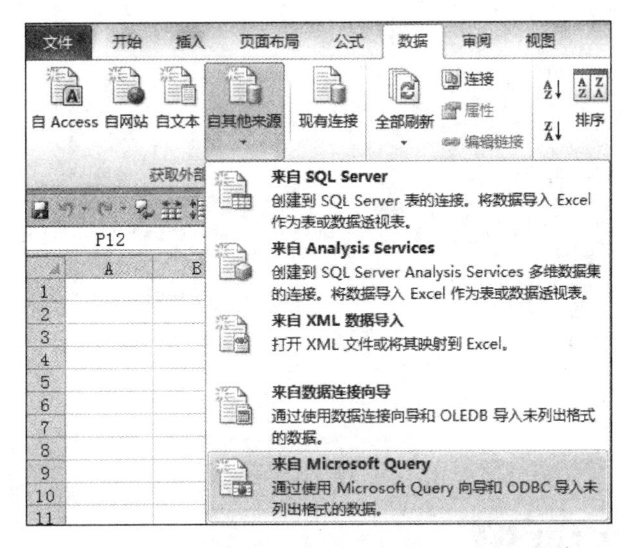

图 3－19 Microsoft Office Excel 2010 的数据选项卡

2. 设计查询并返回查询结果

在 Microsoft Query 软件中完成相应的查询设计，然后，选择“文件”菜单的“将数据返回 Microsoft Excel(R)”命令，即可将查询出的数据返回到 Excel 软件中。

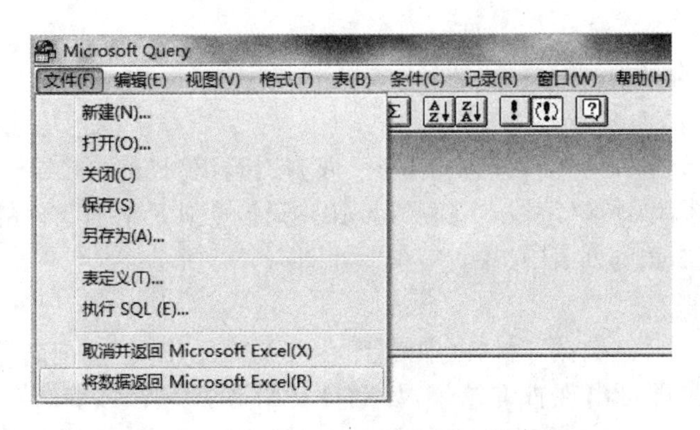

图 3－20 Microsoft Query 软件的文件菜单

3. 编辑查询

将查询的数据返回到 Excel 以后，用户想修改查询设计，可以在数据区右击鼠标，然后选择快捷菜单的“表格/编辑查询”命令，如图 3－21 所示，就会重新回到 Microsoft Query 软件，以便修改相应的查询。

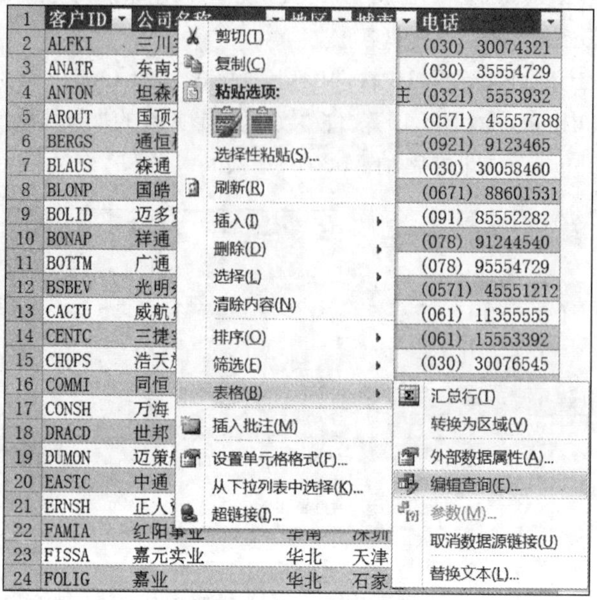

图 3－21 编辑查询

二、华东地区客户信息查询

Northwind 公司负责华东地区销售工作的销售主管希望了解一下该地区客户的客户 ID、公司名称、地区、城市和电话等信息。为此，查询时需要规定一个查询条件"地区等于华东"。具体步骤如下：

1. 选择"nw"数据源

2. 选择所要查询的字段

在"查询向导－选择列"对话框中选择所要查询的字段。

3. 规定查询条件"地区等于华东"

单击"查询向导－选择列"对话框中的【下一步】按钮，出现"查询向导－筛选数据"对话框，在"待筛选的列"中选择"地区"字段，在随后出现的"只包含满足下列条件的行"的"地区"项中选择"等于"，并在其右边的列表中选择"华东"，如图 3－22 所示。

4. 显示查询结果

单击"查询向导—筛选数据"对话框中的【下一步】按钮，出现"查询向导—排序顺序"对话框，单击【完成】按钮，即可出现查询结果，如图 3－23 所示。在该窗口中显示的是"Northwind"示例数据库中 16 个位于华东地区的客户记录的客户 ID、公司名称、地区、城市和电话字段的值。

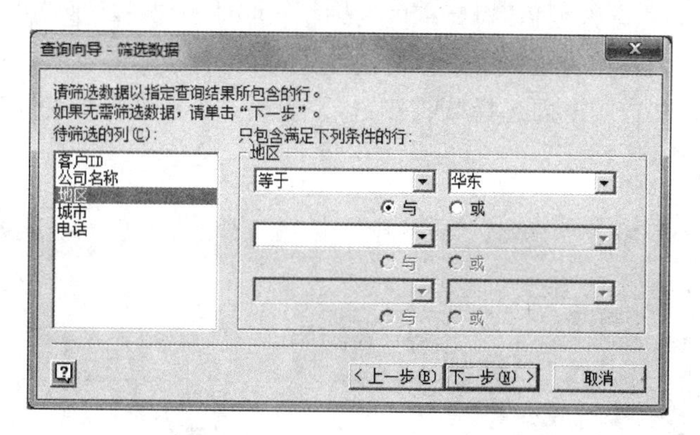

图 3－22 “查询向导—筛选数据”对话框

查询来自 nw

客户：*、城市、传真、地区、地址、电话

条件字段：地区
值：'华东'
或：

客户ID	公司名称	地区	城市	电话
BERGS	通恒机械	华东	南京	(0921) 9123465
DUMON	迈策船舶	华东	常州	(056) 40678888
FOLKO	五洲信托	华东	南京	(087) 69534671
FRANR	国银贸易	华东	南京	(087) 40322121
FRANS	文成	华东	常州	(056) 34988260
FURIB	康浦	华东	南京	(087) 43542534
GOURL	业兴	华东	上海	(021) 85559482
HANAR	实翼	华东	南昌	(0211) 5550091
LEHMS	幸义房屋	华东	南京	(069) 20245984
MAISD	悦海	华东	青岛	(0217) 2012467
OLDWO	瑞栈工艺	华东	南京	(097) 5557584
PICCO	顶上系统	华东	常州	(056) 6562722
RATTC	学仁贸易	华东	温州	(055) 5555939
RICSU	永大企业	华东	南京	(089) 7034214
TOMSP	东帝望	华东	青岛	(0251) 1031259
WHITC	椅天文化事业	华东	常州	(026) 5554112

记录: 16

图 3－23 查询设计窗口

仔细观察还可以发现，在本例的查询设计窗口中，除了表窗格和查询结果窗格，在窗口的中间还多了一个条件窗格，在条件字段名“地区”的下面有“华东”字样，表明所规定的查询条件是“地区等于华东”。

5. 保存查询

单击“文件”菜单的“保存”命令，在随后出现的“另存为”对话框中保存该查询。

三、华东或华南地区客户信息查询

为了协助 Northwind 公司的销售总监，了解位于华东或华南地区的客户的客户 ID、公司名称、地区、城市和电话等信息。需要在查询条件“地区等于华东”的基础上，再增加一个查询条件“地区等于华南”，以便查询地区位于华东或华南的客户的信息。

具体方法如下：

在前面"查询向导—筛选数据"对话框的"待选择的列"中选择"地区"字段，在随后出现的"只包含满足下列条件的行"的第一个条件行的左边选择"等于"，并在其右边的列表中选择"华东"，然后在第一个条件行的下面选择"或"按钮，并在第二个条件行中的左边选择"等于"，在其右边的列表中选择"华南"，如图 3－24 所示。

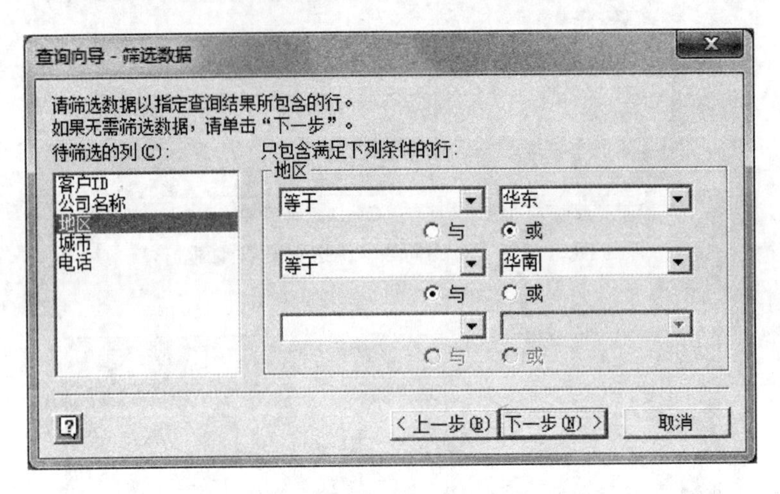

图 3－24 规定查询条件"地区等于华东"或"地区等于华南"

查询结果如图 3－25 所示，在条件窗格中条件字段"地区"的下面有两个地区值"华东"和"华南"，分别代表了两个条件："地区等于华东"和"地区等于华南"。这两个条件分别放置在两个不同的行中，表示它们之间具有"或"的关系。

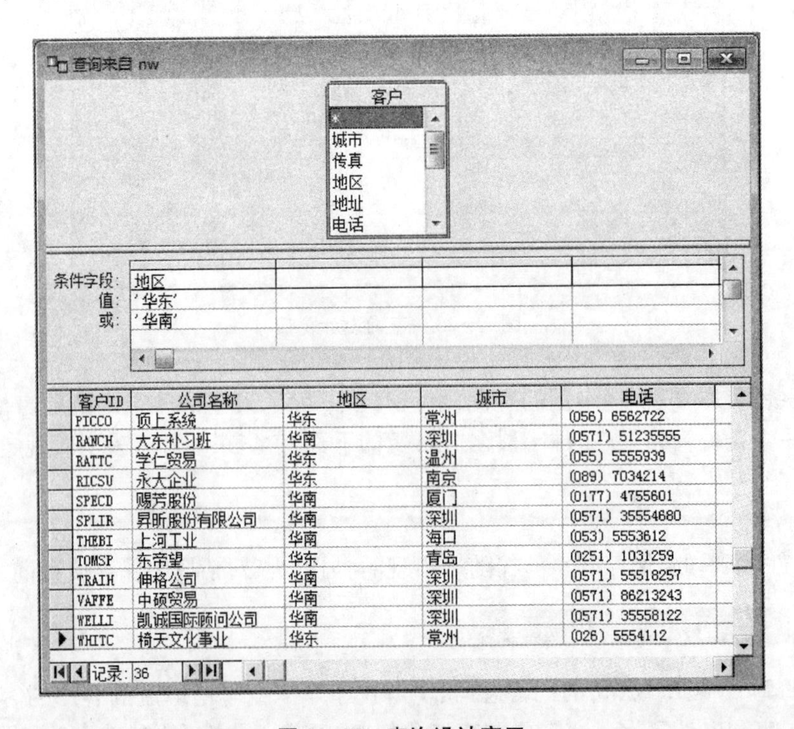

图 3－25 查询设计窗口

四、华北地区客户信息查询

Northwind 公司负责华北地区销售工作的销售主管希望获得华北地区、联系人职务是销售代表的那些客户的客户 ID、公司名称、城市和电话等信息。

为完成本查询，只需将查询设计窗口按图 3－26 所示设置，“地区等于华北”和“联系人职务等于销售代表”这两个条件放置在同一行，表示它们之间具有“与”的关系。查询结果中满足条件的只有 6 个客户。

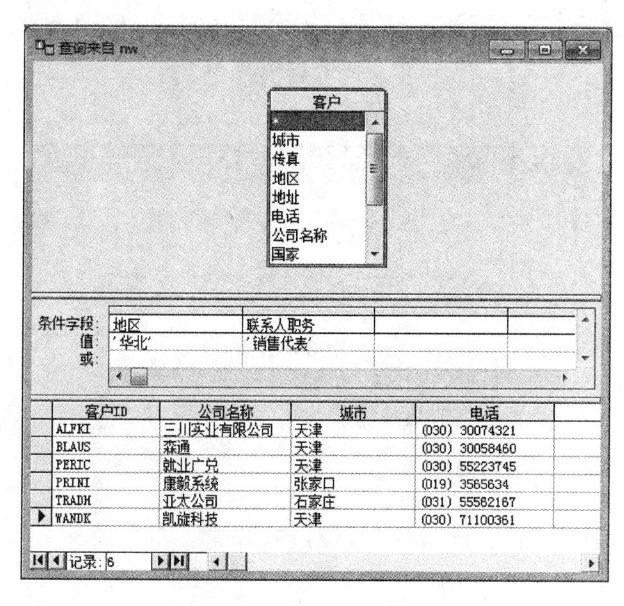

图 3－26 查询设计窗口

五、某时间段内客户订单信息查询

Northwind 数据库中存放了 3 年的订单数据，现有关人员想查询该公司的客户在 1996 年下半年订购的所有订单的订购日期、订单 ID、客户 ID 和雇员 ID 等信息。下面用查询设计窗口完成本次查询，具体步骤如下：

1. 选择“nw”数据源

启动 Microsoft Query 应用程序，单击“文件”菜单的“新建”命令，出现“选择数据源”对话框，选择“数据库”选项卡中的“nw”数据源。

2. 进入查询设计窗口

单击“选择数据源”对话框中的“使用‘查询向导’创建/编辑查询(U)”项前面的方框，使其处于未选中状态，如图 3－27 所示，再单击【确定】按钮，便可出现查询设计窗口及“添加表”对话框，如图 3－28 所示。

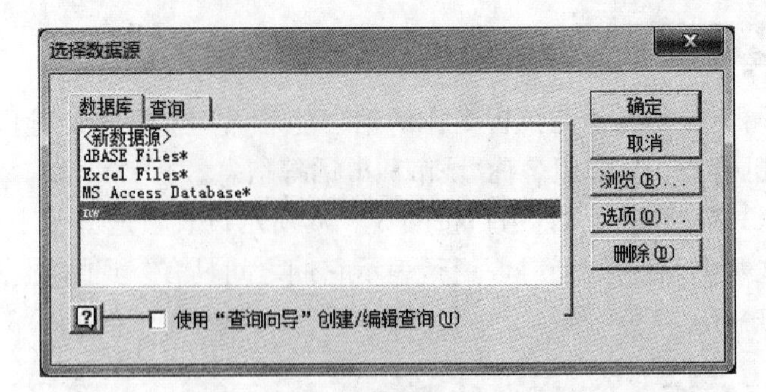

图 3－27 "选择数据源"对话框

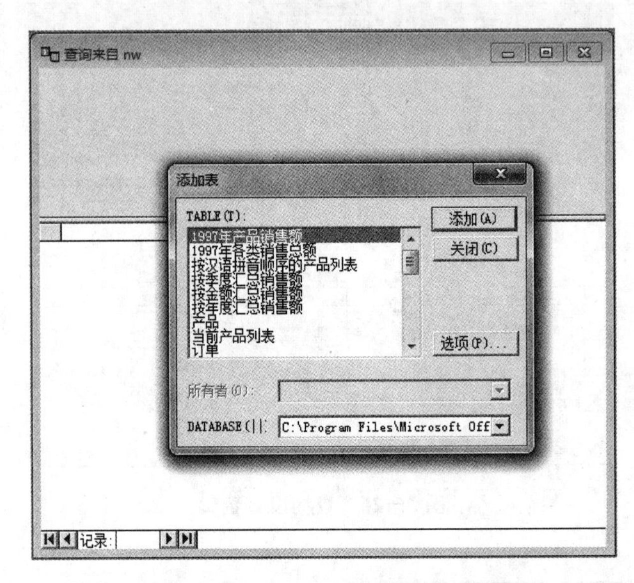

图 3－28 查询设计窗口及"添加表"对话框

3. 选择查询中需要使用的表

在"添加表"对话框的"表"列表中选择查询中将使用的表"订单"，单击【添加】按钮，就可以将该表添加到查询设计窗口的表窗格中，单击"添加表"对话框的【关闭】按钮，进入"查询设计"窗口。

4. 添加条件窗格

单击"视图"菜单的"条件"命令，使"视图"菜单中"条件"项前面出现"√"，便可以在查询设计窗口中添加【条件】窗格，如图 3－29 所示。

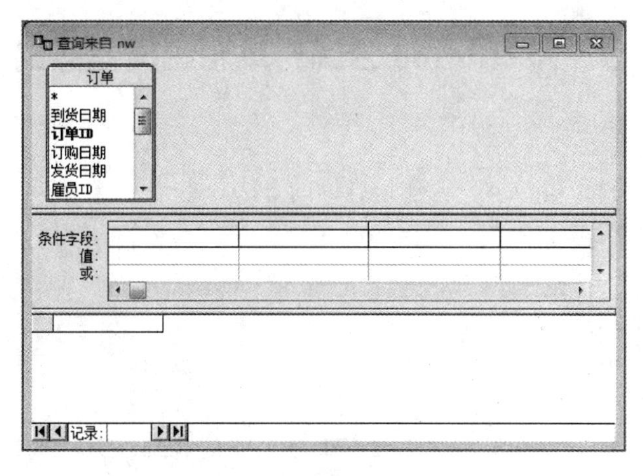

图 3－29　查询设计窗口

5. 选择要查询的字段

在查询设计窗口的表窗格中，分别双击“订单”表中需要查询的“订购日期”“订单 ID”“客户 ID”和“雇员 ID”等字段，即可将它们显示在查询结果窗格中。

6. 设置查询条件

在条件窗格的“条件字段”行的第一列中选择“订购日期”，并在下一行中输入“＞＝1996－7－1 and ＜＝1996－12－31”后按回车键，即可在查询结果窗格中显示 Nortnwind 公司 1996 年下半年的订单的相关信息，如图 3－30 所示，共有 152 条记录。

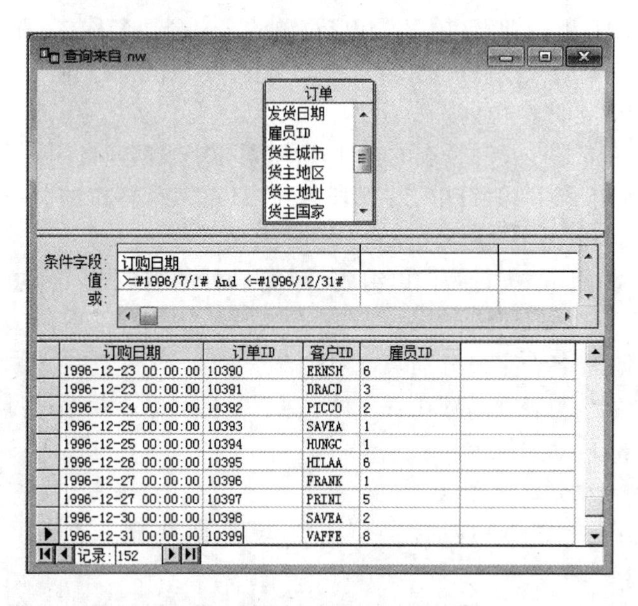

图 3－30　查询设计窗口

实验 3－3 Northwind 公司订单和雇员信息的连接查询

实验目的

- 掌握用 Microsoft Query 进行连接查询的方法。

实验环境

- Microsoft Query

实验要求

Northwind 公司的有关人员有时需要查询该公司的客户在某段时间段内(如 1997 年)订购的所有订单的订购日期、订单 ID、相应订单的客户公司名称、负责订单的雇员的姓氏和名字等信息;有时也需要查询指定订单(如 10248 和 10254)的订单 ID、运货商的公司名称以及订单上所订购的产品的名称;也有时希望查询所有雇员的 ID、姓氏、名字、职务以及其上级的姓氏、名字和职务等信息。试设计若干查询,获取相关信息。

实验步骤

一、订单信息查询

Northwind 数据库中存放了 3 年的订单数据,现有关人员需要查询该公司的客户在 1997 年订购的所有订单的订购日期、订单 ID、相应订单的客户公司名称、负责订单的雇员的姓氏和名字等信息。并将查询结果按雇员的“姓氏”和“名字”字段的升序排列,“姓氏”和“名字”值相同的记录按“订单 ID”的降序排列。

前面介绍的查询都是涉及一个表的查询,所用到的字段都来自同一个表,本次查询的信息来自于多个表。“订购日期”和“订单 ID”字段来自“订单”表,客户的“公司名称”字段来自“客户”表,雇员的“姓氏”和“名字”字段则来自“雇员”表。

对多个表中的数据同时进行查询以组成一个综合性的结果集,这样的查询称为连接查询。对于多表查询必须了解如下问题:

- 查询中使用到的各个字段分别来自哪些表?
- 查询所涉及的表与表之间存在着何种联系?这些联系又是通过哪些字段建立起来的?

完成本次查询的具体步骤如下:

1. 选择查询中使用到的多个表

选择启动 Microsoft Query 应用程序,选择“nw”数据源,进入查询设计窗口和“添加表”对话框。

选中“添加表”对话框的“表”列表中的“订单”表,单击【添加】按钮,将其添加到查询设计窗口的表窗格中。使用同样的方法将“客户”表和“雇员”表添加到查询设计窗口的表窗格中,如图 3－31 所示,然后单击“添加表”对话框的【关闭】按钮。

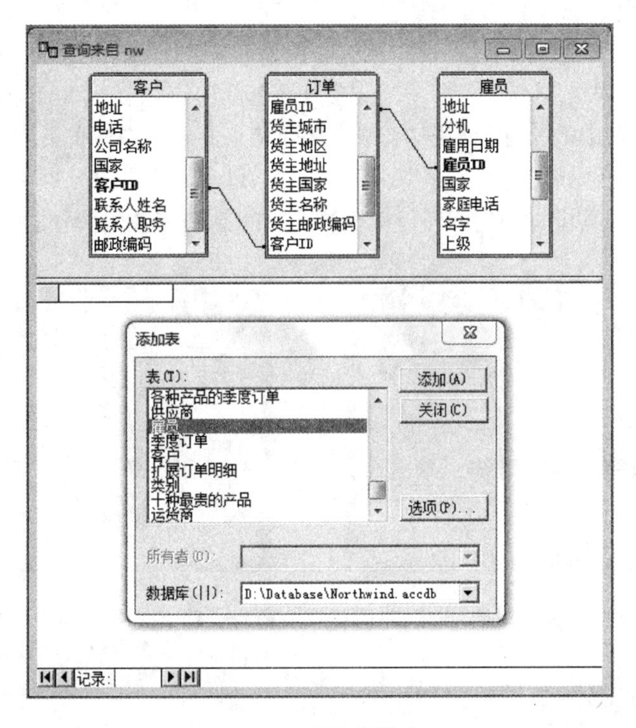

图 3—31　查询设计窗口

2. 选择需要查询的字段

在表窗格中分别双击“订单”表的“订购日期”和“订单 ID”字段，“客户”表的“公司名称”字段，“雇员”表的“姓氏”和“名字”字段，使它们出现在查询结果窗格中。

3. 设置查询条件

单击查询设计窗口的“视图”菜单中的“条件”命令，使“视图”菜单中“条件”项前面出现“√”，在随后出现的查询设计窗口中的条件窗格中设置查询条件，条件字段为“订购日期”，条件是“>=1997/1/1 and <=1997/12/31”，如图 3—32 所示。

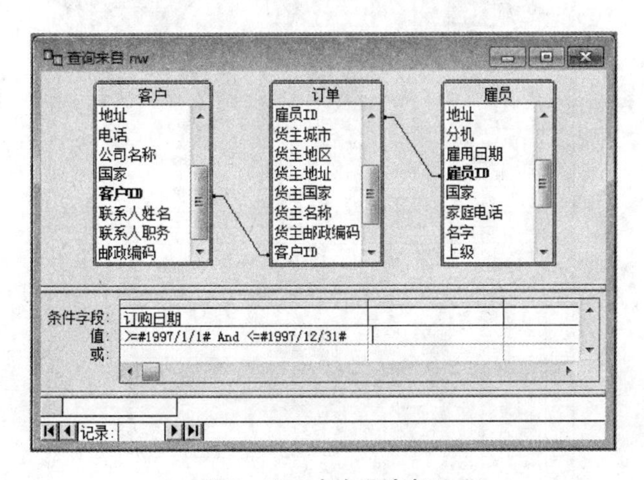

图 3—32　查询设计窗口

4. 选择排序字段

单击查询设计窗口的“记录”菜单中的“排序”命令，出现如图 3－33 所示的“排序”对话框，选择“列”列表中的“雇员.姓氏”字段，再选中【升序】单选钮，然后单击【添加】按钮，将“雇员.姓氏”字段添加到“查询中的排序”列表中，表示查询结果将首先按“雇员.姓氏”字段的“升序”进行排列。用同样的方法将“雇员.名字”字段和“订单.订单 ID”字段分别设为第二和第三排序字段，如图 3－34 所示，其中针对“订单.订单 ID”字段的排序方式是降序。

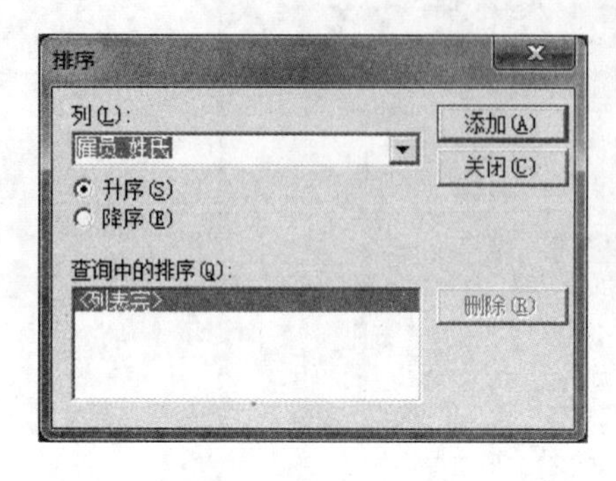

图 3－33　未添加排序字段的“排序”对话框

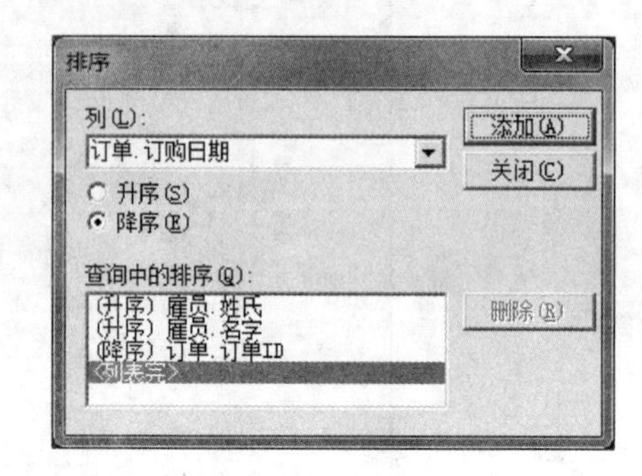

图 3－34　添加排序字段后的“排序”对话框

5. 显示查询结果

单击“排序”对话框的【关闭】按钮，即可在“查询设计”窗口中看到经过排序后的查询结果，如图 3－35 所示。

在如图 3－35 所示的查询设计窗口的上半部分显示的是查询中所用的三个表，即“订单”表、“客户”表和“雇员”表，三个表之间的连线代表了表与表之间的联系，其中“客户”表与“订单”表之间是通过“客户 ID”联系起来的，而“订单”表和“雇员”表是通过“雇员 ID”相联系的；窗口的中间是查询条件；窗口的下半部分是查询结果，显示了 Northwind 数据库中 1997 年的 408 份订单的信息，这些信息是按照雇员的“姓氏”和“名字”字段的升序、“订单 ID”的降序排列的。

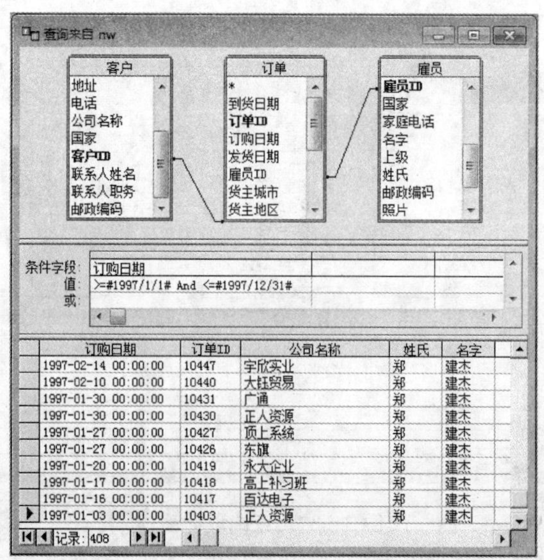

图 3－35　查询设计窗口

二、订单的运货商和产品信息查询

Northwind 数据库中存放了其所有订单的信息，现要求查询其中的“10248”和“10254”号订单的订单 ID、运货商的公司名称以及订单上所订购的产品的名称。

本例所要查询的字段，订单 ID、运货商的公司名称和所订购的产品名称，分别来自订单表、运货商表与产品表。

具体步骤如下：

1. 选择查询中使用到的订单表、运货商表与产品表

选择启动 Microsoft Query 应用程序，选择“nw”数据源，进入查询设计窗口和“添加表”对话框，添加查询所涉及的订单表、运货商表与产品表，此时查询设计窗口如图 3—36 所示，其中的三个表之间没有连线，表明它们之间没有自动建立联系。

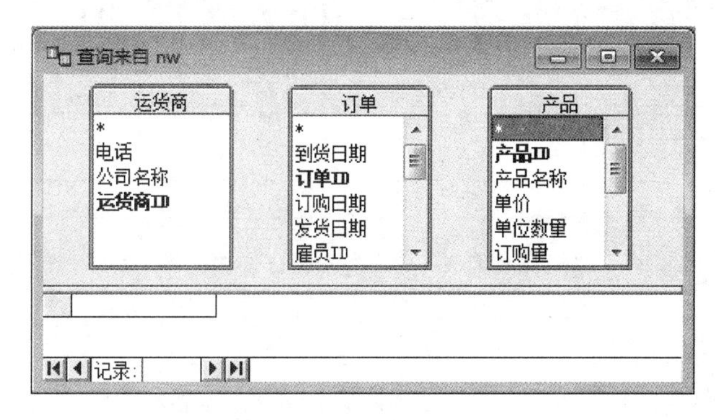

图 3—36 查询设计窗口

2. 建立订单表和产品表之间的联系

“订单”表和“产品”表之间没有直接的联系，必须在表窗格中再增加一个“订单明细”表来建立联系。方法是：

单击“表/添加表”命令，显示“添加表”对话框，选择“表”列表中的“订单明细”表，并单击【添加】按钮，即可将该表加入查询设计窗口的表窗格中，单击“添加表”对话框的【关闭】按钮。

添加了“订单明细”表的查询设计窗口如图 3—37 所示，表窗格中的“订单”表、“订单明细”表和“产品”表之间的连线表明了它们之间的联系。

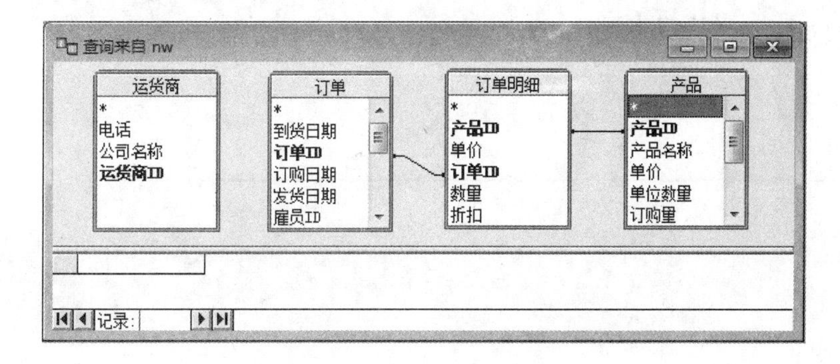

图 3—37 查询设计窗口

3. 手工建立运货商表和订单表之间的联系

“运货商”表和“订单”表之间的联系是通过“运货商”表中的“运货商 ID”字段和“订单”表中的“运货商”字段建立的。由于这两个字段的名字不一样，所以 Microsoft Query 应用程序没有自动为这两个表建立联系。用户只要单击表中用于联系的字段，不妨单击“运货商”表中的“运货商 ID”字段，然后按住鼠标左键拖动鼠标，将随后出现的一个小矩形块拖动到“订单”表的“运货商”字段上，松开鼠标，即可在这两个表之间建立联系，如图 3－38 所示，“运货商”表和“订单”表之间的连线代表了它们之间的联系。

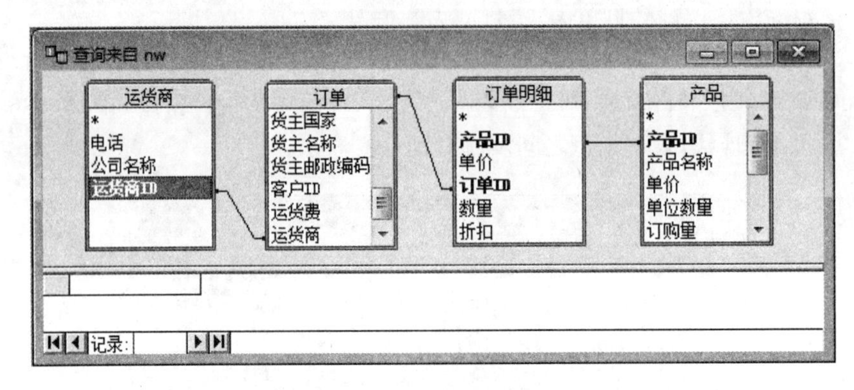

图 3－38 查询设计窗口

4. 选择需要查询的字段

分别双击“订单”表的“订单 ID”、“运货商”表的“公司名称”和“产品”表的“产品名称”字段，使它们出现在查询结果窗口中。

5. 输入查询条件

单击查询设计窗口的“视图”菜单中的“条件”命令，以便在窗口中显示条件窗格，然后在条件窗格的“条件字段”行选择“订单 ID”，并在该列的下面两个“值”行中分别输入“10248”和“10254”，表明要查询的订单 ID 等于“10248”或“10254”。

6. 观察查询结果

(1)查询条件输入完毕，即可在查询设计窗口的查询结果窗格中显示满足条件的查询结果，如图 3－39 所示，共有 6 条记录。其中，“10248”号订单上订购了“猪肉”“糙米”和“酸奶酪”三种产品，运货商是“联邦货运”公司；而“10254”号订单上订购了“汽水”“鸭肉”和“鸡精”三种产品，运货商是“统一包裹”公司。

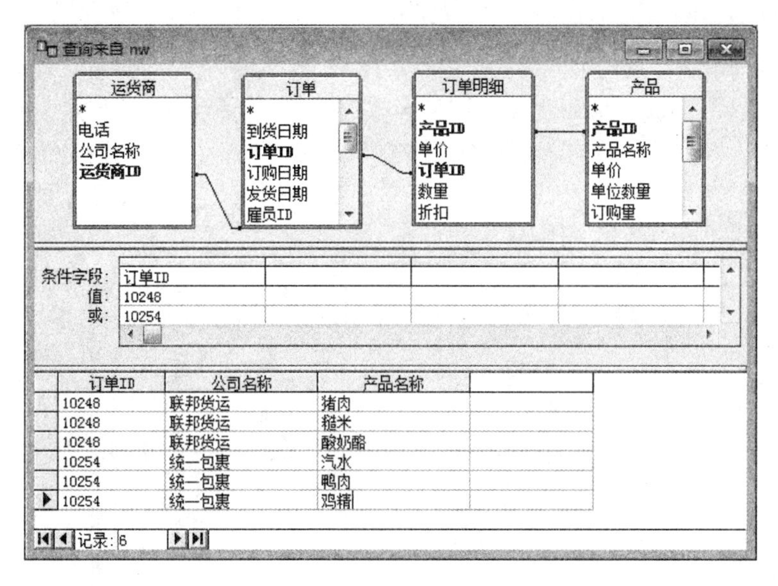

图 3－39　查询设计窗口

(2)从查询设计窗口的表窗格中选中“订单明细”表，按【Delete】键删除该表，再次观察查询结果，发现查询结果窗格中共显示了 154 个记录，如图 3－40 所示，显然该结果是错误的。原因就是，“订单明细”表删除之后，“订单”表和“产品”表之间就失去了联系，这样“订单”表中满足条件的 2 个记录(“10248”和“10254”号订单记录)与“产品”表中的全部记录(77 个产品记录)连接，共产生了 154 个结果记录(2×77=154)。

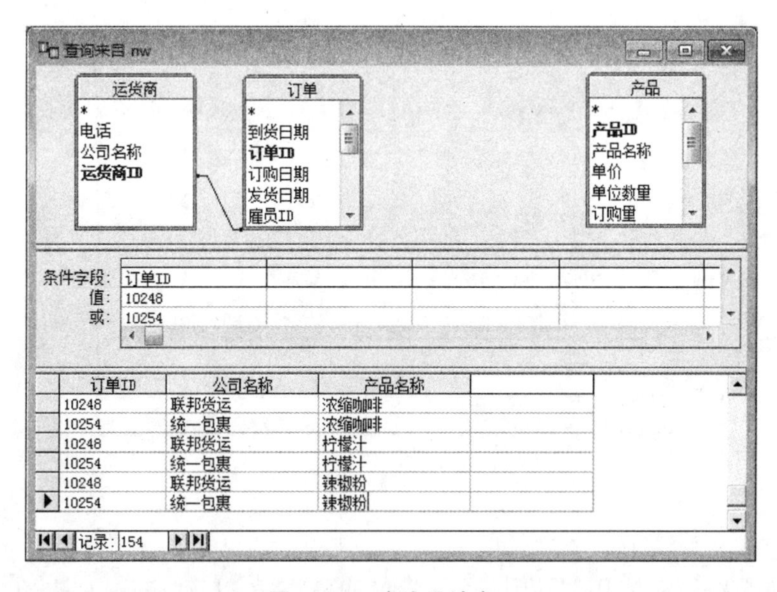

图 3－40　查询设计窗口

三、雇员及其上级信息查询

Northwind 公司人事部经理希望了解所有雇员的雇员 ID、姓氏、名字、职务以及其上级的姓氏、名字和职务。具体步骤如下：

1. 添加查询中所涉及的表

启动 Microsoft Query 应用程序，选择“nw”数据源，进入查询设计窗口和“添加表”对话框。选中“雇员”表，单击两次【添加】按钮后关闭“添加表”对话框，查询设计窗口如图 3—41 所示，对于第二次添加的“雇员”表，系统自动给出的名字是“雇员_1”，以便与原来的表名进行区别。

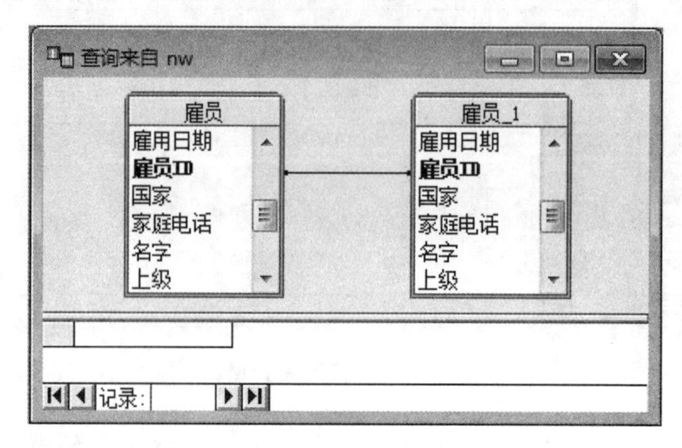

图 3—41 查询设计窗口

2. 建立正确的表联系

在“雇员”表和“雇员_1”表之间有一个自动建立在“雇员 ID”字段上的联系，这个联系是不需要的，应删除，单击该连线按【Delete】键即可。需建立的联系是在“雇员”表的“上级”字段与“雇员_1”表的“雇员 ID”字段上进行的，如图 3—42 所示。

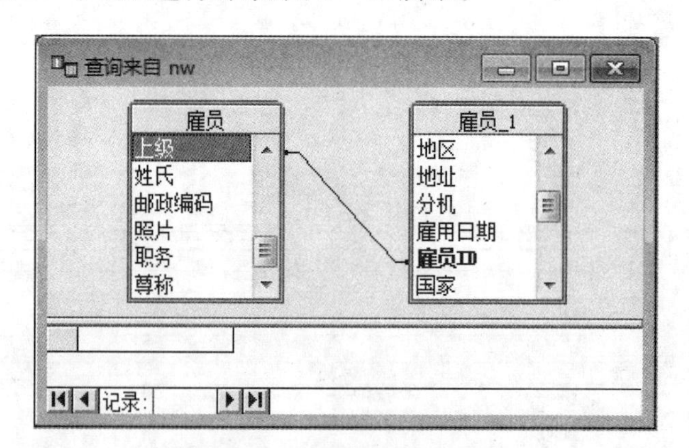

图 3—42 查询设计窗口

3. 选择查询字段并显示查询结果

双击“雇员”表的“雇员 ID”“姓氏”“名字”和“职务”字段以及“雇员_1”表的“姓氏”“名字”和“职务”字段。并通过双击列标的方法将“雇员_1”表的“姓氏”“名字”和“职务”字段名改为“上级姓氏”“上级名字”和“上级职务”。查询结果如图 3—43 所示。

“雇员”表中本来有 9 个雇员，但是上面的查询结果中却只出现了 8 个雇员的信息。原因是，为了得到有关雇员上级的相关信息，前面的查询对“雇员”表进行了自身连接操作，连接的条件是“雇员表的上级字段的值等于雇员_1 表(也就是雇员表)的雇员 ID 字段的值”，由于雇员 ID 为“2”的雇员记录的上级字段的值是空的，在“雇员_1”表中找不到满足条件的记录与其相对应，所以该雇员 ID 为“2”的记录就没有出现在最终的查询结果中，这样，查询结果中就少了该雇员的信息。

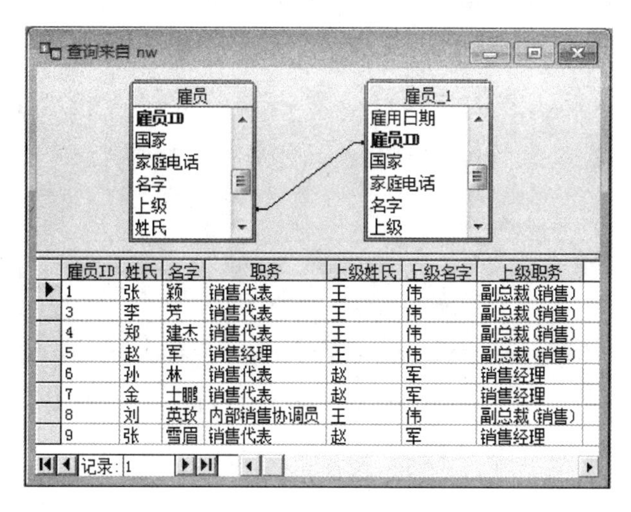

雇员ID	姓氏	名字	职务	上级姓氏	上级名字	上级职务
1	张	颖	销售代表	王	伟	副总裁(销售)
3	李	芳	销售代表	王	伟	副总裁(销售)
4	郑	建杰	销售代表	王	伟	副总裁(销售)
5	赵	军	销售经理	王	伟	副总裁(销售)
6	孙	林	销售代表	赵	军	销售经理
7	金	士鹏	销售代表	赵	军	销售经理
8	刘	英玫	内部销售协调员	王	伟	副总裁(销售)
9	张	雪眉	销售代表	赵	军	销售经理

图 3—43　查询结果

为了避免这种情况的发生，需要修改前面的查询。即使雇员没有上级，也应该将雇员的其他信息显示出来。具体方法如下：

(1)参照前面的查询，使查询设计窗口如图 3—43 所示。

(2)修改表之间的连接方式。

双击“上级”字段与“雇员 ID”字段间的连线，出现如图 3—44 所示的“连接”对话框，可以看到，其连接内容为：“仅‘雇员’和‘雇员_1’的部分记录，其中雇员．上级＝雇员_1. 雇员 ID”，该连接内容表明了在连接产生的结果中仅包含的是满足条件“雇员．上级＝雇员_1. 雇员 ID”的记录。而本例查询实际上是要获得雇员表的全部记录和雇员_1 表中满足条件的部分记录，因此应在连接内容部分将第二项“‘雇员’的所有值和‘雇员 1’的部分记录，其中雇员．上级＝雇员_1. 雇员 ID”选中，单击【添加】按钮修改连接类型，如图 3—45 所示，再单击【关闭】按钮关闭“连接”对话框。

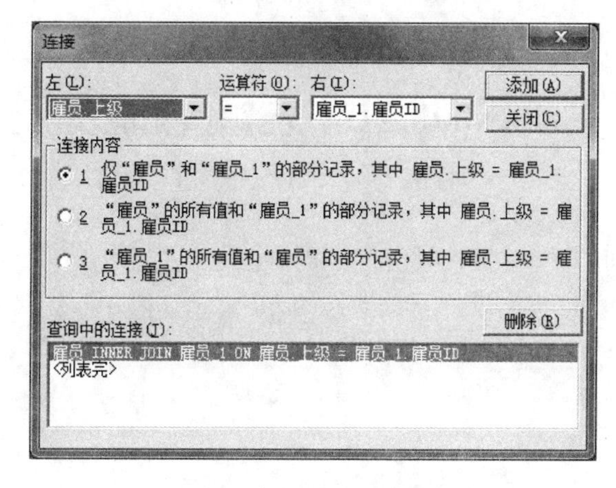

图 3—44　“连接”对话框

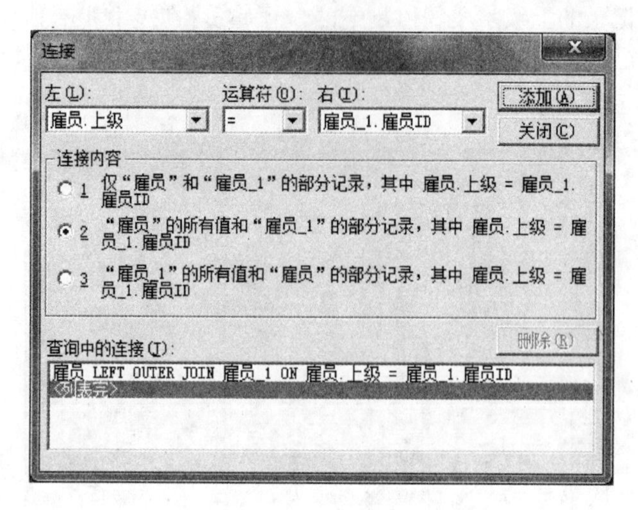

图 3—45 “连接”对话框

(3)查看查询结果，如图 3—46 所示，其中包含了“雇员”表的全部记录，共 9 个记录。

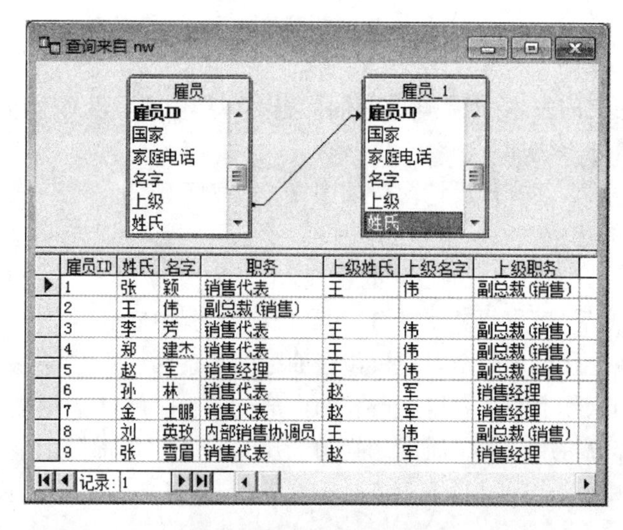

雇员ID	姓氏	名字	职务	上级姓氏	上级名字	上级职务
1	张	颖	销售代表	王	伟	副总裁(销售)
2	王	伟	副总裁(销售)			
3	李	芳	销售代表	王	伟	副总裁(销售)
4	郑	建杰	销售代表	王	伟	副总裁(销售)
5	赵	军	销售经理	王	伟	副总裁(销售)
6	孙	林	销售代表	赵	军	销售经理
7	金	士鹏	销售代表	赵	军	销售经理
8	刘	英玫	内部销售协调员	王	伟	副总裁(销售)
9	张	雪眉	销售代表	赵	军	销售经理

图 3—46 查询设计窗口

实验 3—4 Northwind 公司产品销售和雇员业绩汇总查询

实验目的

- 掌握用 Microsoft Query 查询计算字段的方法；
- 掌握用 Microsoft Query 进行汇总操作的方法。

实验环境

- Microsoft Query

实验要求

Northwind 公司的销售主管希望了解每种产品的总销售数量和销售金额，并在此基础上，分析哪十种产品是公司的滞销产品，即销售数量最低的十大产品；而人事部门想根据每位销售员的业绩来分配其季度奖金。试设计若干个查询，获取相关信息。

实验步骤

一、产品销售信息汇总查询

为了了解每种产品的总销售数量和销售金额，需要先查询出明细的数量和销售金额。其中，数量来自"订单明细"表，"销售金额"字段在数据库中是没有的，需要利用"订单明细"表的"数量""单价"和"折扣"字段的值，并按照公式"销售金额=数量×单价×(1－折扣)"来计算，该字段是一个计算字段。然后，再将"产品名称"作为分类字段、"数量"和"销售金额"作为被汇总字段，计算每种产品的总数量和总销售金额。

具体步骤如下：

1. 添加查询中所涉及的表

启动 Microsoft Query 应用程序，选择"nw"数据源，进入查询设计窗口和"添加表"对话框，选择要查询的字段所涉及的"产品"表与"订单明细"表后关闭"添加表"对话框。并如图3－47所示布置查询设计窗口，显示 Northwind 公司每种产品的明细销售数量。

图 3－47 查询设计窗口

2. 建立"销售金额"计算字段

在"查询结果"窗格的"产品数量"列的右边空白列的第一行中直接输入用于产生计算字段的算术表达式"订单明细 . 单价 * 数量 * (1－折扣)"，按回车键后即可生成一个计算字段，如

图 3—48 所示，在计算字段的列标处显示的是用于计算该字段的算术表达式。由于在“订单明细”表和“产品”表中都有“单价”字段，其中“订单明细”表中的“单价”字段记录着销售价，而“产品”表中的“单价”字段记录着产品的采购价，所以在算术表达式中引用时必须对“单价”字段受限“订单明细.单价”，即引用的是“订单明细”表中的“单价”字段。

3. 修改计算字段列的列标

双击计算字段列的列标，在如图 3—50 所示的“编辑列”对话框的“列标”项中输入“销售金额”，按【确定】键后即可将计算字段列的列标改为“销售金额”，如图 3—49 所示。

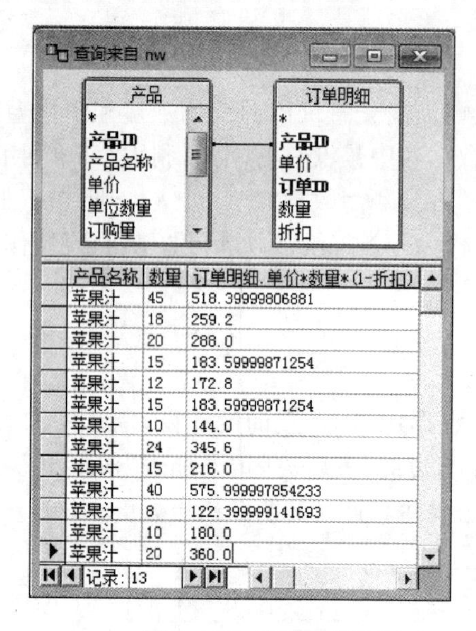

图 3—48　查询设计窗口

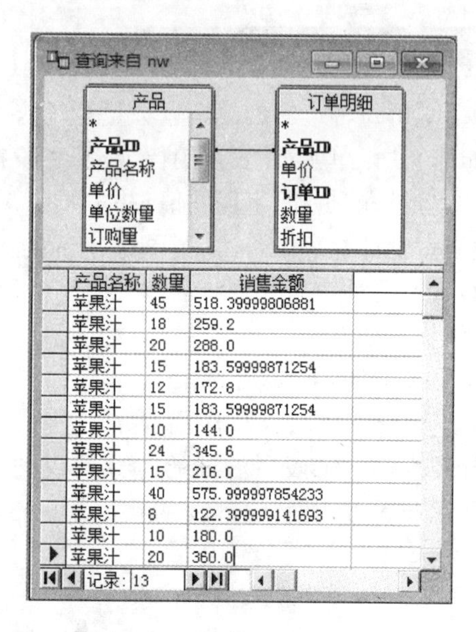

图 3—49　查询设计窗口

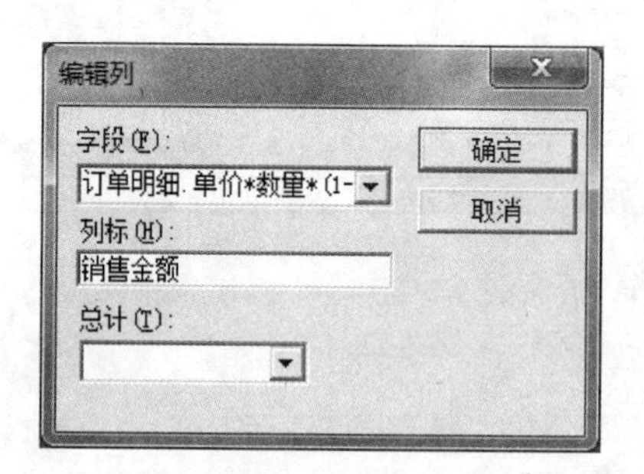

图 3—50　修改列标

4. 按产品名称汇总销售数量和销售金额

这里，在查询结果窗格中只有“产品名称”“数量”和“销售金额”等字段，它们分别是分类字段和汇总字段。其他字段是不允许出现在查询结果窗格中的，否则 Microsoft Query 将把多余的字段自动作为分类字段。

在查询结果窗格中双击汇总字段“数量”的列标，出现如图 3—51 所示的“编辑列”对话框。在“列标”项中输入“总销售数量”字样，在“总计”列表中选择“求和”汇总方式，按【确定】按钮，即可将数量设置为汇总字段。

用同样的方法，在“编辑列”对话框中进行如图 3－52 所示的设置即可汇总产品的销售金额。查询结果如图 3－53 所示。

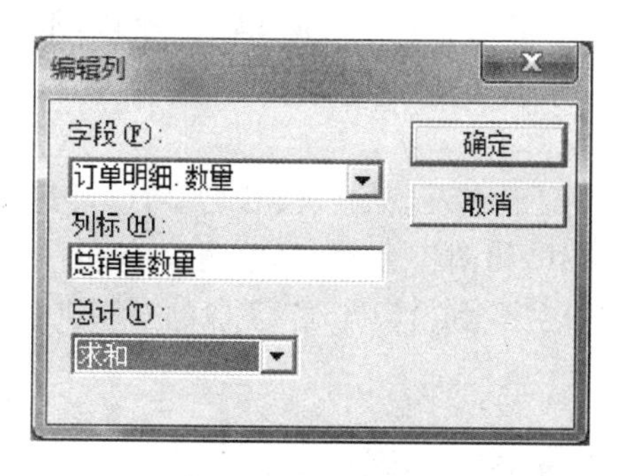

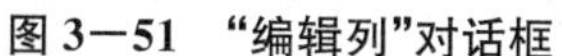
图 3－51　“编辑列”对话框

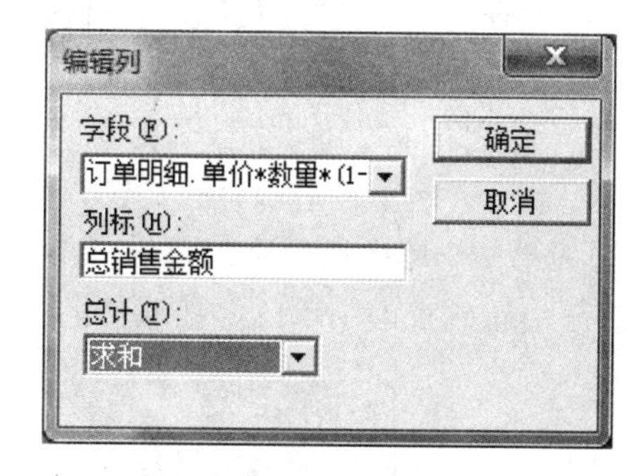

图 3－52　“编辑列”对话框

注意：在“编辑列”对话框的“总计”列表中包括了“求和”“平均值”“计数”“最大值”和“最小值”五种汇总方式，这意味着用户不仅可以对汇总字段求总和，还可以计算其平均值、最大值、最小值或计算汇总字段值的个数。

5. 查询结果排序

为了得到销售数量最低的十大产品，只要把查询结果按照总销售数量的升序排序，排在最前面的十种产品就是销售主管想了解的信息。排序后的查询结果如图 3－54 所示。

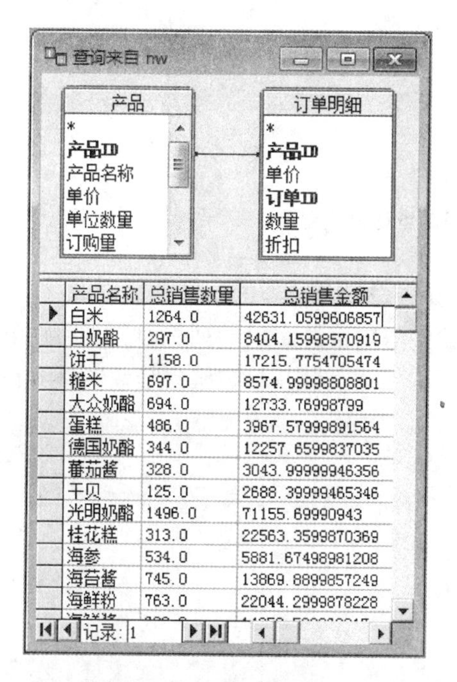

产品名称	总销售数量	总销售金额
白米	1264.0	42631.0599606857
白奶酪	297.0	8404.15998570919
饼干	1158.0	17215.7754705474
糙米	697.0	8574.99998808801
大众奶酪	694.0	12733.76998799
蛋糕	486.0	3967.57999891564
德国奶酪	344.0	12257.6599837035
蕃茄酱	328.0	3043.99999946356
干贝	125.0	2688.39999465346
光明奶酪	1496.0	71155.69990943
桂花糕	313.0	22563.3599870369
海参	534.0	5881.67498981208
海苔酱	745.0	13869.8899857249
海鲜粉	763.0	22044.2999878228

图 3－53　查询结果

产品名称	总销售数量	总销售金额
鸡	95.0	7226.4999884367
味精	122.0	1784.82499957271
干贝	125.0	2688.39999465346
玉米片	138.0	1368.71249365434
矿泉水	184.0	2396.79999566078
肉松	239.0	3382.99999493361
玉米饼	255.0	4315.68749892246
海哲皮	293.0	3997.19999419525
白奶酪	297.0	8404.15998570919
鸡精	297.0	2432.49999904633
麻油	298.0	5347.19999582167
酱油	301.0	7136.99999878183
桂花糕	313.0	22563.3599870369
巧克力	318.0	3704.39999652654

图 3－54　排序后的查询结果

二、雇员业绩汇总查询

Northwind 公司的人事部门想根据每位销售员的业绩来分配其季度奖金，因此，需要查询每位销售人员的姓氏和名字，以及其在某一季度（1998 年第一季度）中所负责的每份订单的订单 ID 和销售金额等信息。下面为其设计一个查询，并将查询结果按雇员的“姓氏”“名字”和“订单 ID”字段的升序排列。

本查询的分类字段是“雇员”表的“姓氏”“名字”和“订单”表的“订单 ID”字段，汇总字段是“销售金额”。具体步骤如下：

1. 查询满足条件的分类字段和汇总字段值

按如图 3－55 所示构造查询设计窗口，查询每位销售人员的姓氏和名字，以及其在最后一年(1998 年)第一季度中所负责的每份订单的订单 ID 和销售金额(订单明细.单价 * 数量 * (1－折扣))等信息。查询结果已经按雇员的“姓氏”“名字”和“订单 ID”字段的升序进行了排列。

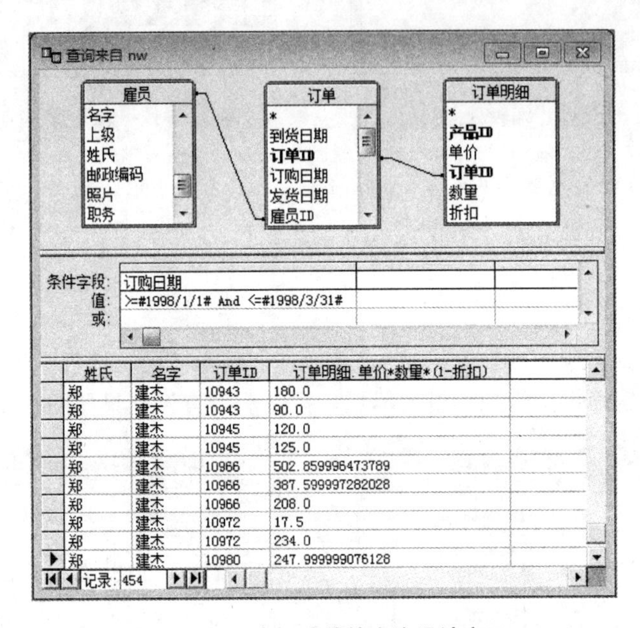

图 3－55 未汇总前的查询设计窗口

2. 针对“姓氏”“名字”和“订单 ID”字段的值统计总销售金额

在图 3－55 查询设计窗口的“查询结果”窗格中双击汇总字段的列标[订单明细.单价 * 数量 * (1－折扣)]，在随后出现的“编辑列”对话框的“列标”项中输入“销售金额”字样，在“总计”列表中选择“求和”汇总方式。

3. 显示汇总结果

单击“编辑列”对话框中的【确定】按钮，即可查看汇总结果，如图 3－56 所示。

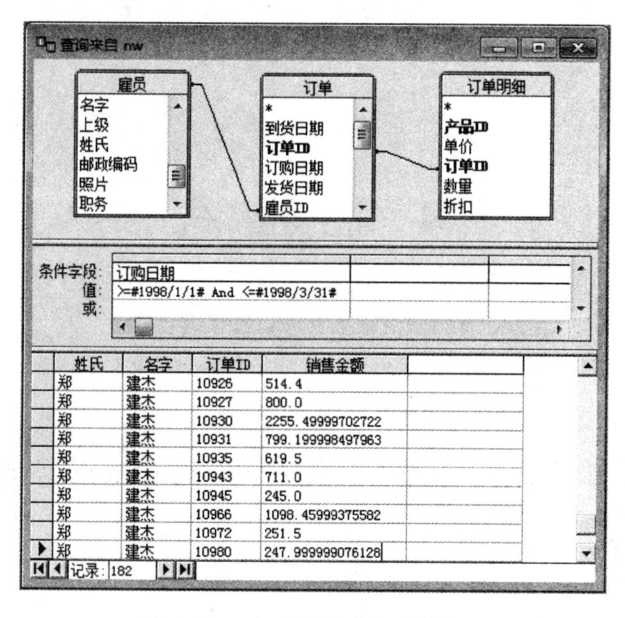

图 3－56 汇总后的查询设计窗口

如果想了解每位雇员在 1998 年第一季度中的总销售金额，则需要从查询结果中将“订单 ID”字段删除，方法是：单击列标“订单 ID”，然后直接按【Delete】键即可。查询结果如图 3－57 所示。

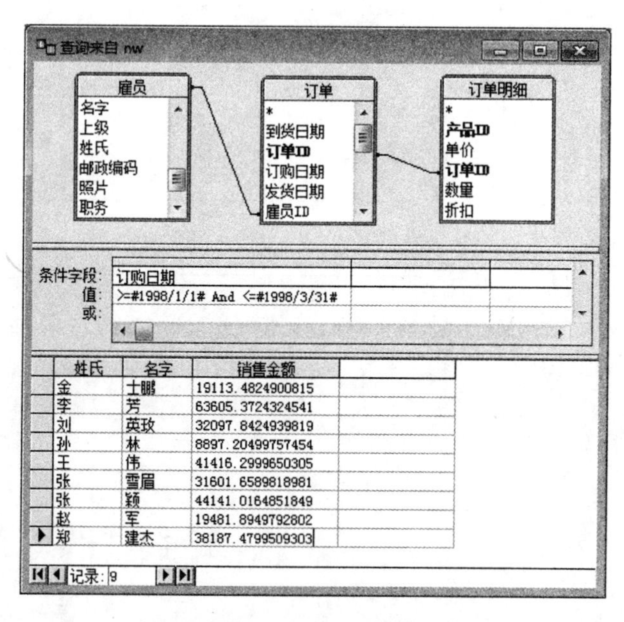

图 3－57 查询结果

实 验 报 告

实验项目名称 实验三 Microsoft Query 数据查询

实　　验　　室 ________________

所属课程名称 数 据 库

实 验 日 期 ________________

班　级 ________________

学　号 ________________

姓　名 ________________

成　绩 ________________

【实验环境】

- Microsoft Query

【实验目的】

- 理解 ODBC 的概念；
- 掌握 ODBC 数据源的建立方法；
- 掌握利用 Microsoft Query 进行投影操作的方法；
- 掌握利用 Microsoft Query 进行选择操作的方法；
- 掌握利用 Microsoft Query 进行连接查询的方法；
- 掌握利用 Microsoft Query 查询计算字段的方法；
- 掌握利用 Microsoft Query 进行汇总操作的方法。

【实验结果提交方式】

● 实验 3－1：

- 按实验步骤建立各个查询，并将查询结果依次存放在“XXXXXXXXXX－3－1.xlsx”文件的各个工作表中，其中“XXXXXXXXXX”是学号；
- 在教师规定的时间内通过 BB 系统提交“XXXXXXXXX X－3－1.xlsx”文件。

● 实验 3－2：

- 按实验步骤建立各个查询，并将查询结果依次存放在“XXXXXXXXXX－3－2.xlsx”文件的各个工作表中，其中“XXXXXXXXXX”是学号；
- 在教师规定的时间内通过 BB 系统提交“XXXXXXXXXX－3－2.xlsx”文件。

● 实验 3－3：

- 按实验步骤建立各个查询，并将查询结果依次存放在“XXXXXXXXXX－3－3.xlsx”文件的各个工作表中，其中“XXXXXXXXXX”是学号；
- 在教师规定的时间内通过 BB 系统提交“XXXXXXXXXX－3－3.xlsx”文件。

● 实验 3－4：

- 按实验步骤建立各个查询，并将查询结果依次存放在“XXXXXXXXXX－3－4.xlsx”文件的各个工作表中，其中“XXXXXXXXXX”是学号；
- 在教师规定的时间内通过 BB 系统提交“XXXXXXXXXX－3－4.xlsx”文件。

【实验思考】

1. 在连接查询中，正确建立表之间的联系是非常重要的。在下述几种情况下，如何建立表之间的联系？

(1)表与表之间有公共的同名字段；

(2)表与表之间虽有公共字段，但字段名称却不同；

(2)表与表之间没有直接的联系。

2. 在数据查询过程中，如果所选择的某个表与其他表之间没有联系，会产生什么问题？

3. 在进行汇总查询的过程中，如果被选择的字段除了分类字段和汇总字段以外还包含了其他字段，查询结果是否正确？为什么？

【思考结果】

1.

(1)

(2)

(3)

2.

3.

- 将思考结果保存在“XXXXXXXXXX－3－思考.docx”文件中，其中“XXXXXXXXXX”是学号；
- 在教师规定的时间内通过 BB 系统提交“XXXXXXXXXX－3－思考.docx”文件。

实验成绩：　　　　批阅老师：　　　　批阅日期：

实验四

数据库设计

实验 4－1　newNorthwind 数据库的 E-R 模型设计

实验目的

- 培养学生进行 E-R 模型设计的能力；
- 锻炼学生使用 Microsoft Office Visio 或 Excel 2010 工具绘制传统 E-R 模型的能力。

实验环境

- Microsoft Excel 2010 或 Microsoft Office Visio

实验要求

newNorthwind 贸易公司准备设计与开发一个管理信息系统，其中包括采购和销售管理两个子系统。下面是这两个子系统的信息需求：

1. 采购管理子系统

采购管理子系统主要管理的对象是供应商、产品和类别，需存储的信息包括：

(1)产品基本信息，包括产品 ID、产品名称、采购单价和库存量等信息，可通过产品 ID 来标识。

(2)类别基本信息，包括每种产品大类的类别 ID 和类别名称等信息，可通过类别 ID 来标识。

(3)供应商基本信息，包括供应商 ID、公司名称、联系人姓名、联系人职务、地址、城市、地区、邮政编码和电话等信息，可通过供应商 ID 来标识。

采购管理子系统各对象之间的联系如下：

(1)每大类产品包含若干种产品，每种产品只属于一个产品大类。

(2)每个供应商可供应多种产品，每种产品都按一定的采购单价从一个供应商那里购买。

2. 销售管理子系统

销售管理子系统主要管理的对象包括客户、订单、产品、雇员和运货商等，需存储的信息包括：

(1)客户基本信息，包括客户 ID、公司名称、联系人姓名、联系人职务、地址、城市、地区、邮政编码和电话等信息，可通过客户 ID 来标识。

(2)产品基本信息，包括产品号、产品名称和库存量信息，可通过产品号来标识。

(3)订单基本信息，包括订单 ID 和订购日期等信息，可通过订单 ID 来标识。

(4)雇员基本信息，包括雇员 ID、姓氏、名字、职务、分机和上级等信息，可通过雇员 ID 来标识。

(5)运货商基本信息，包括运货商 ID、公司名称和电话等信息，可通过运货商 ID 来标识。

销售管理子系统各对象之间的联系如下：

(1)一个客户可以发出若干份订单，每份订单只对应一个客户。

(2)一份订单可订购若干种产品，一份订单上订购的某种产品具有一个销售单价、数量和折扣。一种产品可以出现在不同的订单上。

(3)一个雇员可以负责多份订单，每份订单仅对应一个雇员。

(4)一份订单仅由一个运货商来承运，公司需要支付一定的运货费给运货商；每个运货商可以负责不同订单的运输工作。

要求 对 newNorthwind 贸易公司的数据库进行概念模型的设计，并绘制传统的 E-R 模型。

实验步骤

一、启动并熟悉 Microsoft Excel 2010 软件

在传统的 E-R 模型中，实体型用带有实体名的矩形框表示，属性用带有属性名的椭圆形框表示，属性与其对应的实体型之间用直线连接。实体型之间的联系用带有联系名的菱形框表示，并用直线将联系与相应的实体型相连接，且在直线靠近实体型的那端标上 1 或 n 等，以表明联系的类型是一对一(1∶1)、一对多(1∶n)或多对多(m∶n)的。因此，任何能绘制矩形、椭圆形、菱形以及连线的软件工具都能绘制传统的 E-R 模型。这里，不妨选择 Microsoft office Excel 2010 来绘制传统的 E-R 模型。

读者可以先执行“开始/Microsoft office”中的“Microsoft Excel 2010”命令，启动 Microsoft Excel 2010 软件，并熟悉其中绘图用的工具以及设置形状格式用的命令按钮。

在 Excel 中单击“插入”选项卡的【形状】命令按钮，即可看到用于绘制实体、属性、联系及其连线的矩形框、椭圆形框、菱形框及连线，如图 4—1 所示。

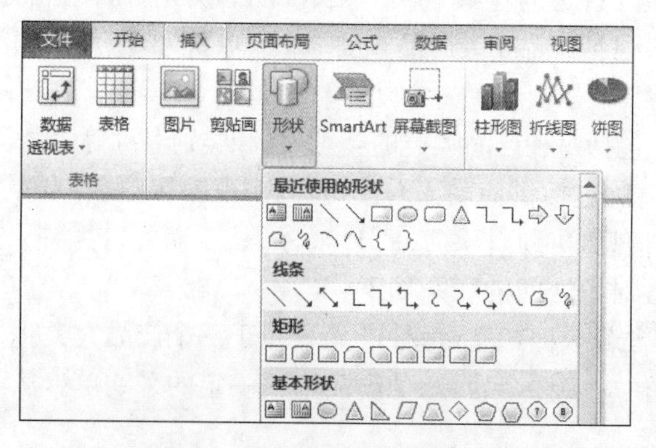

图 4—1 绘制形状用的工具

绘制并选中某个形状(如矩形框)后,屏幕上方最右边会显示设置形状格式用的选项卡,如图 4—2 所示。使用其中的形状样式列表可以设置形状的样式,使用形状轮廓和形状填充命令可设置形状的边框和填充颜色。

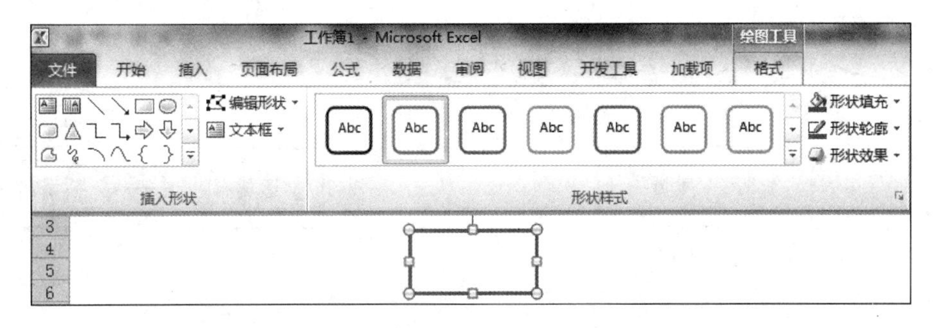

图 4—2　设置图形格式用的工具

二、绘制采购管理子系统的 E-R 模型

利用图 4—1 中的绘图工具绘制的采购管理子系统的 E-R 模型如图 4—3 所示。

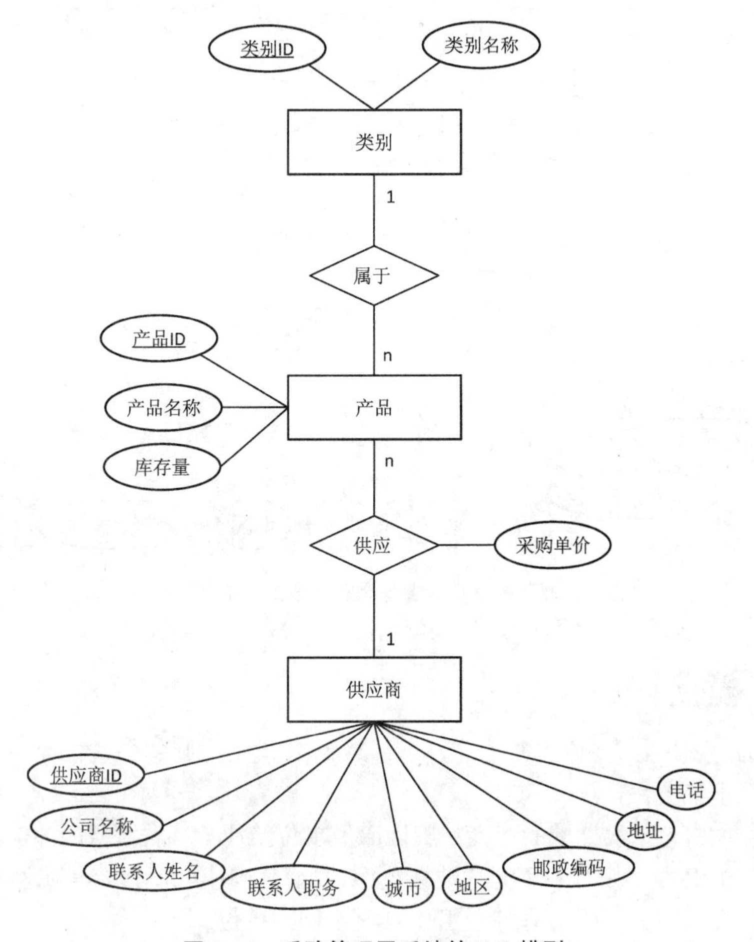

图 4—3　采购管理子系统的 E-R 模型

三、绘制销售管理子系统的E-R模型

销售管理子系统的E-R模型如图4－4所示。

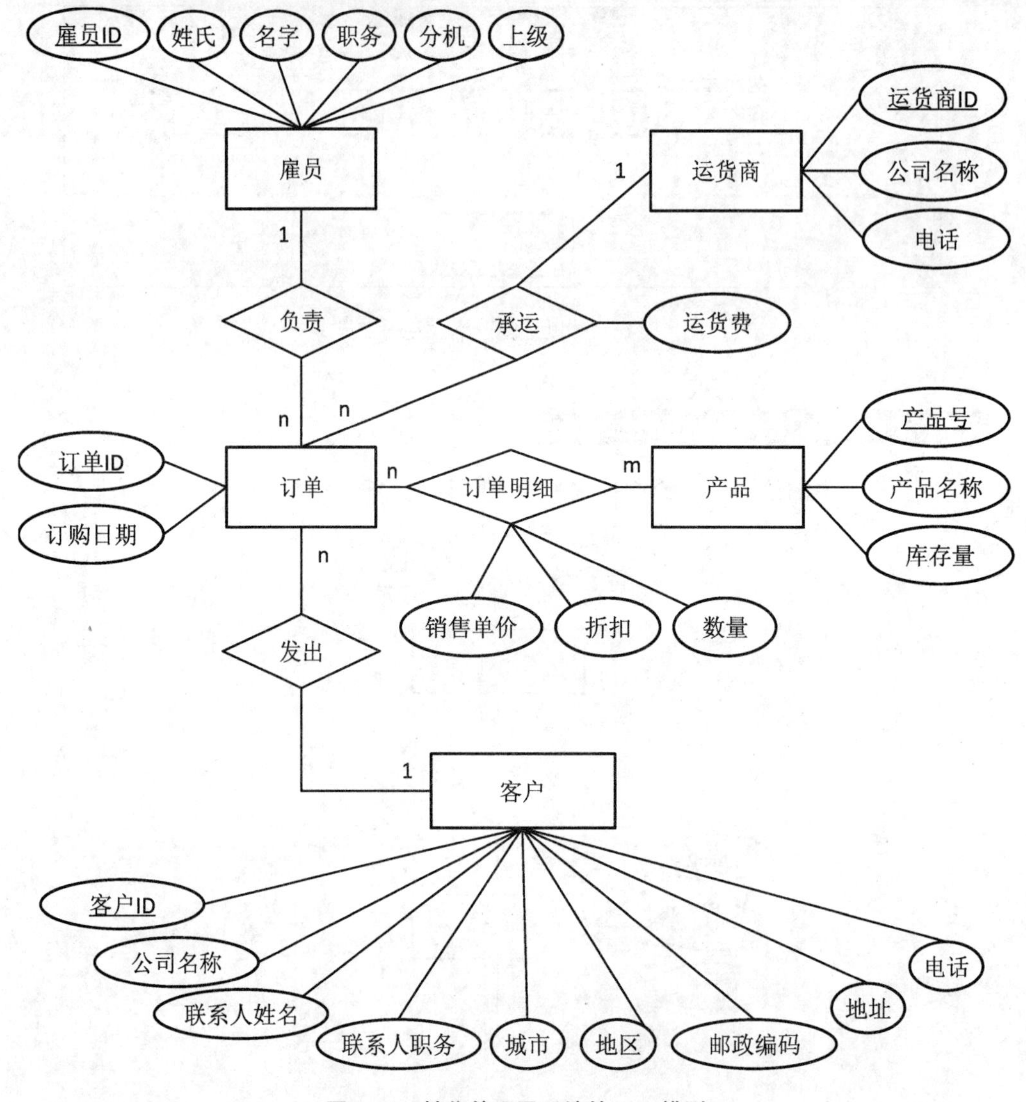

图4－4 销售管理子系统的E-R模型

四、E-R模型的合并

在合并的过程中，需要检查并消除各子系统E-R模型之间的一些冲突。E-R模型之间的冲突主要有以下三类：

(1)属性冲突，包括属性域的冲突和属性取值单位的冲突。属性域的冲突是指同一属性在不同子系统的E-R模型中有着不同的数据类型、取值范围或取值集合。属性取值单位的冲突是指同一属性在不同子系统的E-R模型中具有不同的单位。

(2)命名冲突，包括同名异义和异名同义两种。同名异义是指具有不同含义的对象在不同

子系统的 E-R 模型中却使用了相同的名字，而异名同义是指具有同一含义的对象在不同子系统的 E-R 模型中却使用了不同的名字。

(3)结构冲突，既指同一对象在不同子系统的 E-R 模型中具有不同的抽象，也指同一实体型在不同子系统的 E-R 模型中包含不同的属性个数和排列次序，又指实体型间的联系在不同子系统的 E-R 模型中具有不同的类型。

合并后的 newNorthwind 管理信息系统数据库的 E-R 模型如图 4—5 所示。

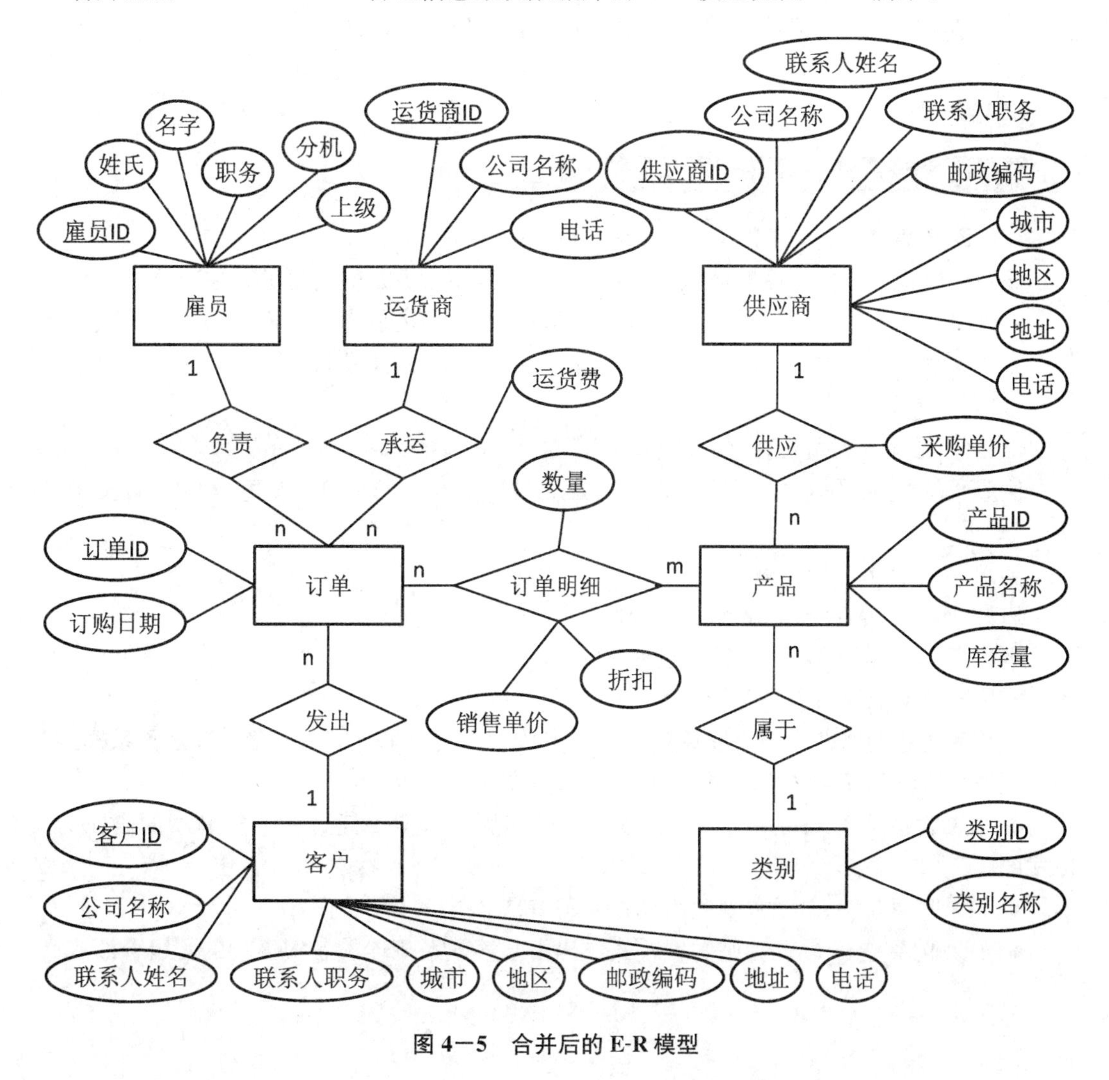

图 4—5 合并后的 E-R 模型

实验 4—2 newNorthwind 数据库的逻辑设计

实验目的

- 培养学生进行数据库逻辑设计的能力；
- 锻炼学生使用 Microsoft Office Visio 绘制 E-R 模型的能力。

实验环境

- Microsoft Office Visio

实验要求

将集成实验4－1中设计的E-R模型转换成关系模型，并使用Microsoft Office Visio绘制各实体型及其相互之间的联系，其中的实体型使用属性表示法。

实验步骤

一、newNorthwind数据库的逻辑结构设计

1. E-R模型中的一个常规实体型转换为一个关系模式

该关系模式的属性由原实体型中的各属性组成，关系模式的码也就是原实体型的码。

由常规实体型客户、订单、产品、供应商、类别、雇员和运货商等转换成的关系模式如下：

客户（客户ID，公司名称，联系人姓名，联系人职务，地址，城市，地区，邮政编码，电话）

订单（订单ID，订购日期）

产品（产品ID，产品名称，库存量）

供应商（供应商ID，公司名称，联系人姓名，联系人职务，地址，城市，地区，邮政编码，电话）

类别（类别ID，类别名称）

雇员（雇员ID，姓氏，名字，职务，分机，上级）

运货商（运货商ID，公司名称，电话）

2. E-R模型中的一个联系转换为一个关系模式

该关系模式的属性由与该联系相连的各实体型的码和联系的属性组成，该关系模式的码则应根据实体型间联系的不同类型分别考虑，如图4－6所示。

- 如果联系是1∶1的，则可从与该联系相连的实体型中任选一个实体型的码作为关系模式的码；
- 如果联系是1∶m的，则关系模式的码应是m端实体型的码；
- 如果联系是m∶n的，则关系模式的码由与该联系相连的各实体型的码组合而成。

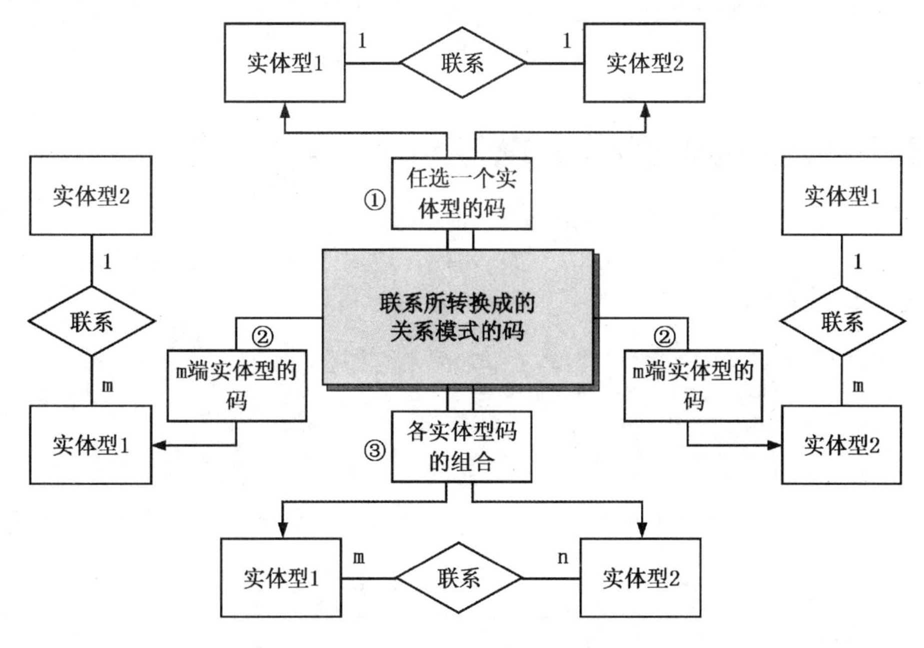

图 4－6　联系所转换成的关系模式的码

由 newNorthwind 数据库的 E-R 模型中的发出、订单明细、属于、供应、负责和承运等联系转换成的关系模式如下：

发出(订单 ID,客户 ID)

订单明细(订单 ID,产品 ID,销售单价,折扣,数量)

属于(产品 ID,类别 ID)

供应(产品 ID,供应商 ID,采购单价)

负责(订单 ID,雇员 ID)

承运(订单 ID,运货商 ID,运货费)

3. 根据实际情况将具有相同键的关系模式合并

(1)发出(订单 ID,客户 ID)、负责(订单 ID,雇员 ID)、承运(订单 ID,运货商 ID,运货费)和订单(订单 ID,订购日期)合并成如下的订单关系模式：

订单(订单 ID,订购日期,客户 ID,雇员 ID,运货商 ID,运货费)

(2)属于(产品 ID,类别 ID)、供应(产品 ID,供应商 ID)、采购单价和产品(产品 ID,产品名称,库存量)合并成如下的产品关系模式：

产品(产品 ID,产品名称,采购单价,库存量,类别 ID,供应商 ID)

4. 完成数据库逻辑结构设计

经过上述步骤,最终设计的 newNorthwind 数据库的逻辑结构共包含如下 8 个关系模式：

客户(客户 ID,公司名称,联系人姓名,联系人职务,地址,城市,地区,邮政编码,电话)

订单(订单 ID,订购日期,客户 ID,雇员 ID,运货商 ID,运货费)

订单明细(订单 ID,产品 ID,销售单价,折扣,数量)

产品(产品 ID,产品名称,采购单价,库存量,类别 ID,供应商 ID)

供应商(供应商 ID,公司名称,联系人姓名,联系人职务,地址,城市,地区,邮政编码,电话)

类别(类别ID,类别名称)

雇员(雇员ID,姓氏,名字,职务,分机,上级)

运货商(运货商ID,公司名称,电话)

二、用 Microsoft Office Visio 绘制各实体型及其相互之间的联系

1. 打开 Microsoft Visio 软件并选择数据库模型图

Microsoft Visio 软件的界面如图 4－7 所示,双击“软件和数据库”模板中的“数据库模型图”,出现如图 4－8 所示的窗口。

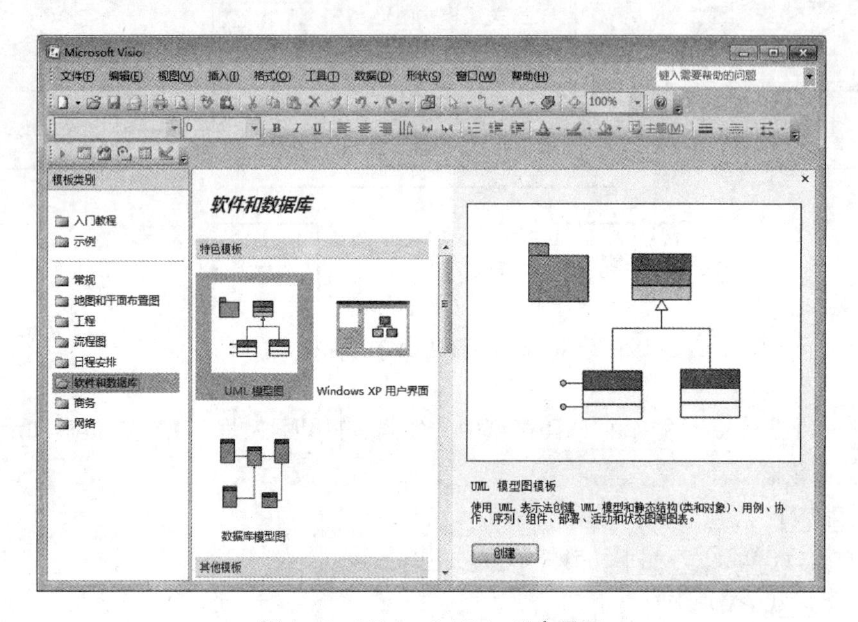

图 4－7　Microsoft Visio 用户界面

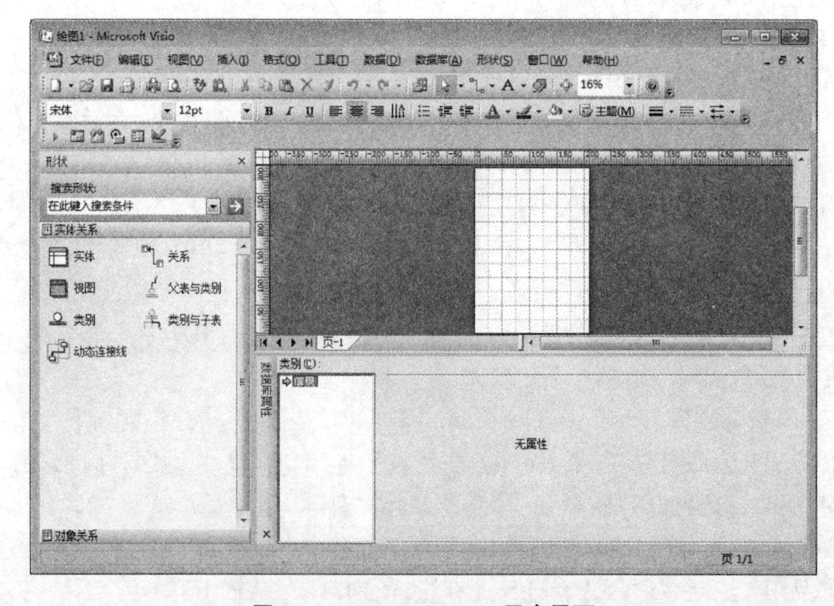

图 4－8　Microsoft Visio 用户界面

2. 设置数据库文档选项

单击“数据库”/“选项”/“文档”命令，如图 4—9 所示，在随后出现的对话框中选中“鱼尾纹”选项，如图 4—10 所示，按【确定】按钮关闭对话框。

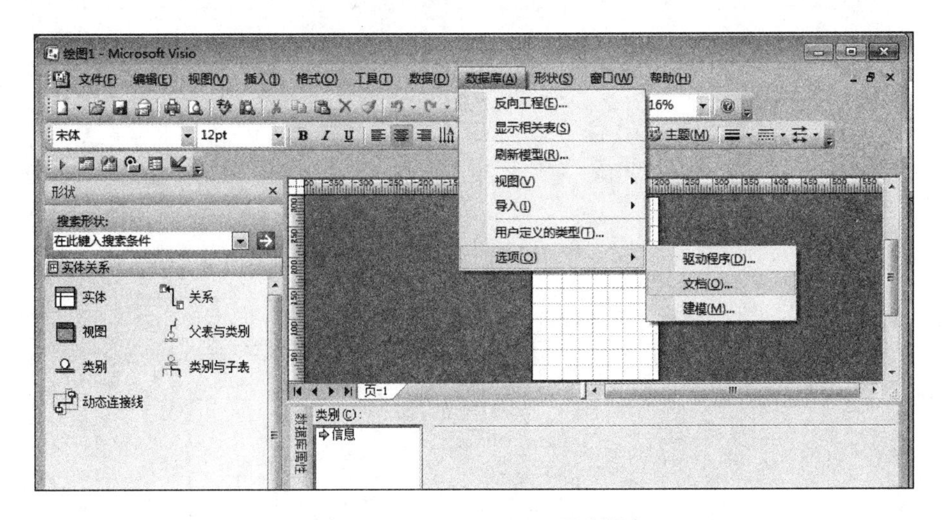

图 4—9　Microsoft Visio 用户界面

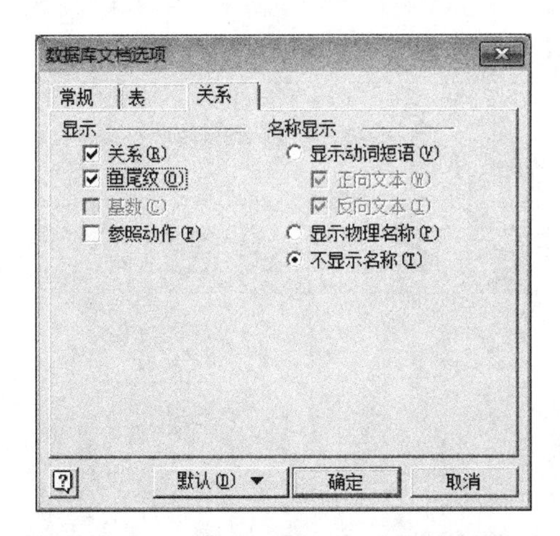

图 4—10　“数据库文档选项”对话框

3. 绘制客户和订单实体型

用鼠标将“实体关系”工具中的“实体”图标拖至工作区即可绘制实体型，实体型的属性在屏幕下方“数据库属性”的“列”项中设置，绘制好的“客户”实体型和“订单”实体型如图 4—11 和图 4—12 所示。

4. 创建客户和订单实体型之间的联系

用鼠标将“实体关系”工具中的“关系”图标拖动到要建立联系的实体型之间，即可创建实体型之间的联系，创建好的“客户”和“订单”实体型之间的联系如图 4—13 所示，在窗口的下方“杂项”中设置的联系类型是“1 到 1 或多”。

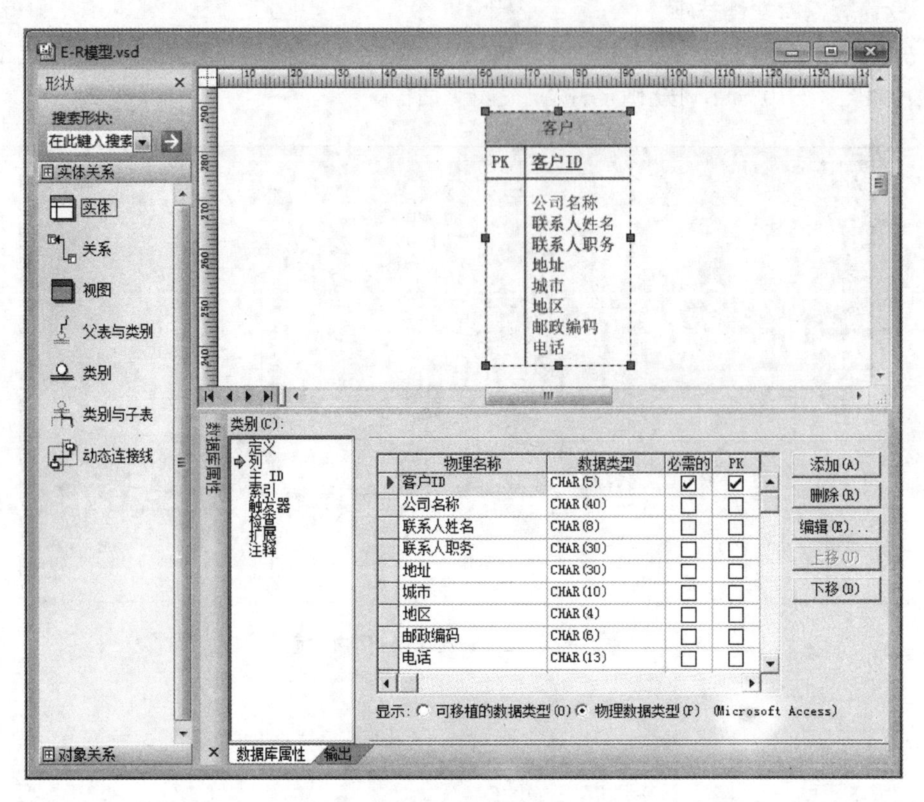

图 4—11 客户实体型

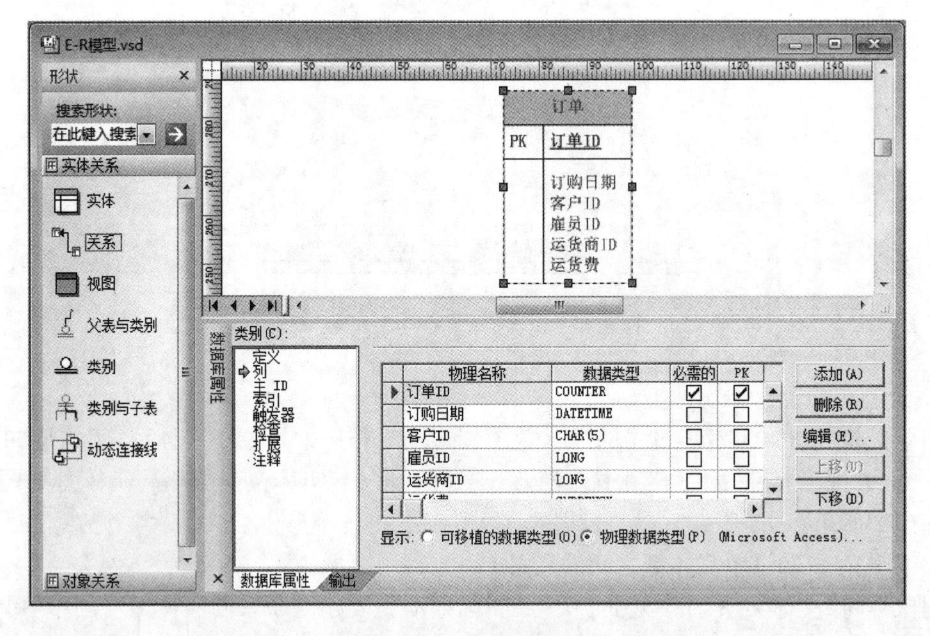

图 4—12 订单实体型

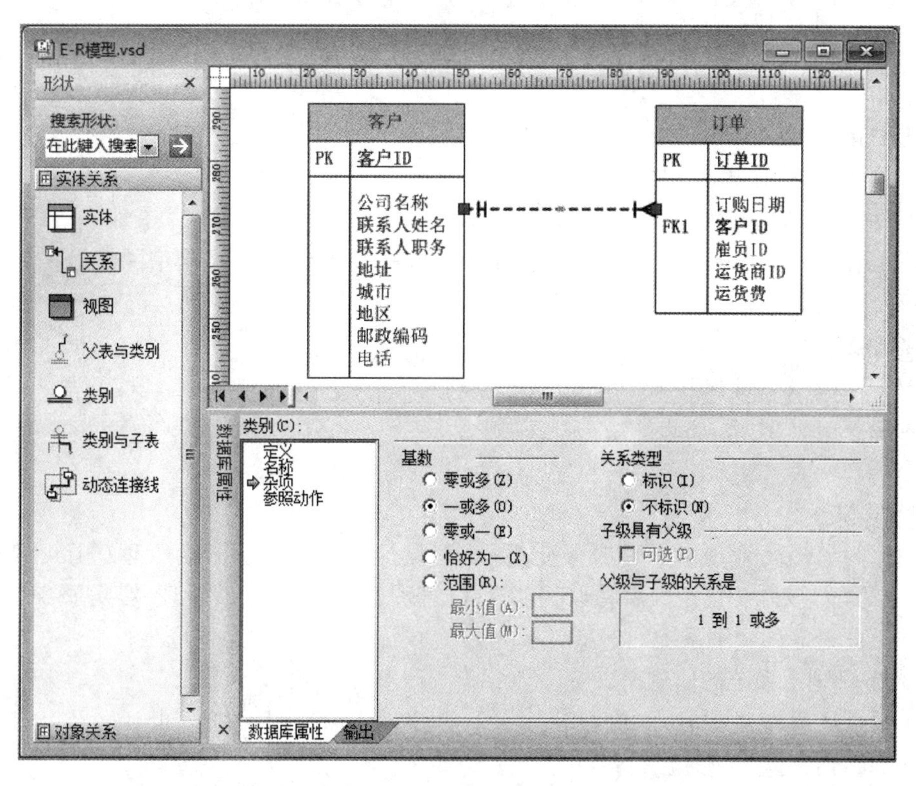

图 4—13 建立客户与订单实体型之间的联系

5. 绘制其他实体型及其联系

绘制好的 newNorthwind 公司实体型及其相互之间的联系如图 4—14 所示。

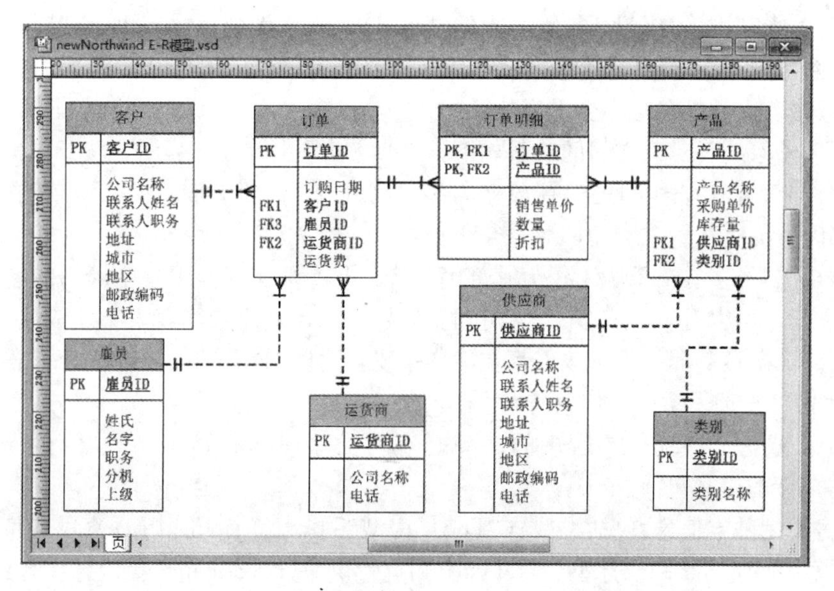

图 4—14 newNorthwind 公司实体型及其相互之间的联系

实验 4—3 酒店管理数据库的设计

实验目的

- 巩固 E-R 模型设计方法；
- 巩固 E-R 模型转换成关系模型的方法；
- 巩固使用 Microsoft Office Visio 或 Excel 2010 工具绘制 E-R 模型的能力。

实验环境

- Microsoft Excel 2010
- Microsoft Office Visio

实验要求

某酒店为了提高管理水平和服务质量，准备设计与开发一个酒店管理(Hotel Management)信息系统，该系统包括人事管理、客房预订管理、客户入住消费管理、客房服务管理四个子系统。下面是这四个子系统的信息需求。

1. 人事管理子系统的信息需求

人事管理子系统主要管理的对象是部门(Department)、职工(Employee)及其被赡养人(Dependent)，需存储的信息包括：

(1)部门基本信息，包括部门号(Dno)、部门名称(DeptName)和电话(Tel)等信息。部门可通过部门号来标识。

(2)职工基本信息，包括职工号(Eno)、姓名(Name)、性别(Sex)、工作(Job)、雇用日期(Hiredate)、薪金(Salary)、奖金(Bonus)和电话(Tel)等信息。职工可通过职工号来标识。

(3)被赡养人基本信息，包括被赡养人的姓名(Dname)、性别(Sex)、出生日期(Birthdate)、与职工的关系(Relationship)等信息。被赡养人本身没有可以标识自己的属性，但是对每个职工来说，其被赡养人的姓名是不会重复的。

人事管理子系统各对象之间的联系如下：

(1)每个部门可以有多个职工，新成立的部门也可以暂时没有职工。每个职工都必须有且仅有一个部门。

(2)每个部门最多有一个职工作为其部门经理。每个职工只能做一个部门的经理。

(3)每个职工可以有一个或多个子女作为其被赡养人，每个被赡养人必须依赖于一个且只有一个职工。如果被赡养人父母双方都在酒店上班，只能选择其中的一个作为依靠。

2. 客房预订管理子系统的信息需求

客房预订管理子系统主要管理的对象是客房类型(RoomType)、顾客(Client)和客房(Room)，需存储的信息包括：

(1)客房类型基本信息，包括类型号(Tno)、房型(Tpye)、门市价(Price)、预订价(BookingPrice)、早餐供应(Breakfast)、床型(BedType)和宽带供应(Broadband)等信息。客房类型可通过类型号来标识。

(2)顾客基本信息，包括顾客号(Cno)、姓名(Name)和身份证号码(ID)等信息。顾客可通过顾客号来标识。

(3)客房基本信息,包括房号(Rno)和状态(Status)等信息。客房可用房号标识。

客房预订管理子系统各对象之间的联系如下:

(1)一个客房只属于一种客房类型,不同的客房可以具有相同的客房类型;

(2)顾客在预订客房时要把想预订的房型(Tno)、计划入住日期(PlannedCheckInDate)和预订天数(Days)等信息提供给酒店;

(3)一种客房类型可以被不同的顾客预订,一个顾客可以多次预订同类型的客房,当然每次的计划入住时间是不同的。

3. 客户入住消费管理子系统的信息需求

客房入住消费管理子系统主要管理的对象是客户(Customer)、客房(Room)、客房类型(RoomType)、入住记录(CheckInOutRecord)和消费明细(ExpenseItems)等,需存储的信息包括:

(1)客户基本信息,包括客户号(Cno)、姓名(Name)、性别(Sex)、年龄(Age)和身份证号码(ID)等信息。客户可通过客户号来标识。

(2)客房和客房类型基本信息。客房信息包括房号(Rno)、状态(Status)和电话(Tel)等信息,可通过房号来标识;客房类型基本信息与客房预订管理子系统中的客房类型相同。

(3)入住记录基本信息,包括入住记录号(CR#)、入住日期(CheckInDate)、退房日期(CheckOutDate)和除房费外的其他总费用(TotalExpenses)等信息。入住记录可通过入住记录号来标识。

(4)消费明细基本信息,包括消费明细号(EI#)、消费项目(Item)、消费日期(Edate)和费用(Expense)等信息。可通过消费明细号来标识。

客户入住消费管理子系统各对象之间的联系如下:

(1)一个客房只属于一种客房类型,不同的客房可以具有相同的客房类型。

(2)一个客户可以在酒店入住多次,对应地就有多个入住记录,而每个入住记录只对应一个客户。

(3)客户在每次入住酒店期间,都有可能在酒店消费多次,对应地就有多个消费明细。每个消费明细仅对应一个客户。酒店有时也可能会记录潜在客户的信息。

(4)一个入住记录对应一个客房,而一个客房可对应多个入住记录。

4. 客房服务管理子系统的信息需求

客房服务管理子系统主要管理的对象是客房(Room)和客房服务员(RoomAttendant),需存储的信息包括:

(1)客房基本信息:包括房号(Rno)、状态(Status)和电话(Telephone)等信息。

(2)客房服务员基本信息:包括职工号(Eno)、姓名(Name)、性别(Sex)、雇用日期(Hiredate)和电话(Telephone)等信息。客房服务员可通过职工号来标识。

客房服务管理子系统各对象之间的联系如下:

(1)一个客房服务员负责清理多个客房;

(2)一个客房只需要有一个服务员来清理。

要求　试根据酒店管理系统的上述信息需求,由读者自行完成如下实验:

1. 用 Microsoft Excel 2010 软件,绘制各个子系统的传统 E-R 模型以及合并后的传统 E-R 模型;

2. 将酒店管理数据库的传统 E-R 模型转换成关系模型;

3. 用 Microsoft Office Visio 软件，绘制酒店管理系统的 E-R 模型，其中实体型用属性表示法。

实验 4—4 高校管理数据库的设计

实验目的

- 巩固 E-R 模型设计方法；
- 巩固 E-R 模型转换成关系模型的方法；
- 巩固使用 Microsoft Office Visio 或 Excel 2010 工具绘制 E-R 模型的能力。

实验环境

- Microsoft Excel 2010
- Microsoft Office Visio

实验要求

某高校为加强信息化管理，准备设计与开发一个管理系统，该系统具有教学管理和教师工资及福利管理两个子系统，下面给出其信息需求：

1. 教学管理子系统

教学管理子系统主要管理的对象是学生、班级、教师、课程、专业和系，需存储的信息包括：

(1)学生，包括学号、姓名、性别和年龄等信息。学生通过学号标识。

(2)班级，包括班级号、班级名和人数等信息。班级通过班级号标识。

(3)教师，包括教师号、姓名、性别、职称、E-mail 地址、电话号码和家庭地址等信息。其中，家庭地址属性还可进一步划分为城市、区、街道、邮政编码等属性。同一个教师可以有多个 E-mail 地址。教师通过教师号来标识。

(4)课程，包括课程号、课程名、学分、周学时、课程类型等信息。课程类型与上课周数有关。该学校的课程类型分为共同限选课、专业选修课或必修课三种。其中，共同限选课和专业选修课属于选修课。共同限选课是不分专业、面向全校学生的选修课，共分成五大模块，每门共同限选课仅属于一个模块。专业选修课是面向本专业学生的选修课，某一专业的学生只能选修自己专业的专业选修课。每个专业都规定了学生可以选修的专业选修课的门数，不同专业所规定的选修课门数是不同的。受教学资源、教师人数和教学成本的限制，每门选修课都有一个选修人数上限和人数下限。另外，为了保证必修课的教学质量，每门必修课都有一个课程负责人。

(5)专业，包括专业号、专业名、选修门数等信息。

(6)系，包括系号、系名等信息。

教学管理子系统中各对象之间的联系如下：

(1)每个学生都属于一个班级，而一个班级可以有多个学生。

(2)每个班级属于一个专业，一个专业可以有多个班级。

(3)一个专业属于一个系，一个系可以有多个专业。

(4)一个教师属于一个系，一个系可以有多个教师。

(5)每个教师可以教授多门课程，同一门课程可以有不同的教师教授。但是同一教师不能重复教授某门课程，如果修读同一教师所教授的某门课程的学生特别多，可以用大教室上课。教师在固定的时间和教室教授某门具体课程。

(6)每个学生可以修读若干门课程(选修课或必修课)，每门课程可以有多个学生修读。

(7)某个具体的学生参加了某门课程的学习，应该有一个固定的教师。

2. 教师工资及福利管理子系统

假设该系统主要负责管理教师的工资、岗位津贴、养老金、公积金、课时奖金、住房贷款以及家属的医疗费报销等。涉及的对象有教师、职称、课程和教师的家属等，需存储的信息包括：

(1)教师，包括教师编号、姓名、性别、工龄、职称、基本工资、养老金、公积金等信息；

(2)课程，包括课程号、课程名、总课时等信息；

(3)职称，包括职称号、职称名、岗位津贴和住房贷款额等信息；

(4)被赡养人，包括姓名以及与教师的关系等信息。

工资及福利管理子系统中各对象之间的联系如下：

(1)一个教师的被赡养人可以有多个，而一个被赡养人仅由一个教师赡养。如果夫妻双方都在学校工作，他们的被赡养人信息只能挂靠在其中一人上。

(2)每个教师可以教授多门课程，同一门课程可以由不同的教师教授，但同一个教师不能教授两门相同的课程。并假设教师在每个学期末都要接受学生的评估，而教师的课时奖金与评教等级有关。

(3)每个教师当前被聘任的职称是唯一的，而不同的教师可以被聘同一职称。

要求 试根据高校管理系统的上述信息需求，由读者自行完成如下实验：

1. 用 Microsoft Excel 2010 软件，绘制各个子系统的传统 E-R 模型以及合并后的传统 E-R 模型；

2. 将高校管理数据库的传统 E-R 模型转换成关系模型；

3. 用 Microsoft Office Visio 软件，绘制高校管理系统的 E-R 模型，其中实体型用属性表示法。

实 验 报 告

实验项目名称 实验四 数据库设计

实　　验　　室 ____________

所属课程名称 数 据 库

实 验 日 期 ____________

班　级 ____________

学　号 ____________

姓　名 ____________

成　绩 ____________

【实验环境】

- Microsoft Office Excel 2010
- Microsoft Office Visio

【实验目的】

- 培养学生进行 E-R 模型设计的能力；
- 培养学生进行数据库逻辑设计的能力；
- 锻炼学生使用 Microsoft Office Visio 或 Excel 2010 工具绘制 E-R 模型的能力。

【实验结果提交方式】

● 实验 4—1：

- 预习实验 4—1，熟悉传统 E-R 模型中实体、属性和联系型的表示方法。

● 实验 4—2：

- 预习实验 4—2，熟悉 E-R 模型转化成关系模型的具体步骤，熟悉用 Microsoft Office Visio 绘制 E-R 模型的方法。

● 实验 4—3：

- 自行完成酒店管理数据库的传统 E-R 模型的绘制，并将其保存在“XXXXXXXXXX—4—3.xlsx”文件中，其中“XXXXXXXXXX”是学号；
- 自行完成酒店管理数据库的关系模型设计工作，并将设计好的关系模式(表)结构保存在“XXXXXXXXXX—4—3.docx”文件中；
- 用 Microsoft Office Visio 绘制酒店管理数据库的 E-R 模型，其中实体型用属性表示法，保存在“XXXXXXXXXX—4—3.vsd”文件中；
- 在教师规定的时间内通过 BB 系统提交上述文件。

● 实验 4—4：

- 自行完成高校管理数据库的传统 E-R 模型的绘制，并将其保存在“XXXXXXXXXX—4—4.xlsx”文件中，其中“XXXXXXXXXX”是学号；
- 自行完成高校管理数据库的关系模型设计工作，并将设计好的关系模式(表)结构保存在“XXXXXXXXXX—4—4.docx”文件中；
- 用 Microsoft Office Visio 绘制高校管理数据库的 E-R 模型，其中实体型用属性表示法，保存在“XXXXXXXXXX—4—4.vsd”文件中；
- 在教师规定的时间内通过 BB 系统提交上述文件。

【实验 4—3 的实验结果】

【实验 4—4 的实验结果】

【实验思考】

1. 实验4－1中绘制的传统的E-R模型与实验4－2中用Microsoft Office Visio绘制的基于属性表示法的E-R模型有何区别？

2. 传统E-R模型转换成关系模型的具体步骤有哪些？

3. 如果要用Microsoft Access 2010来创建酒店管理和高校管理系统的数据库，还需要做哪些工作？

【思考结果】

1.

2.

3.

·将思考结果保存在“XXXXXXXXXX－4－思考.docx”文件中，其中“XXXXXXXXXX”是学号；

·在教师规定的时间内通过BB系统提交“XXXXXXXXXX－4－思考.docx”文件。

实验成绩：　　　　批阅老师：　　　　批阅日期：

实验五 SQL 单表查询

实验 5－1　订单管理数据库的单表查询

实验目的

- 熟悉 SQL＊Plus 的启动、退出和 Oracle 环境参数的设置方法；
- 掌握表的投影、选择操作；
- 掌握简单和复杂查询条件的设置方法；
- 掌握查询结果排序和数据汇总方法。

实验环境

- Oracle11g

实验要求

"订单管理"数据库包含了 Customer(客户)、Product(产品)、Orders(订单)、Ptype(产品类别)、Payment(支付方式)和 Order_items(订单明细)等表，见表 5－1 至表 5－6。其中各表的第一行是属性的含义，第二行是属性的名称，其余行是各表的记录值。

表 5－1　　Customer 表

客户代码	客户姓名	公司名称	客户所在城市	电话号码
CNO	CNAME	COMPANY	CITY	TEL
C0001	Zhang Chen	Citibank	Shanghai	021－65903818
C0002	Wang Ling	Oracle	Beijing	010－62754108
C0003	Li Li	Minsheng bank	Shanghai	021－62438210
C0004	Liu Xin	Citibank	Shanghai	021－55392225

续表

客户代码	客户姓名	公司名称	客户所在城市	电话号码
C0005	Xu Ping	Microsoft	Beijing	010－43712345
C0006	Zhang Qing	Freightliner LLC	Guangzhou	020－84713425
C0007	Yang Jie	Freightliner LLC	Guangzhou	020－76543657
C0008	Wang Peng	IBM	Beijing	010－62751231
C0009	Du Wei	HoneyWell	Shanghai	021－45326788
C0010	Shan Feng	Oracle	Beijing	010－62751230

表 5－2　　Product 表

产品编号	产品名称	单价	类别代码	库存
PNO	PNAME	PRICE	TNO	INVENTORY
1001	Advanced Marketing	20.5	1	120
1002	Visual Basic Programming	28	1	200
1003	Computer Application	30.55	1	80
1004	An Introduction to Database Systems	20	1	12
1005	Microeconomics	35.8	1	150
2001	The Lion King	35	2	150
2002	Classic Disney	25	2	20
3001	Microsoft Money 2010	70.5	3	300
3002	Microsoft Student 2009	80	3	150
3003	Norton AntiVirus 2014	40.9	3	250
3004	Math Advantage 2007	30	3	10

表 5－3　　Orders 表

订单代码	订购日期	客户代码	运费	发货日期	发货地	支付方式号	订单状态
ONO	ORDER_DATE	CNO	FREIGHT	SHIPMENT_DATE	CITY	PAYMENT_TNO	STATUS
O0001	2014/3/10	C0001	8	2014/3/11	Beijing	1	Complete
O0002	2014/3/11	C0002	8	2014/3/12	Shanghai	2	Complete
O0003	2014/3/11	C0009	5	2014/3/12	Shanghai	2	Complete
O0004	2014/4/13	C0007	5	2014/4/15	Beijing	1	Complete
O0005	2014/4/14	C0010	8	2014/4/16	Beijing	1	Complete
O0006	2014/4/25	C0008	5	2014/4/26	Shanghai	3	Complete
O0007	2014/5/26	C0010	8	2014/5/28	Shanghai	3	Complete
O0008	2014/6/17	C0006	5	2014/6/18	Beijing	1	Complete

续表

订单代码	订购日期	客户代码	运费	发货日期	发货地	支付方式号	订单状态
O0009	2014/7/21	C0008	5	2014/7/22	Shanghai	2	in process
O0010	2014/7/23	C0005	5	2014/7/25	Beijing	1	in process

表 5－4　　Ptype 表

类别代码	类别名称
TNO	TNAME
1	Book
2	CD
3	Software

表 5－5　　Payment 表

支付方式号	支付方式
PAYMENT_TNO	PAYMENT_TYPE
1	Cash
2	Check
3	Credit card
4	Telegraphic money

表 5－6　　Order_items 表

订单代码	产品编号	数量	折扣
ONO	PNO	QTY	DISCOUNT
O0001	1001	5	
O0001	1002	1	20%
O0001	1003	3	30%
O0001	2001	1	20%
O0001	2002	1	20%
O0002	1001	2	0%
O0002	1004	5	40%
O0002	1005	1	5%
O0002	3003	3	30%
O0003	1005	1	5%
O0004	1005	1	5%
O0005	1005	1	5%
O0006	1004	5	40%
O0006	1005	1	
O0006	2001	2	30%
O0006	2002	1	20%
O0006	3003	2	30%
O0007	1004	1	40%
O0007	3004	3	20%
O0008	1002	1	20%
O0008	2001	3	30%

续表

订单代码	产品编号	数量	折扣
O0009	3003	2	30%
O0009	1001	1	
O0010	1005	1	5%

要求 试利用"订单管理"数据库,完成如下实验:

1. 启动 SQL * Plus,登录并连接到 Oracle 数据库,设置合理的环境参数,并查询所有客户的姓名、公司名称、客户所在城市和电话号码。

2. 表的投影操作,查询所有产品的产品编号、产品名称、单价、类别代码和库存。

3. 表的选择操作:

(1)查询价格大于 35 元的产品的代码、名称、价格和库存;

(2)查询库存小于 30、价格大于 20 元的产品的信息;

(3)查询位于北京和上海的客户的代码、姓名和所在城市;

(4)查询价格介于 20～35 元的产品的信息;

(5)查询姓王(Wang)的客户的代码、姓名和所在城市;

(6)查询姓名中不包含"ing"的客户的代码、姓名和所在城市;

(7)查询未打折扣的产品的订单明细信息。

4. 查看汇总数据:

(1)查询每份订单的编号以及所订购的产品的数目;

(2)查询每份订单上产品的最高折扣和最低折扣。

实验步骤

一、用 SQL * Plus 连接 Oracle 数据库并设置环境参数

1. 启动 SQL * Plus

单击"开始"菜单的"Oracle-OraDbllg_home1/应用程序开发"下的"SQL Plus"命令,如图 5—1 所示,即可启动 SQL * Plus,如图 5—2 所示。

图 5—1 SQL PLUS 命令

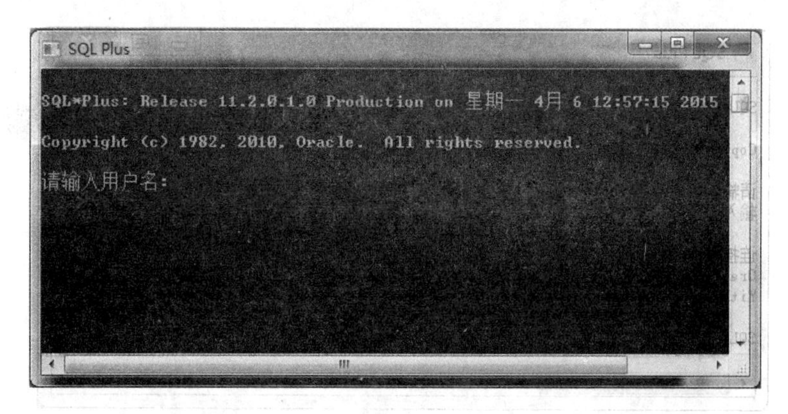

图 5－2 “SQL Plus”窗口

2. 设置 SQL Plus 属性

右击 SQL Plus 窗口的标题栏，选择“属性”命令，打开 SQL Plus 属性窗口。

选择“颜色”选项卡，如图 5－3 所示，在“屏幕背景”项中选择“白色”，在“屏幕文字”项中选择“黑色”。

选择“布局”选项卡，如图 5－4 所示，将“屏幕缓冲区大小”的“宽度”设置为“160”。

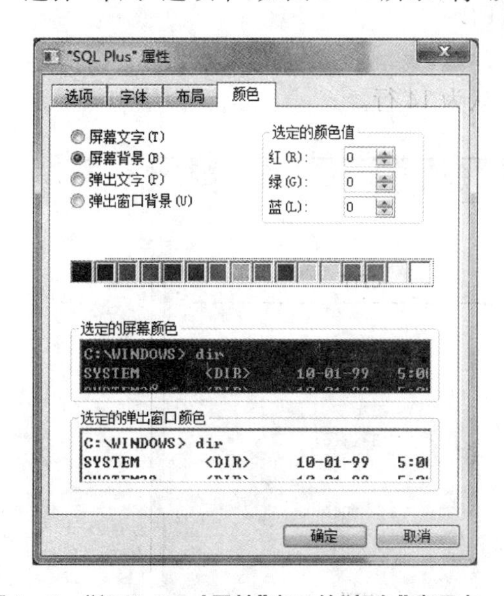

图 5－3 “‘SQL Plus’属性”窗口的“颜色”选项卡

图 5－4 “‘SQL Plus’属性”窗口的“布局”选项卡

3. 连接至 Oracle 数据库

在 SQL * Plus 中，输入用户名“scott”、密码“tiger”，即可连入 Oracle 数据库，如图 5－5 所示，用户可以看到“SQL>”提示符。

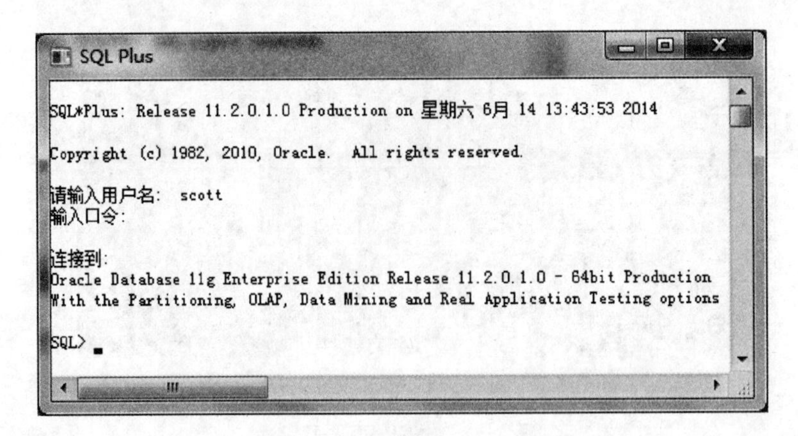

图 5−5 连接到 Oracle 数据库

用户可在“SQL＞”提示符下执行各种 SQL 命令和语句，也可以设置 Oracle 的环境参数。

4. 执行 SQL 命令

【实验 5−1−1】 查询所有客户的姓名、公司名称、客户所在城市和电话号码。

完成本实验的语句如下：

SELECT CNAME，COMPANY，CITY，TEL

FROM Customer；

执行结果如图 5−6 所示，每页显示的行数默认为 14 行。

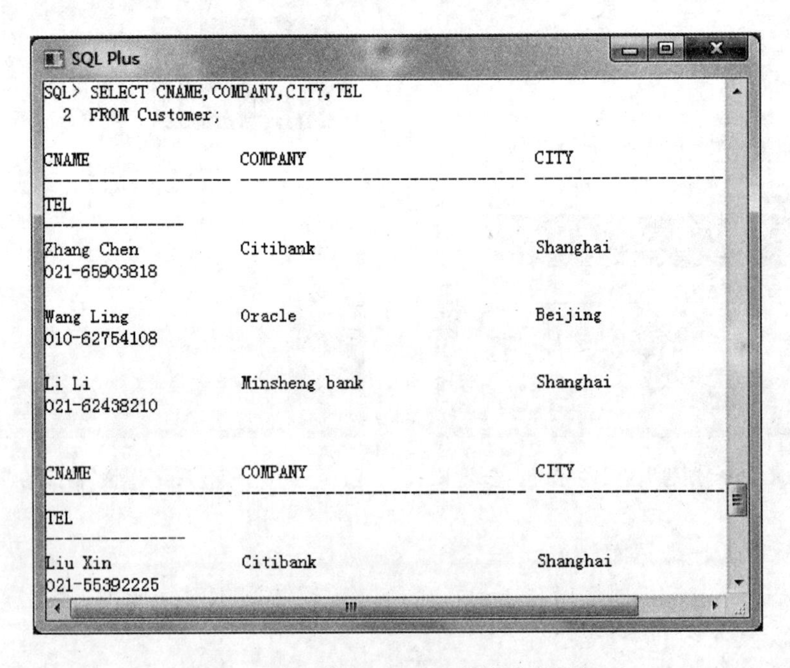

图 5−6 设置 PAGESIZE 前的查询结果

5. 用 PAGESIZE 环境参数

设置每页可显示的行数的具体语句格式如下：

SET PAGESIZE ＜每页显示的行数＞

系统默认的每页显示行数是 14,用下面的语句可设置为 40 行。

SET PAGESIZE 40

再次执行[实验 5－1－1]的 SELECT 语句,查询结果如图 5－7 所示。

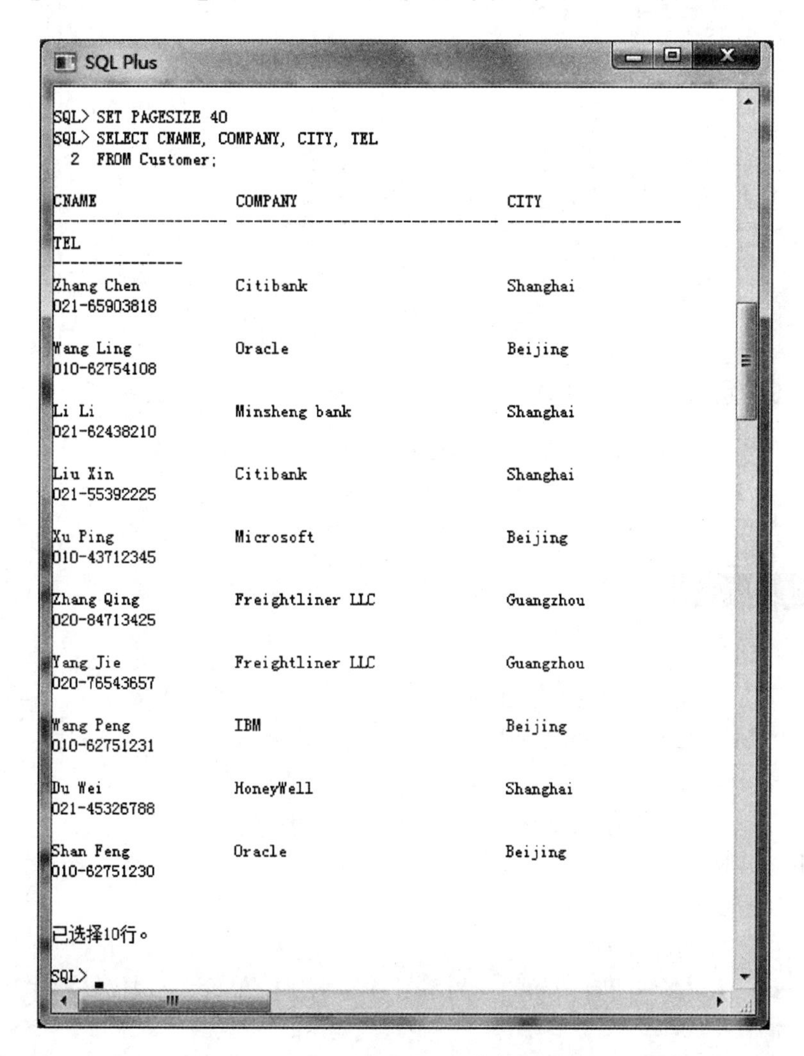

图 5－7　设置 PAGESIZE 后的查询结果

6. 用 LINESIZE 环境参数

每页可显示的行数增加到 40 行以后,查询结果比原来紧凑一点了,但是每个数据行还是被分在两行显示。

为进一步完善显示格式,需要设置每行可显示的字符数,具体语句格式如下:

SET LINESIZE ＜每行显示字符数＞

这里,不妨将每行可显示的字符数设为 200,具体命令如下:

SET LINESIZE 200

再次执行[实验 5－1－1]的 SELECT 语句,查询结果如图 5－8 所示。

```
SQL Plus
SQL> SET LINESIZE 200
SQL> SELECT CNAME, COMPANY, CITY, TEL
  2  FROM Customer;

CNAME                COMPANY                        CITY                 TEL
-------------------- ------------------------------ -------------------- ------------
Zhang Chen           Citibank                       Shanghai             021-65903818
Wang Ling            Oracle                         Beijing              010-62754108
Li Li                Minsheng bank                  Shanghai             021-62438210
Liu Xin              Citibank                       Shanghai             021-55392225
Xu Ping              Microsoft                      Beijing              010-43712345
Zhang Qing           Freightliner LLC               Guangzhou            020-84713425
Yang Jie             Freightliner LLC               Guangzhou            020-76543657
Wang Peng            IBM                            Beijing              010-62751231
Du Wei               HoneyWell                      Shanghai             021-45326788
Shan Feng            Oracle                         Beijing              010-62751230

已选择10行。

SQL>
```

图 5-8 设置 PAGESIZE 和 LINESIZE 后的查询结果

若要退出 SQL PLUS，只需在"SQL＞"提示符下键入"Exit"命令即可。

二、表的投影操作

1. 投影操作语句格式

用户有时需要查询表中指定的属性列的信息，也就是对表进行投影操作。具体语法如下：

SELECT ＜属性列 1＞，＜属性列 2＞，… ，＜属性列 n＞

FROM ＜表名＞；

若要查询一个表中的所有属性列，也可使用如下语句：

SELECT * FROM ＜表名＞；

其中，"*"代表表中所有属性列。

2. 查询表中指定的属性列

【实验 5-1-2】 查询所有产品的产品编号、产品名称、单价、类别代码和库存。

具体语句如下：

SELECT PNO，PNAME，PRICE，TNO，INVENTORY

FROM Product；

或

SELECT * FROM Product；

查询结果如图 5-9 所示。

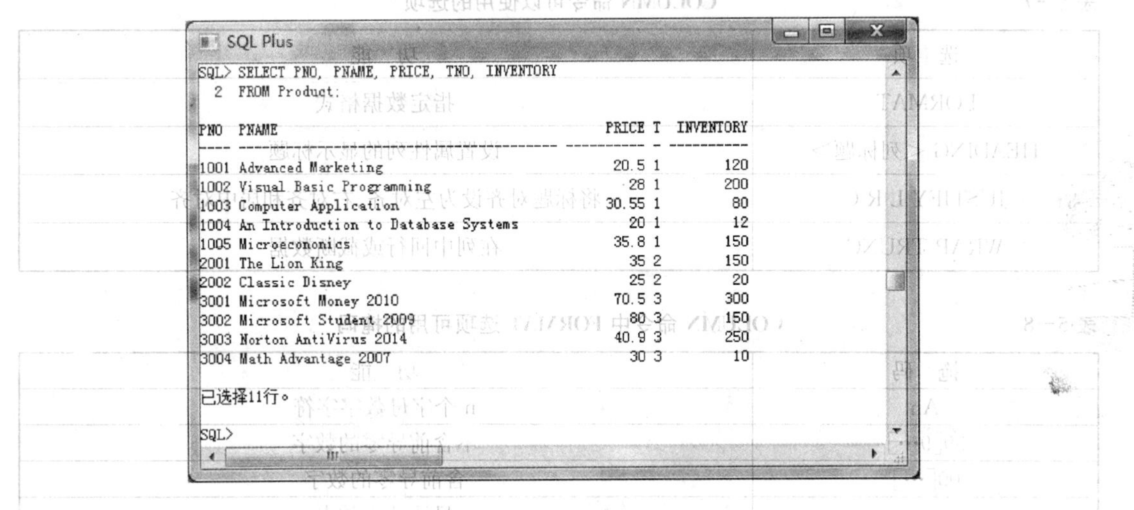

图 5—9 查询结果

3. 设置属性列的显示格式

若要设置属性列的显示格式，可使用 COLUMN 命令。例如，设置字符串类型的属性列的显示宽度，可给出如下格式的 COLUMN 语句：

COLUMN <属性列> FORMAT An

其中，"n"代表显示宽度为 n 个字母数字字符。

图 5—9 的查询结果中产品类别代码的属性名"TNO"没有显示完整，这是因为该字段的宽度为 1。这里，不妨将其显示宽度设置为 3，具体语句如下：

COLUMN TNO FORMAT A3

查询结果如图 5—10 所示。

```
SQL Plus
SQL> COLUMN TNO FORMAT A3
SQL> SELECT * FROM Product;

PNO  PNAME                                    PRICE TNO  INVENTORY
---- ---------------------------------------- ----- --- ----------
1001 Advanced Marketing                        20.5 1          120
1002 Visual Basic Programming                    28 1          200
1003 Computer Application                     30.55 1           80
1004 An Introduction to Database Systems         20 1           12
1005 Microeconomics                            35.8 1          150
2001 The Lion King                               35 2          150
2002 Classic Disney                              25 2           20
3001 Microsoft Money 2010                      70.5 3          300
3002 Microsoft Student 2009                      80 3          150
3003 Norton AntiVirus 2014                     40.9 3          250
3004 Math Advantage 2007                         30 3           10

已选择11行。

SQL>
```

图 5—10 设置好 TNO 列的显示宽度后的查询结果

通过 COLUMN 命令可以使用的选项见表 5—7，通过 COLUMN 命令的 FORMAT 选项可用的掩码见表 5—8。

表 5—7　　COLUMN 命令可以使用的选项

选　项	功　能
FORMAT	指定数据格式
HEADING ＜列标题＞	设置属性列的显示标题
JUSTIFY L R C	将标题对齐设为左对齐、右对齐和居中对齐
WRAP TRUNC	在列中回行或截断数据

表 5—8　　COLUMN 命令中 FORMAT 选项可用的掩码

掩　码	功　能
An	n 个字母数字字符
99[9…]	不含前导零的数字
00[…]	含前导零的数字
.	显示的小数点
V	隐藏的小数点
$	先导 $
MI	数字后面是减号
PR	负值包括在“＜＞”之内
B	显示空白而不是零

下面的命令可以将 PNAME 和 PRICE 列的标题居中显示。

COLUMN PNAME JUSTIFY C

COLUMN PRICE JUSTIFY C

下面的命令可以修改 PRICE 列的显示格式，将小数点后位数设为 2。

COLUMN PRICE FORMAT 99.99

设置完列显示格式的【实验 5—1—2】的查询结果如图 5—11 所示。

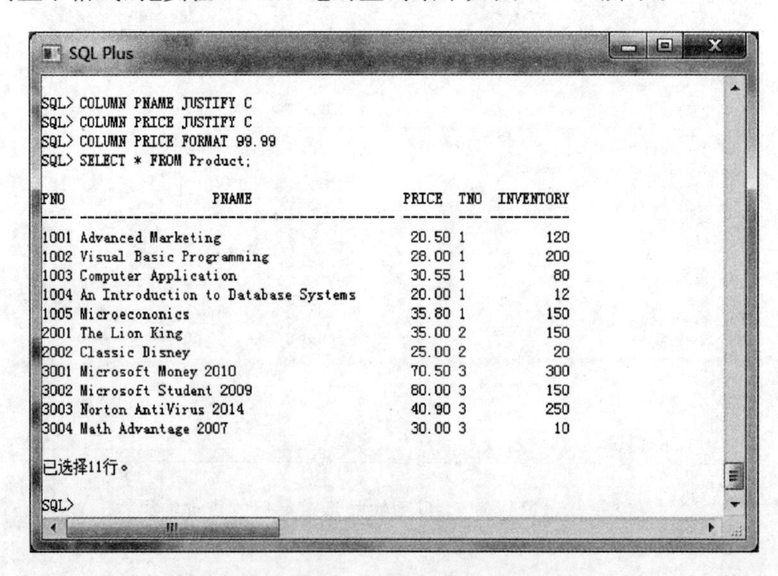

图 5—11　设置了列显示格式的查询结果

如果要显示某属性列的显示格式，可使用如下命令：

COLUMN <属性列>

下面的命令可显示“PRICE”列的显示格式：

COLUMN PRICE

该命令执行结果如图 5—12 所示。

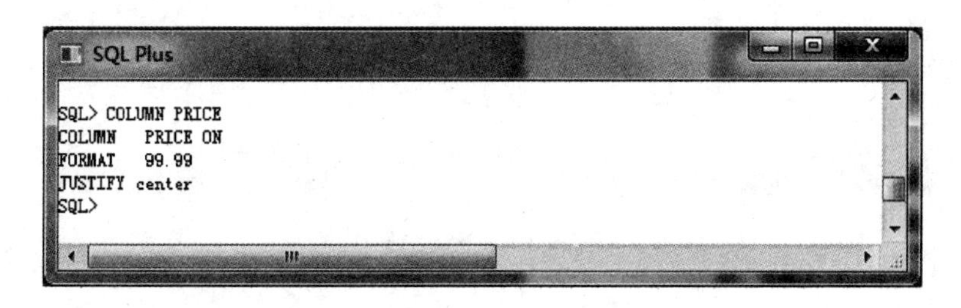

图 5—12　显示 PRICE 列的显示格式

如果要清除对属性列的显示格式设置，可使用如下命令：

CLEAR COLUMN

该命令执行结果如图 5—13 所示。

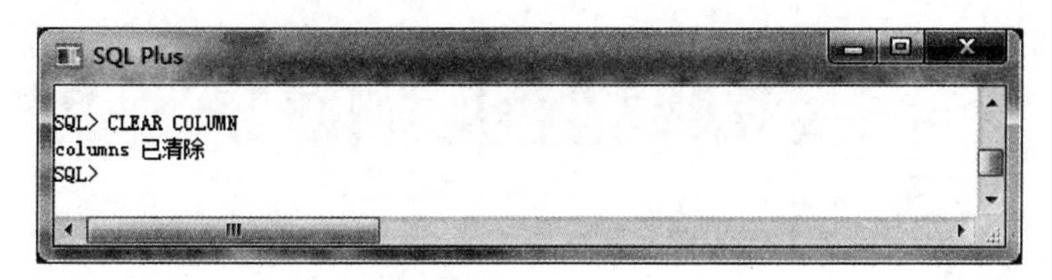

图 5—13　清除列的显示格式设置

三、表的选择操作

1. 选择操作语句格式

如果要查询一个表中满足条件的元组（记录），则需要在 SELECT 语句中增加 WHERE 子句，完整的语句格式如下：

SELECT <属性列 1>，<属性列 2>，… ，<属性列 n>

FROM <表名>

WHERE <查询条件>；

2. 查询表中符合简单条件的元组

【实验 5—1—3】 查询价格大于 35 元的产品的代码、名称、价格和库存。

完成本实验的语句如下：

```
SELECT PNO, PNAME, PRICE, INVENTORY
FROM PRODUCT
WHERE PRICE>35;
```

查询结果如图 5—14 所示。

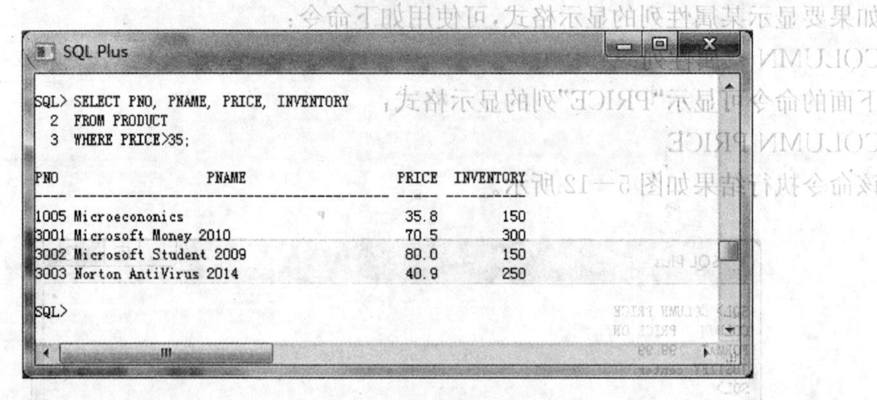

图 5—14 查询结果

【实验 5—1—4】 查询库存小于 30、价格大于 20 元的产品的信息。

完成本实验的语句如下：

```
SELECT *
FROM PRODUCT
WHERE INVENTORY<30 AND PRICE>20;
```

查询结果如图 5—15 所示。

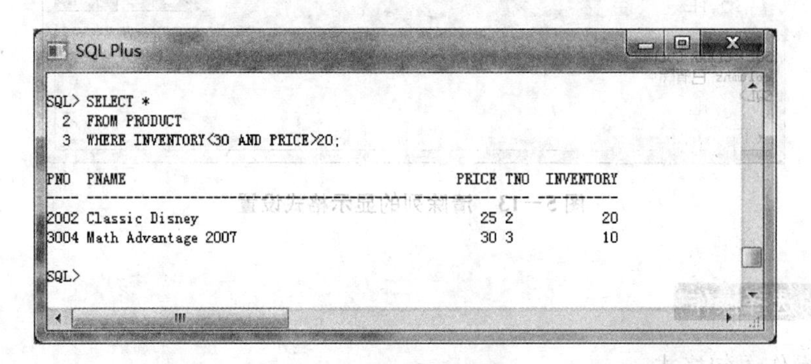

图 5—15 查询结果

3. 查询表中符合较复杂条件的元组

(1)确定集合

运算符“IN/NOT IN”用于查询属性值“属于/不属于”某个指定集合的元组。

【实验 5—1—5】 查询位于北京和上海的客户的代码、姓名和所在城市。

完成本实验的语句如下：

```
SELECT CNO, CNAME, CITY
FROM CUSTOMER
WHERE CITY IN ('Beijing', 'Shanghai');
```

查询结果如图 5—16 所示。

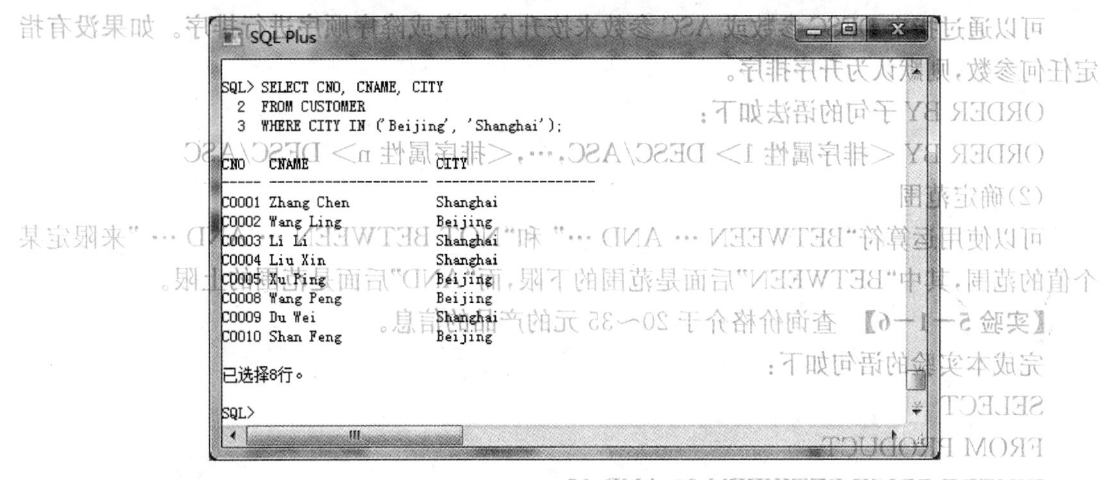

图 5—16　排序前的查询结果

本实验中的查询也可以分别用如下的两个 SELECT 语句来完成：

SELECT CNO，CNAME，CITY

FROM CUSTOMER

WHERE UPPER(CITY)IN ('BEIJING'，'SHANGHAI')；

或

SELECT CNO，CNAME，CITY

FROM CUSTOMER

WHERE LOWER(CITY)IN ('beijing'，'shanghai')。

在上述两个 SELECT 语句的 WHERE 子句中，UPPER 和 LOWER 函数的作用是把参数(CITY)中的全部字符分别转换成大写字符或小写字符。

另外，若要对查询结果进行排序，可在 SELECT 语句的最后加入“ORDER BY”子句。例如，将【实验 5—1—5】的查询按“CITY”属性列的值的升序进行排序，需加上如下子句：

ORDER BY CITY

排序后的查询结果如图 5—17 所示。

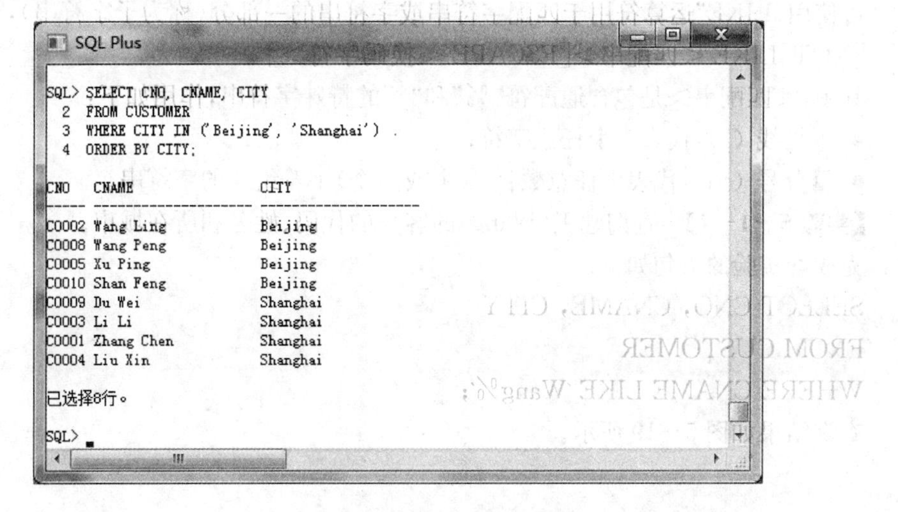

图 5—17　排序后的查询结果

可以通过指定 DESC 参数或 ASC 参数来按升序顺序或降序顺序进行排序。如果没有指定任何参数,则默认为升序排序。

ORDER BY 子句的语法如下:

ORDER BY <排序属性 1> DESC/ASC,…,<排序属性 n> DESC/ASC

(2)确定范围

可以使用运算符“BETWEEN … AND …” 和“NOT BETWEEN … AND … ”来限定某个值的范围,其中“BETWEEN”后面是范围的下限,而“AND”后面是范围的上限。

【实验 5—1—6】 查询价格介于 20～35 元的产品的信息。

完成本实验的语句如下:

```
SELECT *
FROM PRODUCT
WHERE PRICE BETWEEN 20 AND 35;
```

查询结果如图 5—18 所示。

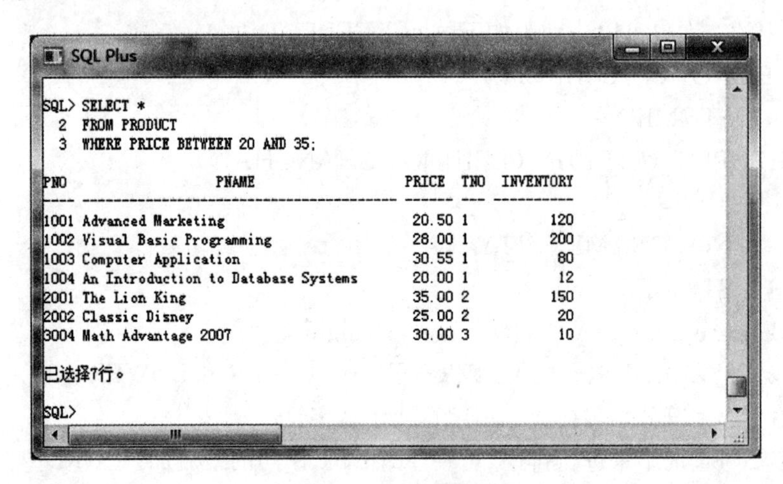

图 5—18 查询结果

(3)字符匹配

可使用“LIKE”运算符用于匹配字符串或字符串的一部分(称为子字符串),格式如下:

[NOT]LIKE <匹配串>[ESCAPE <换码字符>]

其中,<匹配串>是包含通配符“%”和“_”的特殊字符串,作用如下:

- 下划线 (_):代表 1 个任意字符;
- 百分号 (%):代表由任意数目(0 个或多个)字符组成的字符串。

【实验 5—1—7】 查询姓王(Wang)的客户的代码、姓名和所在城市。

完成本实验的语句如下:

```
SELECT CNO, CNAME, CITY
FROM CUSTOMER
WHERE CNAME LIKE 'Wang%';
```

查询结果如图 5—19 所示。

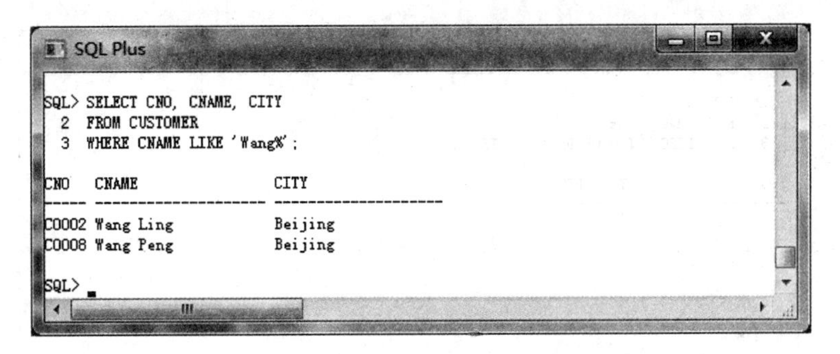

图 5－19　查询结果

【实验 5－1－8】　查询姓名中不包含“ing”的客户的代码、姓名和所在城市。

完成本实验的语句如下：

```
SELECT CNO,CNAME,TEL
FROM Customer
WHERE CNAME NOT LIKE '%ing%';
```

查询结果如图 5－20 所示。

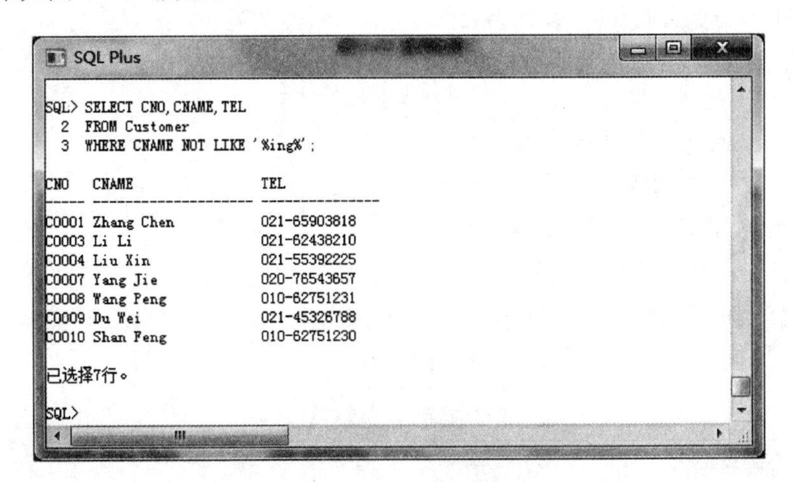

图 5－20　查询结果

(4)涉及空值的查询

对于空值和非空值的查询可以用谓词“IS NULL”和“IS NOT NULL”，这里的“IS”不能用“＝”代替。

【实验 5－1－9】　查询未打折扣的产品的订单明细信息。

完成本实验的语句如下：

```
SELECT *
FROM Order_items
WHERE DISCOUNT=0 OR DISCOUNT IS NULL;
```

查询结果如图 5－21 所示。

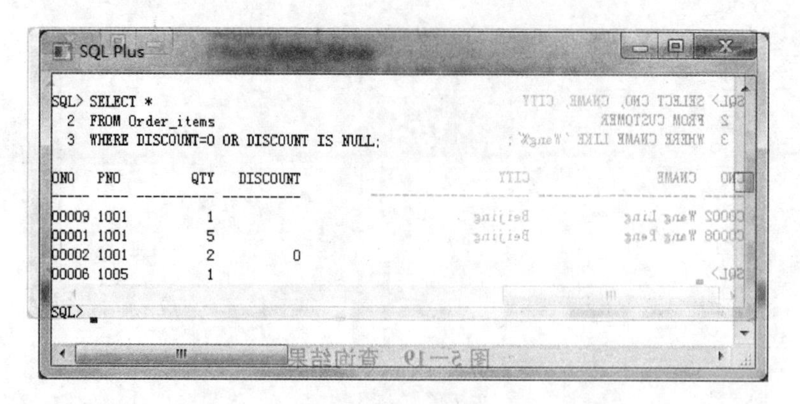

图 5—21 查询结果

四、查看汇总数据

SELECT 语句中的 GROUP BY 子句可根据字段值对表中的行进行分组。该子句在应用时与聚合函数一起，完成对表中数据的分类汇总操作。语法如下：

SELECT ＜分类属性 1＞，＜分类属性 2＞，…，＜分类属性 m＞，

　　＜聚合函数 1＞(＜被汇总属性 1＞)，…，＜聚合函数 n＞(＜被汇总属性 n＞)

FROM ＜表名＞

WHERE ＜作用于元组的条件＞

GROUP BY ＜分类属性 1＞，＜分类属性 2＞，…，＜分类属性 m＞

HAVING ＜作用于分组的条件＞；

其中，“HAVING”子句与“WHERE”子句相似，只不过“WHERE”子句作用在表的明细数据上，用于挑选满足条件的行；而“HAVING”子句作用于每个分组，用于挑选满足条件的组。

汇总时可使用的聚合函数及其功能见表 5—9。

表 5—9　　聚合函数及其功能

聚合函数名	功　能
Count	计算行(包括空行)的数目
Max	计算某个属性列的最大值
Min	计算某个属性列的最小值
Avg	计算某个属性列的平均值
Sum	计算某个属性列值的总和

【实验 5—1—10】 查询每份订单的编号以及所订购的产品的数目。

完成本实验的语句如下：

```
SELECT ONO,COUNT(PNO)
FROM Order_items
GROUP BY ONO;
```

本实验的查询结果如图 5—22 所示。

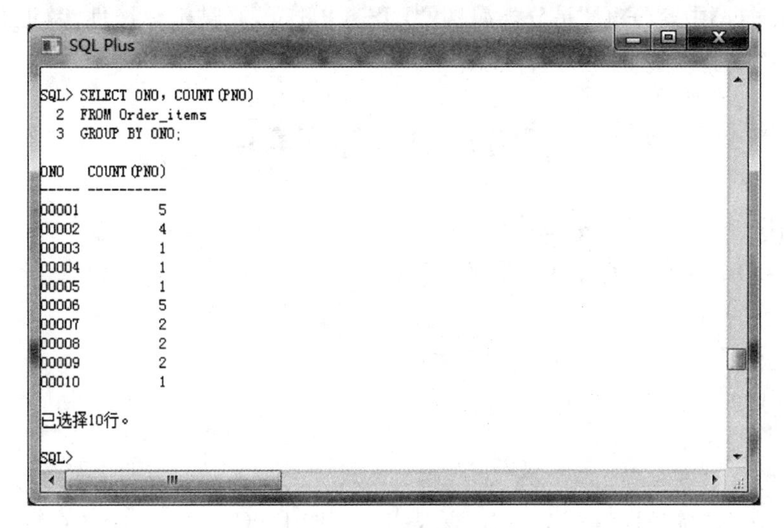

图 5－22　查询结果

【实验 5－1－11】 查询每份订单上产品的最高折扣和最低折扣。

完成本实验的语句如下：

```
SELECT ONO, MAX(DISCOUNT) * 100||'%' AS 产品最高折扣,
       MIN(DISCOUNT) * 100||'%' AS 产品最低折扣
FROM Order_items
GROUP BY ONO
ORDER BY ONO;
```

查询结果如图 5－23 所示。

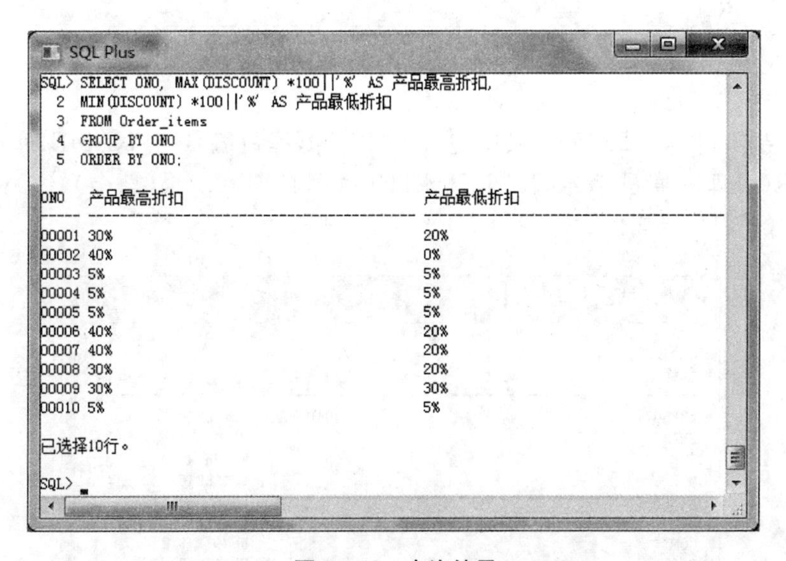

图 5－23　查询结果

上述语句中的“||”运算符的作用是进行字符串的拼接操作。例如，“'30'||'%'”的结果是“30%”。

在【实验 5－1－10】中，“ONO”是分类属性，“PNO”是被汇总属性，其汇总方式是“计数”；

在【实验 5－1－11】中，“ONO”是分类属性，“DISCOUNT”是被汇总属性，其汇总方式分别是求“最大值”和“最小值”。

实验 5－2 补充实验

实验目的

- 巩固在 Oracle 中进行单表查询的各种操作。

实验环境

- Oracle11g

实验要求

用“scott/tiger”身份连接到 Oracle 数据库，并使用系统自带的 EMP(雇员)表和 DEPT(部门)表，自行完成本补充实验。DEPT 表的结构如图 5－24 所示，其中包含 DEPTNO(部门编号)、DNAME(部门名称)和 LOC(部门地址)属性。

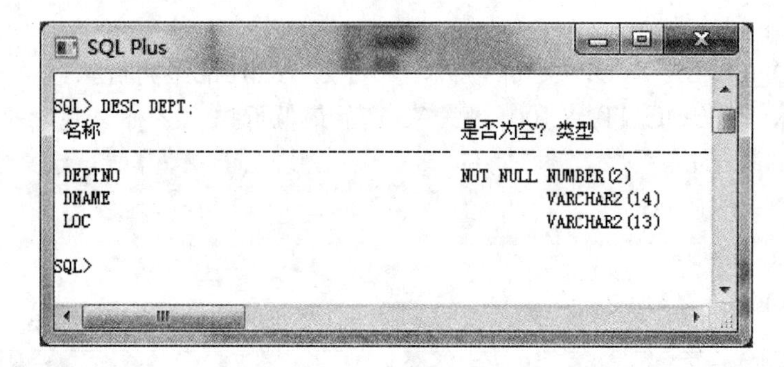

图 5－24 DEPT 表结构

EMP 的结构如图 5－25 所示，其中包含 EMPNO(雇员编号)、ENAME(雇员姓名)、JOB(工作)、MGR(经理的雇员编号)、HIREDATE(雇用日期)、SAL(薪金)、COMM(佣金)和 DEPTNO(部门编号)等属性。

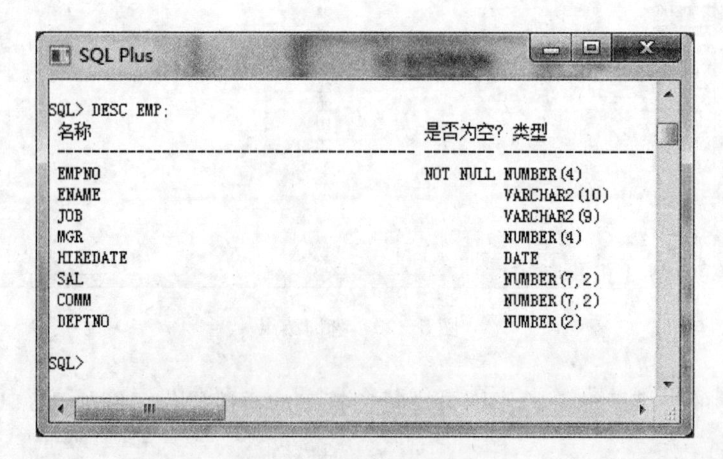

图 5－25 EMP 表结构

DEPT 表和 EMP 表的数据如图 5－26 和图 5－27 所示。

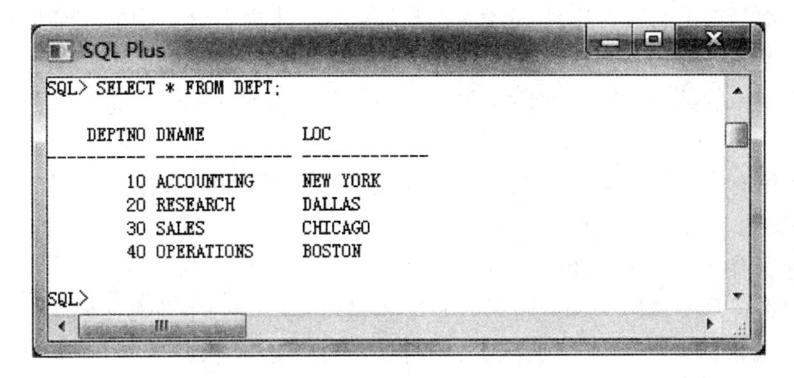

SQL> SELECT * FROM DEPT;

DEPTNO	DNAME	LOC
10	ACCOUNTING	NEW YORK
20	RESEARCH	DALLAS
30	SALES	CHICAGO
40	OPERATIONS	BOSTON

SQL>

图 5－26　DEPT 表的数据

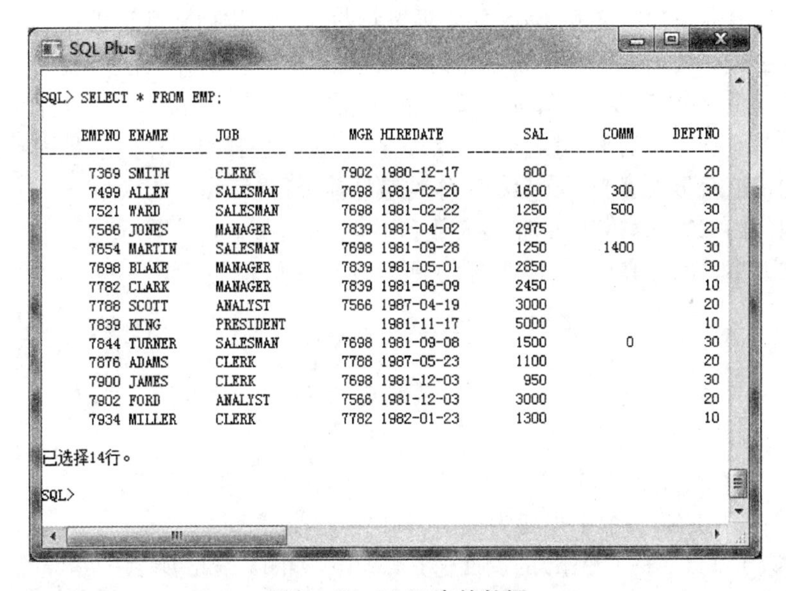

SQL> SELECT * FROM EMP;

EMPNO	ENAME	JOB	MGR	HIREDATE	SAL	COMM	DEPTNO
7369	SMITH	CLERK	7902	1980-12-17	800		20
7499	ALLEN	SALESMAN	7698	1981-02-20	1600	300	30
7521	WARD	SALESMAN	7698	1981-02-22	1250	500	30
7566	JONES	MANAGER	7839	1981-04-02	2975		20
7654	MARTIN	SALESMAN	7698	1981-09-28	1250	1400	30
7698	BLAKE	MANAGER	7839	1981-05-01	2850		30
7782	CLARK	MANAGER	7839	1981-06-09	2450		10
7788	SCOTT	ANALYST	7566	1987-04-19	3000		20
7839	KING	PRESIDENT		1981-11-17	5000		10
7844	TURNER	SALESMAN	7698	1981-09-08	1500	0	30
7876	ADAMS	CLERK	7788	1987-05-23	1100		20
7900	JAMES	CLERK	7698	1981-12-03	950		30
7902	FORD	ANALYST	7566	1981-12-03	3000		20
7934	MILLER	CLERK	7782	1982-01-23	1300		10

已选择14行。

SQL>

图 5－27　EMP 表的数据

补充实验题目如下：

1. 查询部门“30”中的雇员的所有信息；
2. 查询薪金大于 2 000 元的雇员的编号、姓名、工作和薪金；
3. 查询所有销售员的姓名、编号和部门编号；
4. 查询佣金高于薪金的 50%的雇员的所有信息；
5. 查询第一个字母为“M”的雇员姓名；
6. 查询雇员的姓名和雇用日期，在显示姓名时只有第一个字母使用大写；
7. 查询姓名包含 6 个字符的雇员信息；
8. 查询姓名中不含字母“S”的所有雇员信息；
9. 查询所有雇员的姓名，以及所承担的工作名称的前 5 个字符；
10. 查询没有佣金或佣金低于 200 元的所有雇员的姓名、工作及其佣金；
11. 查询收取佣金的雇员所承担的工作的名称，重复的工作名称应取消；

12. 查询部门“20”中所有分析师和部门“30”中所有办事员的详细信息；

13. 查询部门“10”与“30”中所有经理以及部门“20”中所有分析师的详细信息；

14. 查询既不是经理又不是办事员但其薪金大于或等于 1 800 元的所有雇员的信息；

15. 查询雇员的编号、姓名、部门编号、工作、雇佣日期和薪金，查询结果先按部门编号的升序排列，部门编号相同的雇员再按雇佣日期的降序排列；

16. 查询所有雇员的姓名、工作和薪金，先按工作的降序排列，具有相同工作的雇员再按薪金的升序排列；

17. 查询所有在 5 月份雇佣的雇员的信息；

18. 查询在各月的最后一天被雇用的雇员的编号、姓名和雇佣日期；

19. 查询雇员的编号、姓名，以及加入公司以来的总工作天数；

20. 查询所有雇员的编号、姓名，以及加入公司的年份和月份，并要求按年份的升序排列，年份相同的则按月份的升序排列；

21. 查询所有雇员的姓名和年薪，并要求按年薪的降序排列查询结果；

22. 查询已经在公司工作了三十多年的雇员的姓名、部门号、雇佣日期和工作年数；

23. 假设一个月为 30 天，计算所有雇员的日薪金(以元为单位)；

24. 查询各类别工作的平均薪金和最高薪金，以及承担各项工作的雇员人数；

25. 查询最低薪金大于 1 400 元的工作的最低薪金；

26. 查询部门“20”和“30”中的雇员人数和平均工资；

27. 查询办事员的最高薪金、最低薪金、平均薪金和总薪金。

实验提示

在实验过程中需要使用一些 Oracle 中的函数，具体介绍如下：

1. INITCAP()函数

格式：INITCAP(＜字符串＞)

功能：将字符串的第一个字母变为大写，其他字母小写；

示例：函数 INITCAP('smith')的返回值是'Smith'，如图 5－28 所示。

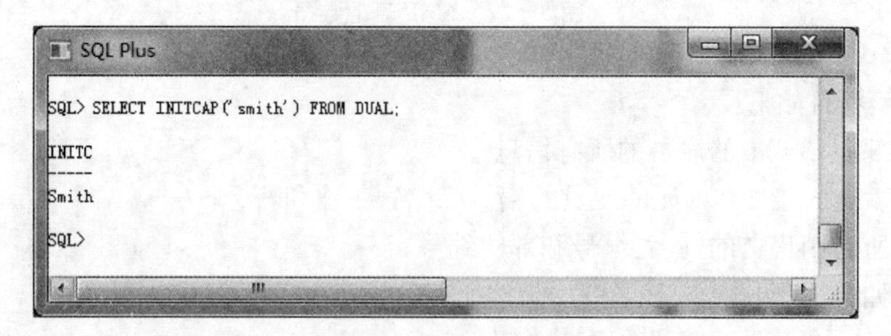

图 5－28　函数 INITCAP('smith')的返回值

2. SUBSTR()函数

格式：SUBSTR(＜字符串＞,＜数字 1＞,＜数字 2＞)

功能：在字符串中，从数字 1 开始取数字 2 个字符；

示例：函数 SUBSTR('Hello world',1,5)的返回值是'Hello'，如图 5－29 所示。

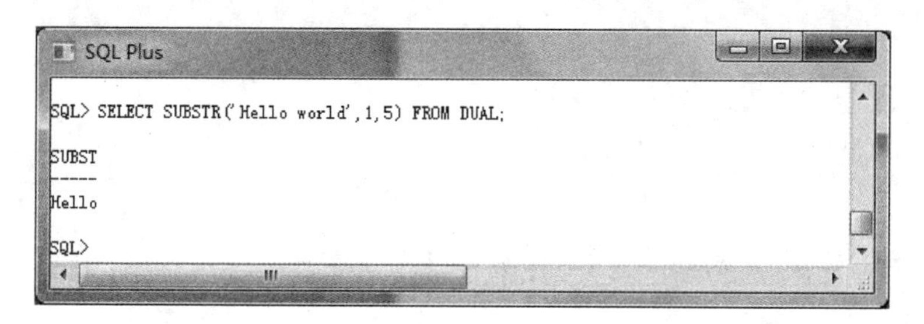

图 5—29　函数 SUBSTR('Hello world',1,5)的返回值

3. TO_DATE()函数

格式:TO_DATE(<字符串>,<格式>)

功能:把字符串转换成指定格式的日期;

示例:函数 TO_DATE('17—12—2014','dd—mm—yyyy')的作用是将字符串('17—12—2014')转换成日期,代表 2014 年 12 月 17 日。

4. TO_CHAR()函数

格式:TO_CHAR(<参数 1>,<格式>)

功能:把参数 1 转换成指定格式的字符串;

示例:函数 TO_CHAR(TO_DATE('2015—02—11','yyyy—mm—dd'),'MM')的返回值是月份 2。

5. LAST_DAY()函数

格式:LAST_DAY(<日期>)

功能:返回指定日期对应月份的最后一天;

示例:函数 LAST_DAY(TO_DATE('2015—03—11','yyyy—mm—dd'))的返回值是 2015 年 3 月 31 日。

6.NVL()函数

格式:NVL(<参数 1>,<参数 2>)

功能:把一个空值(null)转换成一个实际的值;如果参数 1 为空值,NVL 返回参数 2 的值,否则返回参数 1 的值。

示例:函数 NVL(comm,0),若字段 comm 的值为空则返回 0,否则返回 comm 的值。

7.MONTHS_BETWEEN()函数

格式:MONTHS_BETWEEN(<日期 1>,<日期 2>)

功能:返回日期 1 和日期 2 之间相差的月份数。

示例:函数 MONTHS_BETWEEN(SYSDATE,TO_DATE('2015—03—5','yyyy—mm—dd'))将返回系统当前日期与 2015 年 3 月 5 日之间相差的月份数。

实验报告

实验项目名称　实验五　SQL单表查询

实　　验　　室 ____________

所属课程名称　数据库

实　验　日　期 ____________

班　级 ____________

学　号 ____________

姓　名 ____________

成　绩 ____________

【实验环境】

- Oracle11g

【实验目的】

- 熟悉 SQL * Plus 的启动、退出和 Oracle 环境参数的设置方法；
- 掌握对表的投影、选择操作；
- 掌握简单和复杂查询条件的设置方法；
- 掌握对查询结果进行排序的方法；
- 掌握数据分类汇总方法。

【实验结果提交方式】

● 实验 5－1：

· 按实验步骤执行各个查询操作，以便掌握 SQL 单表查询的方法；

· 用<ALT>＋<Print Screen>快捷键，将实验题目中每个查询所对应的 SELECT 语句的执行结果屏幕复制下来，记录在本实验报告中。

● 实验 5－2：

· 利用 Oracle11g 自带的 DEPT 表和 EMP 表，完成补充实验中要求的所有实验；

· 用<ALT>＋<Print Screen>快捷键，将实验题目中每个查询所对应的 SELECT 语句的执行结果屏幕复制下来，记录在本实验报告中。

● 将本实验报告存放在“XXXXXXXXXX－5.docx”文件中，其中“XXXXXXXXXX”是学号，并在教师规定的时间内通过 BB 系统提交该文件。

【实验 5－1 的实验结果】

记录各查询语句的执行结果。

【实验 5－2 的实验结果】

记录各查询语句的执行结果。

【实验思考】

1. 简述 SET PAGESIZE 和 SET LINESIZE 语句的作用。
2. 举例说明 COLUMN 语句的作用。
3. 用 SQL 语句进行数据的分类汇总时，如何设置分类字段（属性）、被汇总字段（属性）和汇总方式？
4. 简述 WHERE 子句和 HAVING 子句的区别。
5. 实验过程中，什么时候需要注意字符的大小写问题？

【思考结果】

将思考结果记录在本实验报告中。

1.

2.

3.

4.

5.

实验成绩：　　　　　批阅老师：　　　　　批阅日期：

实验六

SQL 连接查询和嵌套查询

实验 6－1　订单管理数据库的连接查询和嵌套查询

实验目的

- 掌握基本的连接查询操作；
- 掌握自身连接和外连接操作；
- 掌握各种嵌套查询操作。

实验环境

- Oracle11g

实验要求

利用实验五中的“订单管理”数据库，完成以下连接查询和嵌套查询操作：

1. 简单条件连接查询

(1)查询所有产品的名称、类别名称和库存等数据；

(2)查询所有订单的订单代号、客户的姓名和公司名称和运货费，查询结果按订单代号的升序排列。

2. 复杂条件连接查询

(1)查询由北京客户订购的、运货费等于 8 元的订单的订单代号、客户公司名称和运货费；

(2)查询发货地和客户所在城市相同的订单的代码、订购日期、发货地、客户的姓名、所在城市；

(3)查询所有单价介于 20～35 元的产品的名称、类别名称、单价和库存量等数据；

(4)查询在 2014 年 4 月订购的那些订单的客户代号、客户姓名及其订单的订单代号、订购日期、产品名称和数量等数据，并将查询结果按客户代码的升序排列，同一客户的信息按订单代号的降序排列。

3. 自身连接

(1)查询单价正好相差3倍以上的每一对产品的名称及其单价；

(2)查询与"Du Wei"客户在同一城市的其他客户的姓名及其电话。

4. 外连接

查询所有客户的代号、姓名以及其订单的代号和订购日期与订单状态，查询结果按客户代号的升序排列。

5. 嵌套查询操作

(1)带有比较运算符的子查询

查询与"Du Wei"客户在同一城市的其他客户的姓名、城市及其电话。

(2)带有"IN"谓词的子查询

查询订购了单价比"3004"号产品大的那些产品的订单代码及其产品编号，并将查询结果按订单代码和产品编号的升序排序。

(3)带有"ANY"或"ALL"谓词的子查询

①查询其他类中价格大于某个1号类产品的产品名称、类别代码及其价格，并将查询结果按类别代码的升序排列；

②查询其他类中价格比所有1号类产品都高的产品的名称、类别代码及其价格。

(4)带有"EXISTS"谓词的子查询

查询没有订购"1001"号产品的订单的代码。

实验步骤

一、简单条件连接查询

实验五的查询都只涉及一个表，但存放在数据库中的各个表并不是孤立的，而是相互联系的。因此，需要经常对多个表中的数据同时进行查询以组成一个综合性的结果集，这样的查询称为连接查询。

两个表之间进行连接查询的语法如下：

SELECT<属性列表>

FROM<表名1>，<表名2>

WHERE<条件表达式>；

条件表达式中需指明连接的条件，仅涉及一个连接条件的连接查询称为简单条件连接。

【实验6－1－1】 查询所有产品的名称、类别名称和库存等数据。

本查询的产品名称(PNAME)和库存(INVENTORY)属性来自于产品表(Product)，而类别名称(TNAME)属性来自于类别(Ptype)表，具体查询语句如下：

SELECT PNAME，TNAME，INVENTORY

FROM Product，Ptype

WHERE Product.TNO＝Ptype.TNO；←连接条件

该查询中有一个连接条件"Product.TNO＝Ptype.TNO"，规定了要查询的是Product表和Ptype表中公共属性"TNO"值相等的元组，连接过程如图6－1所示。

Product表

PNO	PNAME	PRICE	INVENTORY	TNO
1001	Advanced Marketing	20.5	120	1
1002	Visual Basic Programming	28	200	1
1003	Computer Application	30.55	80	1
1004	An Introduction to Database Systems	20	12	1
1005	Microeconomics	35.8	150	1
2001	The Lion King	35	150	2
2002	Classic Disney	25	20	2
3001	Microsoft Money 2010	70.5	300	3
3002	Microsoft Student 2009	80	150	3
3003	Norton AntiVirus 2014	40.9	250	3
3004	Math Advantage 2007	30	10	3

Ptype表

TNO	TNAME
1	Book
2	CD
3	Software

图 6—1　连接过程

查询结果如图 6—2 所示。

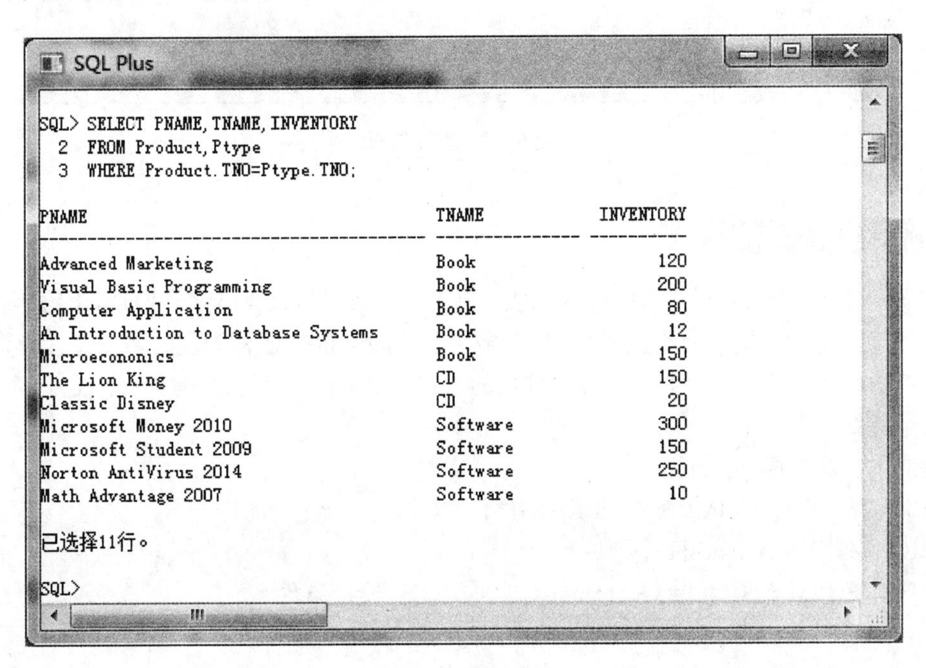

```
SQL> SELECT PNAME,TNAME,INVENTORY
  2  FROM Product,Ptype
  3  WHERE Product.TNO=Ptype.TNO;

PNAME                                      TNAME            INVENTORY
----------------------------------------- ---------------- ----------
Advanced Marketing                         Book                   120
Visual Basic Programming                   Book                   200
Computer Application                       Book                    80
An Introduction to Database Systems        Book                    12
Microeconomics                             Book                   150
The Lion King                              CD                     150
Classic Disney                             CD                      20
Microsoft Money 2010                       Software               300
Microsoft Student 2009                     Software               150
Norton AntiVirus 2014                      Software               250
Math Advantage 2007                        Software                10

已选择11行。

SQL>
```

图 6—2　查询结果

【实验 6—1—2】　查询所有订单的订单代号、客户的姓名、公司名称和运货费，查询结果按订单代号的升序排列。

本查询的订单代号(ONO)和运货费(FREIGHT)属性来自订单表(Orders)，而客户的姓名(CNAME)和公司名称(COMPANY)属性来自客户(Customer)表，具体查询语句如下：

SELECT ONO,CNAME, COMPANY,FREIGHT

FROM Orders,Customer

WHERE Orders.CNO=Customer.CNO←连接条件

ORDER BY ONO;

查询结果如图 6—3 所示。

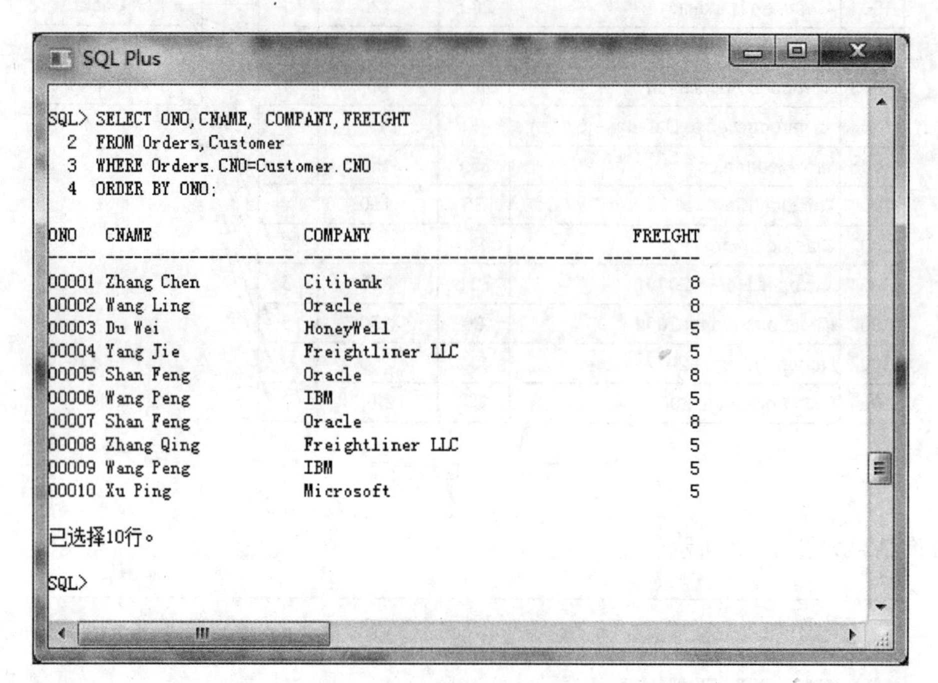

图 6—3 查询结果

二、复合条件连接查询

前面实验的 WHERE 子句只包含两表作连接时的条件，实际上在 WHERE 子句里也可以加入用于筛选各连接表元组的条件，具有多个条件的连接查询称为复合条件连接查询。

【实验 6—1—3】 查询由北京客户订购的、运货费等于 8 元的订单的订单代号、客户公司名称和运货费。

完成本实验的语句如下：

SELECT ONO,COMPANY,FREIGHT

FROM Orders,Customer

WHERE Orders.CNO=Customer.CNO AND←连接条件

　　Customer.CITY= 'Beijing' AND←选择条件 1

　　Orders.FREIGHT=8;←选择条件 2

该查询除了有一个连接条件“Orders.CNO=Customer.CNO”外，还有两个选择条件：“Customer.CITY= 'Beijing'”和“Orders.FREIGHT=8”。

本查询的选择和连接过程如图 6—4 所示。

Orders表

ONO	…	FREIGHT	CNO
O0001	…	8	C0001
O0002	…	8	C0002
O0003	…	5	C0009
O0004	…	5	C0007
O0005	…	8	C0010
O0006	…	5	C0008
O0007	…	8	C0010
O0008	…	5	C0006
O0009	…	5	C0008
O0010	…	5	C0005

Customer表

CNO	CNAME	COMPANY	CITY	…
C0001	Zhang Chen	Citibank	Shanghai	…
C0002	Wang Ling	Oracle	Beijing	…
C0003	Li Li	Minsheng bank	Shanghai	…
C0004	Liu Xin	Citibank	Shanghai	…
C0005	Xu Ping	Microsoft	Beijing	…
C0006	Zhang Qing	Freightliner LLC	Guangzhou	…
C0007	Yang Jie	Freightliner LLC	Guangzhou	…
C0008	Wang Peng	IBM	Beijing	…
C0009	Du Wei	HoneyWell	Shanghai	…
C0010	Shan Feng	Oracle	Beijing	…

选择FREIGHT=8的元组

ONO	…	FREIGHT	CNO
O0001	…	8	C0001
O0002	…	8	C0002
O0005	…	8	C0010
O0007	…	8	C0010

选择CITY='Beijing'的元组

CNO	CNAME	COMPANY	CITY	…
C0002	Wang Ling	Oracle	Beijing	…
C0005	Xu Ping	Microsoft	Beijing	…
C0008	Wang Peng	IBM	Beijing	…
C0010	Shan Feng	Oracle	Beijing	…

连接条件：Orders.CNO=Customer.CNO

图 6—4 选择和连接过程

本实验的查询结果如图 6—5 所示。

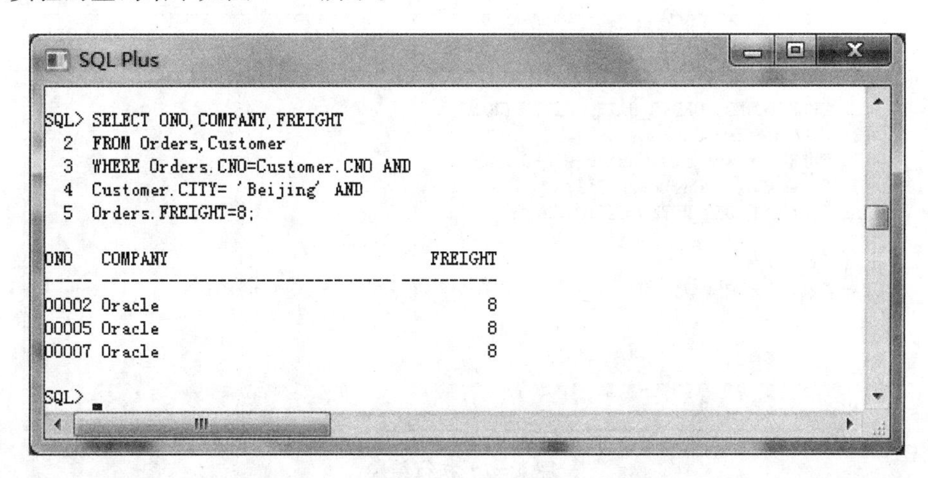

图 6—5 查询结果

【实验 6—1—4】 查询发货地和客户所在城市相同的订单的代码、订购日期、发货地、客户的姓名、所在城市。

完成本实验的语句如下：

SELECT ONO, ORDER_DATE, Orders.CITY, CNAME, Customer.CITY
FROM Orders, Customer
WHERE Orders.CNO=Customer.CNO AND ←连接条件 1
　　Orders.CITY=Customer.CITY; ←连接条件 2

查询结果如图 6－6 所示。

```
SQL Plus
SQL> SELECT ONO, ORDER_DATE, Orders.CITY, CNAME, Customer.CITY
  2  FROM Orders,Customer
  3  WHERE Orders.CNO=Customer.CNO AND
  4  Orders.CITY=Customer.CITY;

ONO   ORDER_DATE CITY                 CNAME                CITY
----- ---------- -------------------- -------------------- --------------------
00005 2014-04-14 Beijing              Shan Feng            Beijing

SQL>
```

图 6－6　查询结果

将上面的 SELECT 语句以如下方式给出：

SELECT ONO, ORDER_DATE, CITY, CNAME
FROM Orders, Customer
WHERE Orders.CNO=Customer.CNO AND
　　Orders.CITY=Customer.CITY;

执行结果如图 6－7 所示，出现了“未明确定义列”的出错信息。这是因为，“CITY”属性列同时存在于两个表（即 Orders 表和 Customer 表）中，查询时需要指明从哪个表选择 CITY 属性的值。

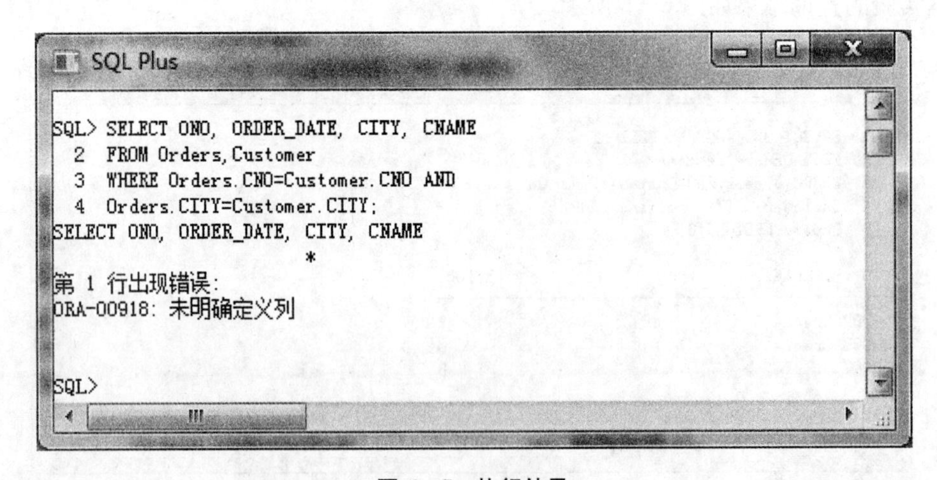

图 6－7　执行结果

【实验 6－1－5】 查询所有单价介于 20～35 元的产品的名称、类别名称、单价和库存量等数据。

完成本实验的语句如下：

```
SELECT PNAME, TNAME, PRICE, INVENTORY
FROM Product, Ptype
WHERE Product.TNO=Ptype.TNO AND
        PRICE BETWEEN 20 AND 35;
```

查询结果如图 6－8 所示。

```
SQL Plus

SQL> SELECT PNAME, TNAME, PRICE, INVENTORY
  2  FROM Product, Ptype
  3  WHERE Product.TNO=Ptype.TNO AND
  4          PRICE BETWEEN 20 AND 35;

PNAME                                    TNAME                PRICE  INVENTORY
---------------------------------------- --------------- ---------- ----------
Advanced Marketing                       Book                  20.5        120
Visual Basic Programming                 Book                    28        200
Computer Application                     Book                 30.55         80
An Introduction to Database Systems      Book                    20         12
The Lion King                            CD                      35        150
Classic Disney                           CD                      25         20
Math Advantage 2007                      Software                30         10

已选择7行。

SQL>
```

图 6－8　查询结果

连接操作可以在两个表上执行，也可在多个表上执行。以下将展示如何在一个连接中使用四个表。

【实验 6－1－6】 查询在 2014 年 4 月订购的那些订单的客户代号、客户姓名及其订单的订单代号、订购日期、产品名称和数量等数据，并将查询结果按客户代码的升序排列，同一客户的信息按订单代号的降序排列。

本例查询中的客户代号、姓名来自于 Customer 表，订单代号、订购日期来自于 Orders 表，产品名称来自于 Product 表，而数量来自于 Order_items 表。

另外，本查询要对日期类型的属性设置条件。这里，不妨先利用如下命令设置日期格式为"yyyy－mm－dd"，其中"yyyy"代表年份，"mm"代表月份，"dd"代表日。

alter session set nls_date_format='yyyy－mm－dd';

执行结果如图 6－9 所示。

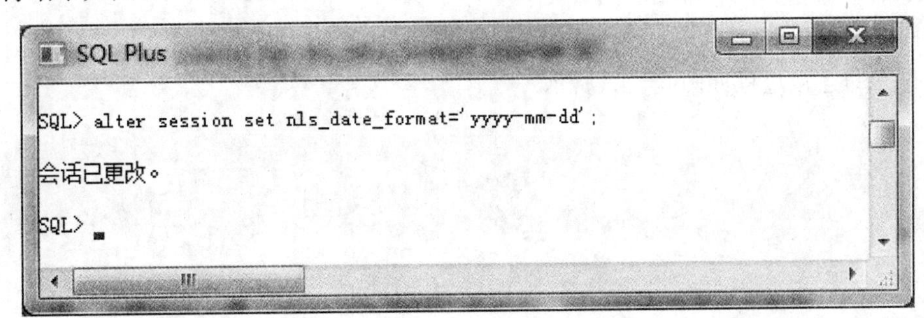

图 6－9　执行结果

注意：上面的命令是“SESSION 级别”的命令，只对当前登录状态有效。

下面可以发出如下语句，以完成本实验的查询：

SELECT Customer.CNO,CNAME,Orders.ONO,ORDER_DATE,PNAME,QTY
FROM Customer,Orders,Order_items,Product
WHERE Customer.CNO=Orders.CNOAND←连接条件 1
Orders.ONO=Order_items.ONOAND←连接条件 2
Order_items.PNO=Product.PNO AND←连接条件 3
Orders.ORDER_DATE>= '2014-4-1' AND←选择条件 1
Orders.ORDER_DATE<= '2014-4-30'←选择条件 2
ORDER BY Customer.CNO,Orders.ONO DESC;

查询结果如图 6-10 所示。

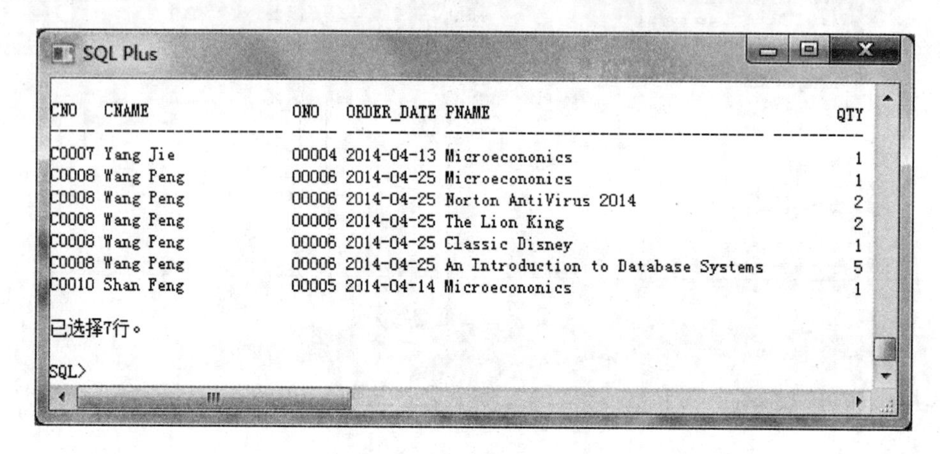
SQL Plus

CNO	CNAME	ONO	ORDER_DATE	PNAME	QTY
C0007	Yang Jie	00004	2014-04-13	Microecononics	1
C0008	Wang Peng	00006	2014-04-25	Microecononics	1
C0008	Wang Peng	00006	2014-04-25	Norton AntiVirus 2014	2
C0008	Wang Peng	00006	2014-04-25	The Lion King	2
C0008	Wang Peng	00006	2014-04-25	Classic Disney	1
C0008	Wang Peng	00006	2014-04-25	An Introduction to Database Systems	5
C0010	Shan Feng	00005	2014-04-14	Microecononics	1

已选择7行。

SQL>

图 6-10 查询结果

三、自身连接

连接操作可以在不同的表之间进行，也可以在同一个表中进行，这种对同一个表进行的连接查询称为自身连接。

【实验 6-1-7】 查询单价正好相差 3 倍以上的每一对产品的名称及其单价。

完成本实验的语句如下：

SELECT P1.PNAME, P1.PRICE, P2.PNAME, P2.PRICE
FROM Product P1, Product P2
WHERE P1.PRICE>3 * P2.PRICE;←连接条件

本查询的连接过程如图 6-11 所示。

Product P1

…	PNAME	PRICE
…	Advanced Marketing	20.5
…	Visual Basic Programming	28
…	Computer Application	30.55
…	An Introduction to Database Systems	20
…	Microeconomics	35.8
…	The Lion King	35
…	Classic Disney	25
…	Microsoft Money 2010	70.5
…	Microsoft Student 2009	80
…	Norton AntiVirus 2014	40.9
…	Math Advantage 2007	30

Product P2

PRICE	PNAME	…
20.5	Advanced Marketing	…
28	Visual Basic Programming	…
30.55	Computer Application	…
20	An Introduction to Database Systems	…
35.8	Microeconomics	…
35	The Lion King	…
25	Classic Disney	…
70.5	Microsoft Money 2010	…
80	Microsoft Student 2009	…
40.9	Norton AntiVirus 2014	…
30	Math Advantage 2007	…

连接条件：P1.PRICE> 3*P2.PRICE

图 6－11 Product 表的自身连接过程

本实验的查询结果如图 6－12 所示。

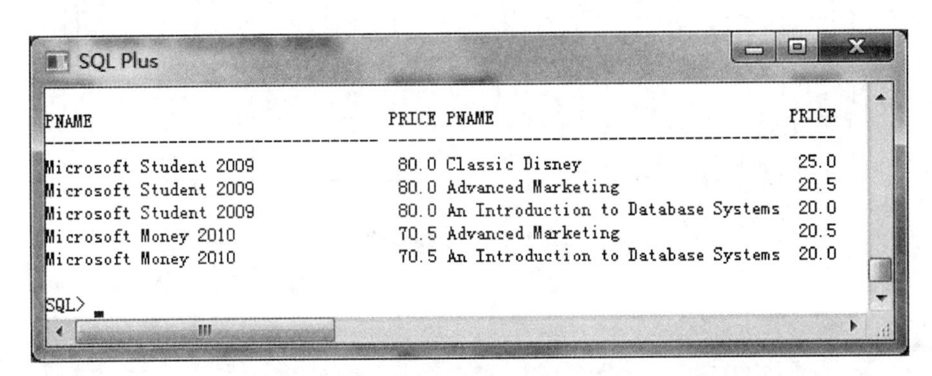

```
PNAME                              PRICE PNAME                                PRICE
---------------------------------- ----- ------------------------------------ -----
Microsoft Student 2009              80.0 Classic Disney                        25.0
Microsoft Student 2009              80.0 Advanced Marketing                    20.5
Microsoft Student 2009              80.0 An Introduction to Database Systems   20.0
Microsoft Money 2010                70.5 Advanced Marketing                    20.5
Microsoft Money 2010                70.5 An Introduction to Database Systems   20.0

SQL>
```

图 6－12 查询结果

注意：在进行表的自身连接时，须在 FROM 子句中给同一个表取不同的别名，并在书写 SELECT 语句的其他子句时把这些代表同一表的不同别名看成是具有相同数据的“不同表”（读者在理解自身连接查询时，可以将它们看成不同的表，但实际上只有一个表）。

【实验 6－1－8】 查询与“Du Wei”客户在同一城市的其他客户的姓名及其电话。

完成本实验的语句如下：

```
SELECT C2.CNAME，C2.TEL
FROM Customer C1，Customer C2
WHERE C1.CITY=C2.CITY AND←连接条件 1
        C2.CNAME<>C1.CNAME AND←连接条件 2
        C1.CNAME= 'Du Wei';←选择条件
```

本查询的连接过程如图 6－13 所示。

Customer C1

…	CNAME	CITY
…	Zhang Chen	Shanghai
…	Wang Ling	Beijing
…	Li Li	Shanghai
…	Liu Xin	Shanghai
…	Xu Ping	Beijing
…	Zhang Qing	Guangzhou
…	Yang Jie	Guangzhou
…	Wang Peng	Beijing
…	Du Wei	Shanghai
…	Shan Feng	Beijing

Customer C2

CITY	CNAME	TEL	…
Shanghai	Zhang Chen	021-65903818	…
Beijing	Wang Ling	010-62754108	…
Shanghai	Li Li	021-62438210	…
Shanghai	Liu Xin	021-55392225	…
Beijing	Xu Ping	010-43712345	…
Guangzhou	Zhang Qing	020-84713425	…
Guangzhou	Yang Jie	020-76543657	…
Beijing	Wang Peng	010-62751231	…
Shanghai	Du Wei	021-45326788	…
Beijing	Shan Feng	010-62751230	…

图 6－13　Customer 表的自身连接过程

本实验的查询结果如图 6－14 所示。

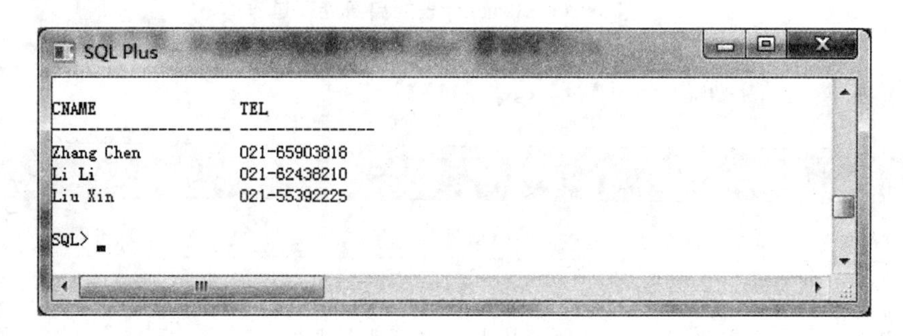

图 6－14　查询结果

四、外连接

前面介绍的查询都是内连接。内连接不选择表中不符合查询条件的记录。这些值可通过外连接获得，外连接操作用运算符加号（＋）表示。

两个表之间进行外连接的语法如下：

SELECT＜属性列表＞

FROM＜表名 1＞，＜表名 2＞

WHERE＜表名 1＞.＜属性名＞ ＝＜表名 2＞.＜属性名＞(＋)；

上面的 SELECT 语句中，“表 2”的后面加上了“(＋)”字样，表示“表 1”中的所有记录都将出现在查询结果中；若希望“表 2”的记录都在结果中显示，则需要在“表 1”的后面加上“(＋)”字样。

【实验 6－1－9】 查询所有客户的代号、姓名以及其订单的代号和订购日期与订单状态，查询结果按客户代号的升序排列。

先执行下面的 SQL 语句：

SELECTCustomer.CNO，CNAME，ONO，ORDER_DATE，STATUS

FROM Customer，Orders

WHERE Customer.CNO=Orders.CNO

ORDER BY CNO；

其查询结果如图 6－15 所示。

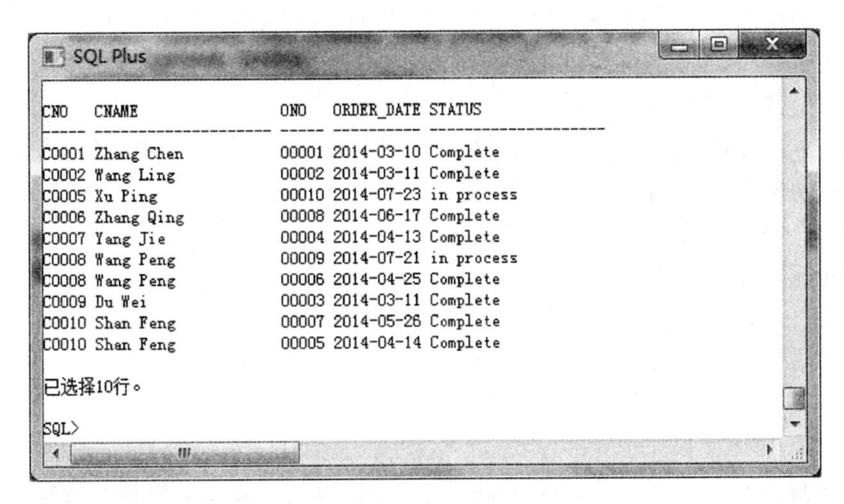

图 6－15　内连接查询结果

上面的查询是一个内连接，由于客户“C0003”和“C0004”没有订单，不满足查询条件，因此他们的信息没有出现在查询结果中；如果想让这两个客户的信息也出现在查询结果中，就需要使用下面的外连接语句：

SELECTCustomer.CNO，CNAME，ONO，ORDER_DATE，STATUS

FROM Customer，Orders

WHERE Customer.CNO=Orders.CNO(＋)

ORDER BY CNO；

本实验的查询结果如图 6－16 所示。

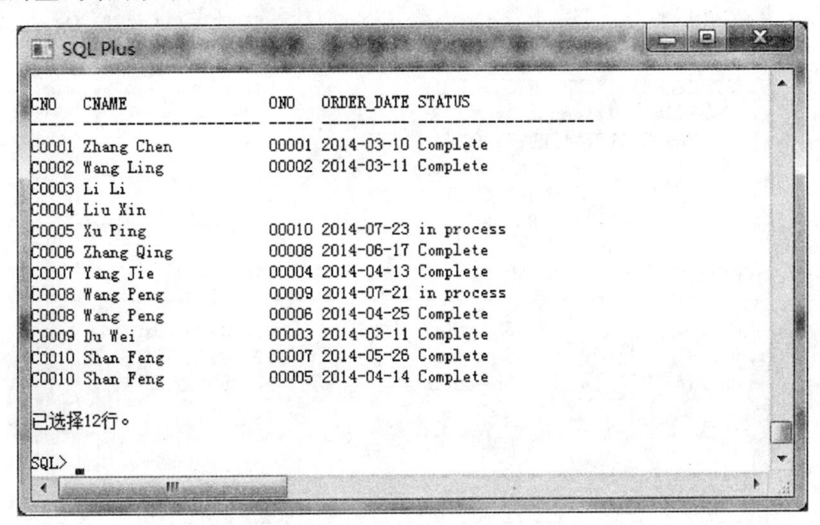

图 6－16　外连接的查询结果

在上面的外连接查询结果中，尽管客户“C0003”和“C0004”没有订单，但他们的客户代号和姓名还是会在查询结果中出现，这样就不会遗漏客户。

五、嵌套查询

嵌套查询是指将一个“SELECT-FROM-WHERE”查询块嵌套在另一个查询块的WHERE或HAVING短语的条件中的查询。

1. 带有比较运算符的子查询

【实验6－1－10】 查询与“Du Wei”客户在同一城市的其他客户的姓名、城市及其电话。

完成本实验的语句如下：

```
SELECT CNAME, CITY, TEL
FROM customer
WHERE CITY=(SELECT CITY
            FROM Customer
            WHERE CNAME = 'Du Wei' )AND
      CNAME<> 'Du Wei';
```

本查询包括两个SELECT-FROM-WHERE查询块，其中下层的查询块嵌套在上层的查询块中。上层的查询块称为父查询，下层的查询块称为子查询。子查询的处理先于父查询。

本嵌套查询的过程如下：

(1)先通过子查询，在Customer表中找到“Du Wei”客户所在的城市，结果为“Shanghai”；

(2)利用子查询得到的City值“Shanghai”，求出父查询中位于“Shanghai”的客户的姓名及其电话。查询结果与下面的语句是一样的。

```
SELECT CNAME, TEL
FROM customer
WHERE CITY = 'Shanghai' AND CNAME<> 'Du Wei';
```

本实验的查询结果如图6－17所示。

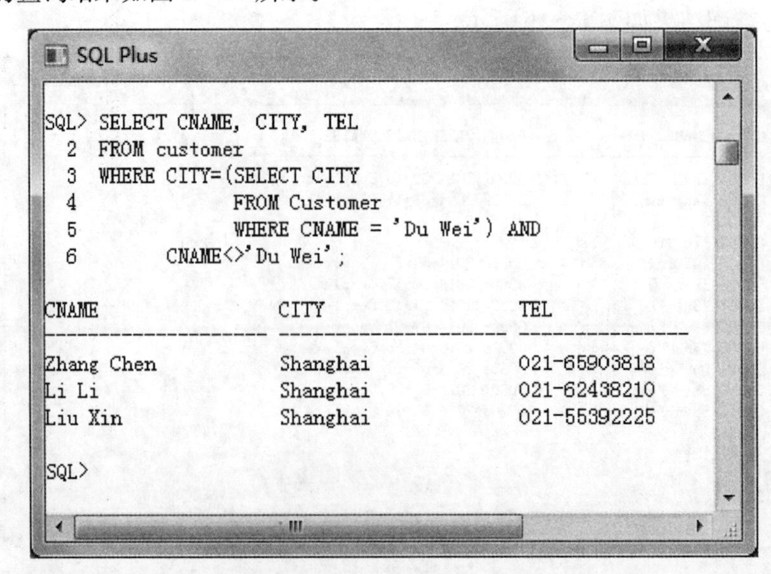

图6－17 查询结果

2. 带有“IN”谓词的子查询

当子查询的查询结果包含多个值时，经常会使用谓词“IN”来连接子查询和父查询。

【实验 6－1－11】 查询订购了单价比“3004”号产品大的那些产品的订单代码、产品编号以及数量，并将查询结果按订单代码和产品编号的升序排序。

完成本实验的语句如下：

```
SELECTONO,PNO,QTY
FROMOrder_items
WHERE PNO IN(SELECT PNO
             FROM Product
             WHERE PRICE>(SELECT PRICE
                          FROM Product
                          WHERE PNO= '3004' ))
ORDER BY ONO,PNO;
```

本查询嵌套的两个 SELECT 子查询的查询结果如图 6－18 所示。其中，最内层的子查询找出了“3004”号产品的单价，结果是单值 30，所以在该子查询前就可以使用比较运算符“>”；而其上一层的那个子查询找出了单价大于 30 的产品的编号，结果有多个值('1003','1005','2001','3001','3002','3003')，故在该子查询前需用谓词“IN”。

本实验的查询结果如图 6－19 所示。

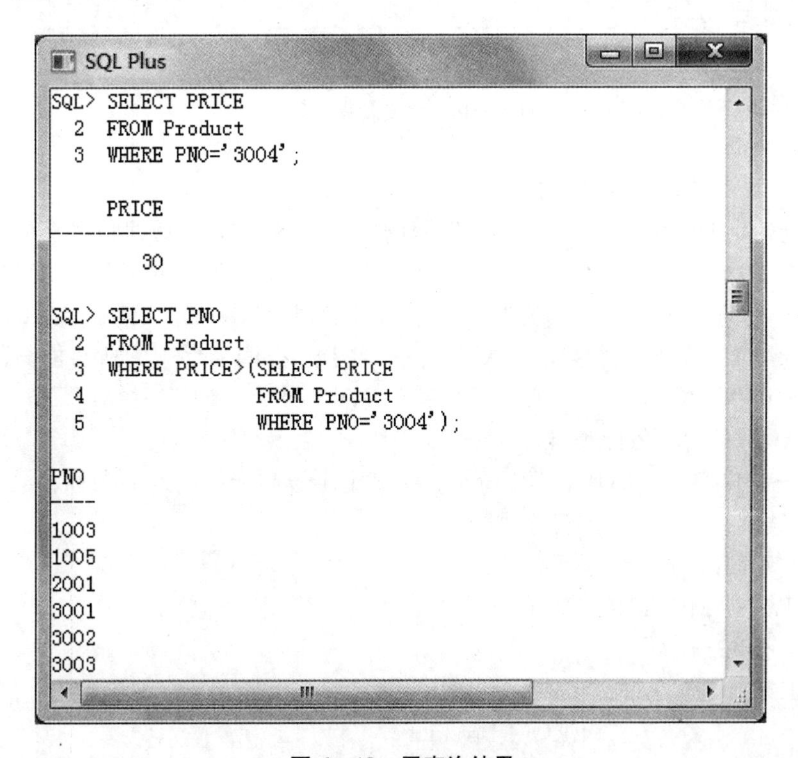

图 6－18　子查询结果

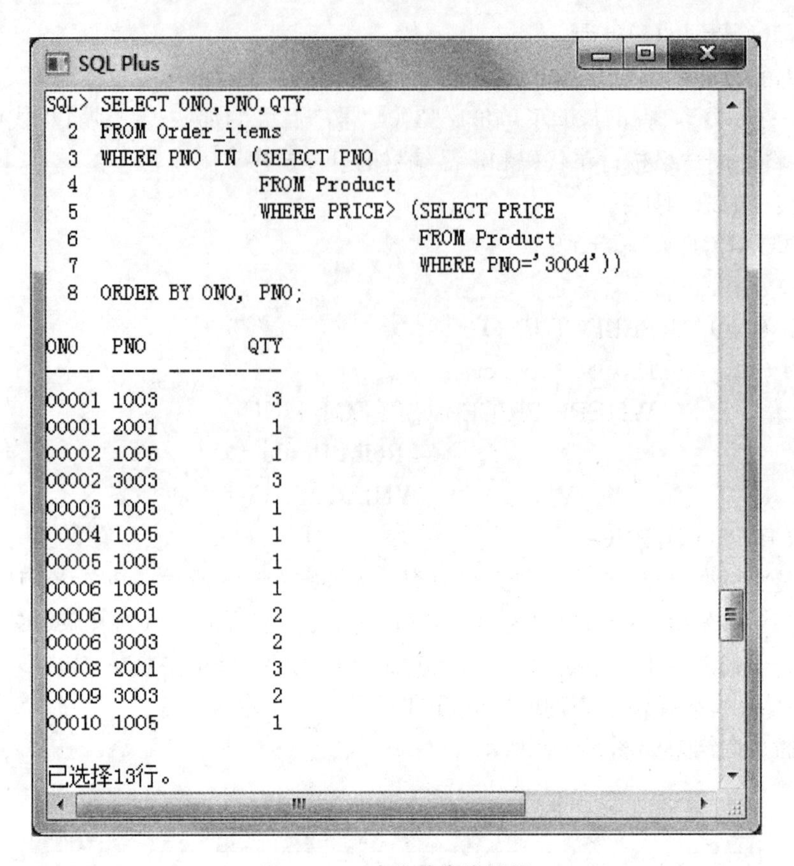

图 6－19 本实验查询结果

3. 带有“ANY”或“ALL”谓词的子查询

当子查询的查询结果包含多个值时，仅用谓词“IN”来连接子查询和父查询是不够的，有时会用到前置了比较运算符(>、>=、=、<、<=、<>)的谓词“ANY”或“ALL”。其中“ANY”代表子查询结果中的某个值，“ALL”代表子查询结果中的所有值。这样，“>ANY”表示大于子查询结果中的某一个值，“>ALL”表示大于子查询结果中的所有值。其他如“>=ANY”“=ANY”“<ANY”“<=ANY”“<>ANY”“>=ALL”“=ALL”“<ALL”“<=ALL”“<>ALL”的含义依此类推。

【实验 6－1－12】 查询其他类中价格大于某个 1 号类产品的产品名称、类别代码及其价格，并将查询结果按类别代码的升序排列。

完成本实验的语句如下：

```
SELECT PNAME,TNO, PRICE
FROM Product
WHERE PRICE>ANY(SELECT PRICE
                    FROM Product
                    WHERE TNO='1')AND
      TNO<>1
ORDER BY TNO;
```

子查询的查询结果如图 6－20 所示，本实验最终的查询结果如图 6－21 所示，其中每个产品的单价都至少大于子查询结果中的某个单价。

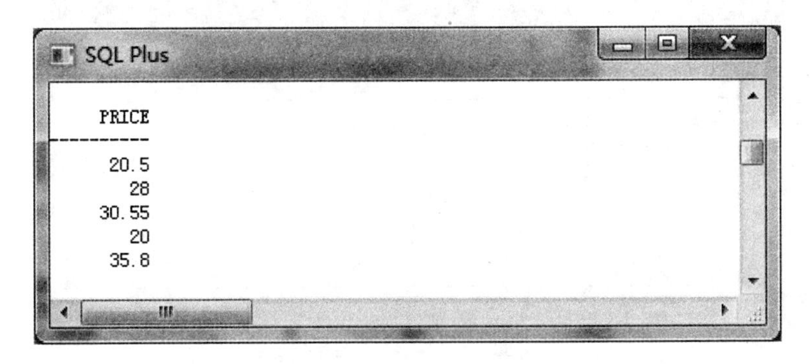

PRICE
20.5
28
30.55
20
35.8

图 6－20 子查询的查询结果

SQL Plus

PNAME	TNO	PRICE
Classic Disney	2	25
The Lion King	2	35
Math Advantage 2007	3	30
Microsoft Money 2010	3	70.5
Microsoft Student 2009	3	80
Norton AntiVirus 2014	3	40.9

已选择6行。

SQL>

图 6－21 查询结果

【实验 6－1－13】 查询其他类中价格比所有 1 号类产品都高的产品的名称、类别代码及其价格。

完成本实验的语句如下：

```
SELECT PNAME, TNO, PRICE
FROM Product
WHERE PRICE>ALL(SELECT PRICE
                FROM Product
                WHERE TNO='1')AND
                      TNO<>1;
```

本实验的查询结果如图 6－22 所示，其中每个产品的单价都大于图 6－20 的子查询结果中的所有单价。

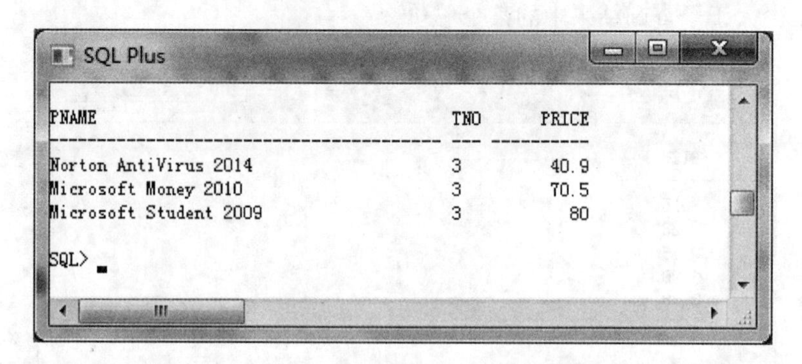

图 6－22 查询结果

4. 带有“EXISTS”谓词的子查询

EXISTS 运算符用于检查表中是否存在值，它只可用于子查询。

【实验 6－1－14】 查询没有订购“1001”号产品的订单的代码。

完成本实验的语句如下：

```
SELECT ONO
FROM Orders
WHERE NOT EXISTS(SELECT *
                 FROM Order_items
                 WHERE ONO=Orders.ONO AND PNO='1001');
```

本实验查询结果如图 6－23 所示。

图 6－23 查询结果

从上面的查询可以看出，带有“EXISTS”谓词的子查询与前面的几类子查询是有区别的，主要区别有以下两点：

(1)前几类子查询返回的是某一列的值(单值或多值)，而带有“EXISTS”谓词的子查询返回的是逻辑值真或假。当在子查询的 FROM 子句的表中找到满足条件的元组时，子查询返回逻辑真值，否则返回逻辑假值。

(2)前几类子查询的 WHERE 子句中的条件与父查询是无关的，而带有“EXISTS”谓词的子查询的 WHERE 条件的值却依赖于父查询的某个（或某些）属性列的值，如【实验 6－1－14】中查询的结果是真还是假就依赖于父查询中的 Orders.ONO 属性列的当前值。

实验 6－2 补充实验

实验目的

- 巩固在 Oracle 中进行连接查询和嵌套查询的各种操作。

实验环境

- Oracle11g

实验要求

用“scott/tiger”身份连接到 Oracle 数据库，并使用系统自带的 EMP 表和 DEPT 表，自行完成如下的补充实验：

1. 查询所有雇员的姓名、工作和部门名称；
2. 查询所有雇员的姓名及其经理的姓名；
3. 查询所有销售员（SALESMAN）的雇员编号、姓名、薪金和部门名称；
4. 查询雇佣日期早与其经理的所有雇员的编号、姓名和雇佣日期，以及其经理的编号、姓名和雇佣日期；
5. 查询薪金比“SCOTT”高的所有雇员的信息；
6. 查询与“ALLEN”从事相同工作的所有雇员的雇员编号、姓名、雇佣日期和薪金；
7. 查询薪金高于公司平均水平的所有雇员的编号、姓名和薪金；
8. 查询部门名称及其雇员姓名，若有些部门还没有雇员则只要显示其部门名称即可；
9. 查询薪金高于部门 20 中所有雇员薪金的雇员的姓名和薪金；
10. 查询薪金高于部门 10 中某个雇员薪金的雇员的姓名和薪金；
11. 查询部门 10 和部门 30 中所有雇员的姓名、部门名称和薪金，并将查询结果按部门名称的升序排序；
12. 查询在各月的最后一天被雇用的雇员的编号、姓名、雇佣日期和部门名称；
13. 查询各部门的名称，以及雇员的数量和平均薪金；
14. 查询薪金处于第四位的雇员的姓名、部门名称、工作和薪金；
15. 查询每个部门中工资排在前两名的员工信息。

实 验 报 告

实验项目名称 实验六 SQL 连接查询和嵌套查询

实　验　室 ______

所属课程名称 数 据 库

实 验 日 期 ______

班　级 ______

学　号 ______

姓　名 ______

成　绩 ______

【实验环境】

- Oracle11g

【实验目的】

- 掌握基本的连接查询操作；
- 熟悉自身连接操作；
- 熟悉外连接操作；
- 掌握带有比较运算符的子查询；
- 掌握带有“IN”谓词的子查询；
- 掌握带有“ANY”或“ALL”谓词的子查询；
- 熟悉带有“EXISTS”谓词的子查询。

【实验结果提交方式】

● 实验 6－1：

·按实验步骤执行各个查询操作，以便掌握 SQL 连接查询和嵌套查询的方法；

·用＜ALT＞＋＜Print Screen＞快捷键，将实验题目中每个查询所对应的 SELECT 语句的执行结果屏幕复制下来，记录在本实验报告中。

● 实验 6－2：

·利用 Oracle11g 自带的 DEPT 表和 EMP 表，完成补充实验中要求的所有实验；

·用＜ALT＞＋＜Print Screen＞快捷键，将实验题目中每个查询所对应的 SELECT 语句的执行结果屏幕复制下来，记录在本实验报告中。

● 将本实验报告存放在“XXXXXXXXXX－6.docx”文件中，其中“XXXXXXXXXX”是学号，并在教师规定的时间内通过 BB 系统提交该文件。

【实验 6－1 的实验结果】

记录各查询语句的执行结果。

【实验 6－2 的实验结果】

记录各查询语句的执行结果。

【实验思考】

1. 什么是表的自身连接？在书写具有自身连接的 SELECT 语句时应注意什么？
2. 内连接与外连接有什么不同？在 Oracle 中如何进行表的外连接操作？
3. 在连接查询中哪些字段名的前面要加表名？
4. 在嵌套查询中，子查询结果有多行时，父查询的 WHERE 条件该如何书写？
5. 带有“EXISTS”谓词的子查询与其他子查询有什么区别？

【思考结果】

将思考结果记录在本实验报告中。

1.

2.

3.

4.

5.

实验成绩：　　　　　批阅老师：　　　　　批阅日期：

基本表的创建、插入、更新和删除

实验7—1　基本表的创建

实验目的

- 学会基本表的创建方法。

实验环境

- Oracle11g

实验要求

用“SCOTT/tiger”身份登录Oracle，完成如下实验：

1. 基本表的创建

用CREATE TABLE语句创建“订单管理”数据库中的Customer(客户)、Orders(订单)、Order_items(订单明细)、Product(产品)、Ptype(产品类别)和Payment(支付方式)等表，并用DESC命令显示表结构。其中，Product表、Ptype表和Payment表的结构见表7—1至表7—3，这些表请读者自行创建；而Customer表、Orders表和Order_items表的结构见实验步骤中的表7—4、表7—5和表7—6，读者可参照实验步骤来创建。

表7—1　　Product表结构

属性列名	含　义	数据类型
PNO	产品编号	长度为4的字符串
PNAME	产品名称	长度为40的可变长度字符串
PRICE	单价	数值型，宽度为7，小数位数为2
TNO	类别代码	长度为1的字符串

续表

属性列名	含　义	数据类型
INVENTORY	库存	整型
主码:PNO		

表 7—2　　**Ptype 表结构**

属性列名	含　义	数据类型
TNO	类别代码	长度为 1 的字符串
TNAME	类别名称	长度为 15 的字符串
主码:TNO		

表 7—3　　**Payment 表结构**

属性列名	含　义	数据类型
PAYMENT_TNO	支付方式号	长度为 1 的字符串
PAYMENT_TYPE	支付方式	长度为 20 的字符串
主码:PAYMENT_TNO		

2. 查看表结构

使用 DESC 命令来显示基本表(如 Customer 表)的结构。

实验步骤

一、基本表的创建

SQL 对基本表的定义是用 CREATE TABLE 语句来实现的,该语句的格式如下:

CREATE TABLE <表名>

(<属性名><数据类型>[,<属性名><数据类型>…]);

【实验 7—1—1】 使用 CREATE TABLE 命令创建 Customer 表,表结构见表 7—4。

表 7—4　　**Customer 表结构**

属性名	含　义	数据类型
CNO	客户代码	长度为 5 的字符串
CNAME	客户姓名	长度为 20 的可变长度字符串
COMPANY	公司名称	长度为 30 的可变长度字符串
CITY	客户所在城市	长度为 20 的可变长度字符串
TEL	电话号码	长度为 15 的字符串
主码:CNO		

创建 Customer 表的语句及执行结果如图 7—1 所示,其中显示表已创建。语句中 CNO

属性后面的“PRIMARY KEY”短语表示主码(主键)的意思。

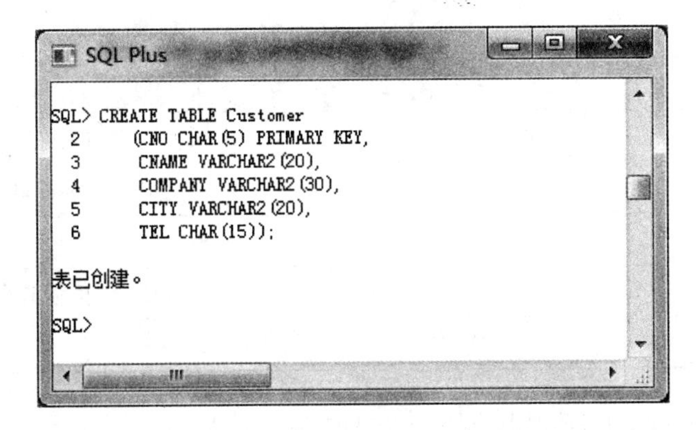

图 7—1　执行结果

【实验 7—1—2】 创建 Orders 表,表结构见表 7—5。

表 7—5　Orders 表结构

属性名	含　义	数据类型
ONO	订单代码	长度为 5 的字符串
ORDER_DATE	订购日期	日期
CNO	客户代码	长度为 5 的字符串
FREIGHT	运费	整型
SHIPMENT_DATE	发货日期	日期
CITY	发货地	长度为 20 的字符串
PAYMENT_TNO	支付方式号	长度为 1 的字符串
STATUS	订单状态	长度为 20 的字符串
主码:ONO		

创建 Orders 表的语句以及执行结果如图 7—2 所示,该语句把对主码的定义放在表结构定义的最后。

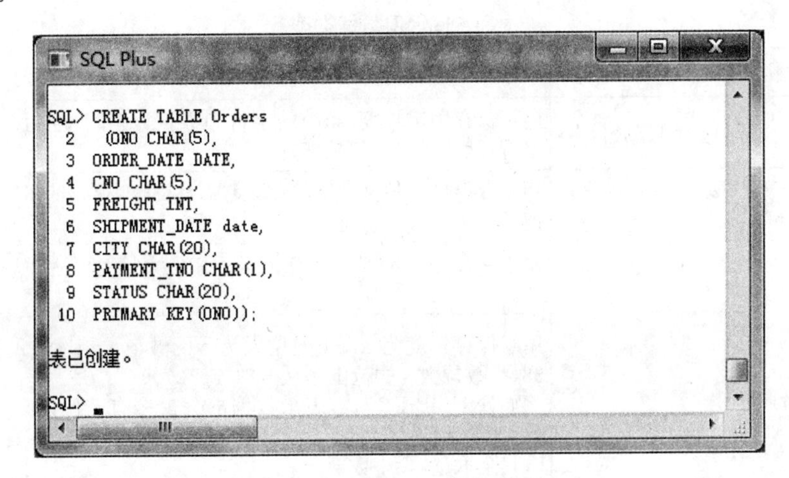

图 7—2　0Orders 表的创建

【实验 7—1—3】 创建 Order_items 表,表结构见表 7—6。

表 7—6 **Order_items 表结构**

属性名	含 义	数据类型
ONO	订单代码	长度为 5 的字符串
PNO	产品编号	长度为 4 的字符串
QTY	数量	整型
DISCOUNT	折扣	数值型,宽度为 4,小数位数为 2
主码:(ONO,PNO)		

创建 Order_items 表的语句以及执行结果如图 7—3 所示。

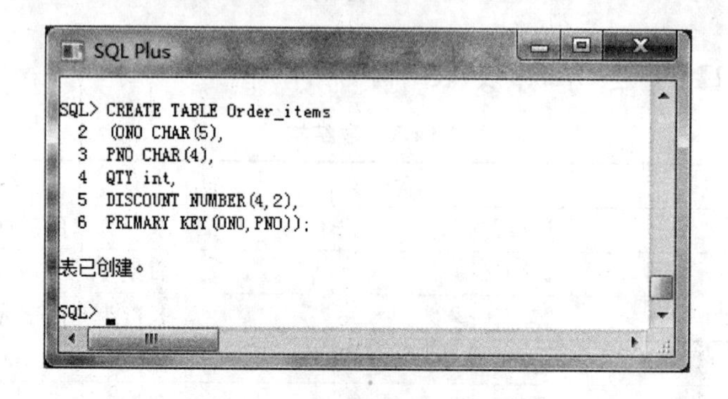

图 7—3 **Order_items 表的创建**

通过上面的实验,订单数据库中的 Customer 表、Orders 表和 Order_items 表就创建好了。至此,读者应已熟悉表的创建语句,可自行创建 Product 表、Ptype 表和 Payment 表,各表结构见表 7—1 至表 7—3。

在定义表的属性时,必须给出相应的数据类型,Oracle 提供的部分常用数据类型见表 7—7。

表 7—7 **Oracle 常用数据类型**

<table>
<tr><th>数据类型</th><th>说 明</th></tr>
<tr><td>CHAR[<size>[BYTE|CHAR]]</td><td>用于保存固定长度(size)的字符串数据,最大长度为 2 000 个字节或字符,默认或最小的长度是一个字节。</td></tr>
<tr><td>VARCHAR2 (< size > [BYTE | CHAR])</td><td>用于保存可变长度的字符串,其最大长度由“size”指定。size 的最大值是 4 000,最小值是 1。</td></tr>
<tr><td>LONG</td><td>用于保存可变长度的字符数据。其最大长度可达 2G 或 $2^{31}-1$ 个字节。</td></tr>
<tr><td>NUMBER(p,s)</td><td>用于保存精度为 p 、小数位数为 s 的数值。精度 p 的范围是从 1 到 38,小数位数 s 的范围是从—84 到 127。
例如,NUMBER(7,2)表示数据部分最多有 7 位,其中小数部分有 2 位;NUMBER(4,—2)表示整数部分最大取 6 位,且最后 2 位数字取 0,其余取整,无小数部分。</td></tr>
</table>

续表

数据类型	说　明
DATE	用于保存定长的日期或时间数据，有效日期范围为公元前 4712/01/01 到公元 9999/12/31，大小固定为 7 个字节。默认的日期格式由 NLS_DATE_FORMAT 参数设置。
RAW(size)	用于保存长度为 size 字节的原始二进制数据，size 的最大值为2 000 字节。
LONG RAW	用于保存可变长度的原始二进制数据，其最大长度可达 2G 字节。
CLOB	用于保存单字节字符大对象，最大长度为 4G 字节。
NCLOB	用于保存字符大对象，可容纳固定宽度的多字节字符，不支持宽度不等的字符集，最大长度为 4G。
BLOB	用于保存二进制大对象，最大长度为 4G。

二、查看表结构

表结构的查看可以使用 DESC 语句来完成，该语句的格式如下：

DESC <表名>；

【实验 7—1—4】 给出如图 7—4 所示的语句，查看 Customer 表的结构。

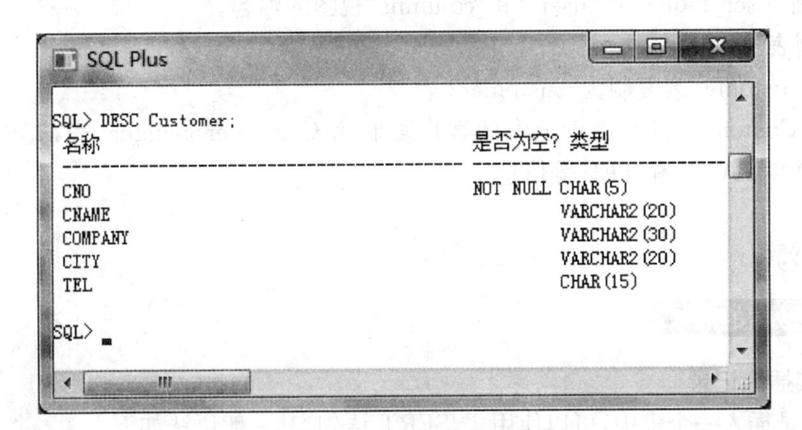

图 7—4　Customer 表的结构

实验 7—2　基本表的插入、更新和删除

实验目的

- 掌握插入记录、更新记录和删除记录的操作。

实验环境

- Oracle11g

实验要求

试在实验 7－1 创建的订单数据库中，完成如下操作：

1. 表数据的插入

(1)使用 INSERT 语句在 Customer 表中插入三行数据，见表 7－8；

(2)使用 INSERT 语句在 Orders 表中插入两行数据，见表 7－9；

(3)交互式插入 Customer 表的两行数据，见表 7－10；

(4)假设 Customer1 表中有如图 7－12 所示的 5 行记录，现要求把这些记录插入 Customer 表中；

(5)使用一个 INSERT 命令在 Orders 表中插入两行记录。

2. 更新表中现有记录的值

将“O009”和“O0010”号订单的“SHIPMENT_DATE”和“CITY”属性的值分别修改为('2014－7－22','Shanghai')和('2014－7－25','Beijing')。

3. 从表中删除记录

删除订单代码为“O0009”的订单的详细信息。

4. 查看现有表

(1)查看“TAB”视图的内容，了解当前用户中创建了哪些对象；

(2)查看“user_tables”和“user_tab_columns”视图的内容。

5. 复制表

(1)将 Customer 表复制为 Customer2 表。

(2)将 Customer 表中位于上海的客户复制为 CustomerShanghai 表，其中包含 CNO、CANME、COMPANY 和 TEL 等信息。

实验步骤

一、表数据的插入

1. 直接插入记录

要将记录插入一个表中，可以使用 INSERT 语句，其一般语法如下：

INSERT INTO <表名>

VALUES(<常量>[,<常量>…]);

【实验 7－2－1】 使用 INSERT 语句在 Customer 表中插入三行数据，见表 7－8。

表 7－8　插入 Customer 表的三行数据

CNO	CNAME	COMPANY	CITY	TEL
C0001	Zhang Chen	Citibank	Shanghai	021－65903818
C0002	Wang Ling	Oracle	Beijing	010－62754108
C0003	Li Li	Minsheng bank	Shanghai	021－62438210

完成本实验的语句及执行结果如图 7－5 所示。

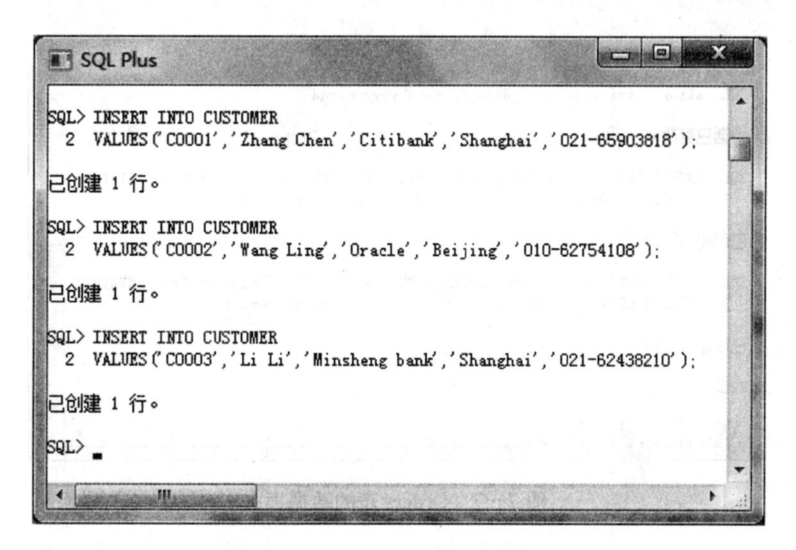

图 7—5　Customer 表的数据插入

插入操作后 Customer 表的数据如图 7—6 所示。

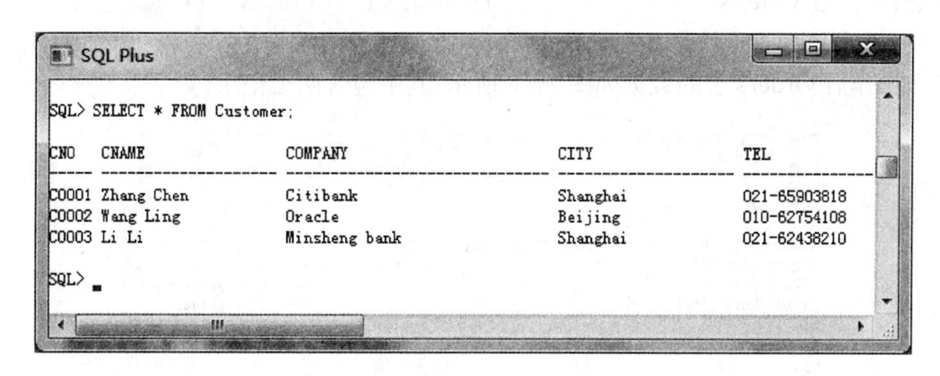

图 7—6　插入操作后的 Customer 表

注意：Value 子句中给出的常量值代表各个属性的值，必须按照与创建属性时相同的顺序为表的所有属性输入相应值。

2. 将部分填充的记录插入表中

如果不想为所有属性列插入数据，可以使用 INSERT 语句的一个变体，语法如下：

INSERT INTO ＜表名＞(＜属性名 1＞[,＜属性名 2＞…])

VALUES(＜常量 1＞[,＜常量 2＞…]);

【实验 7—2—2】　使用 INSERT 语句在 Orders 表中插入两行数据，见表 7—9。

表 7—9　　**插入 Orders 表的两行数据**

ONO	ORDER_DATE	CNO	FREIGHT	PAYMENT_TNO	STATUS
O0009	2014—7—21	C0008	5	2	in process
O0010	2014—7—23	C0005	5	1	in process

完成本实验的语句及执行结果如图 7—7 所示。

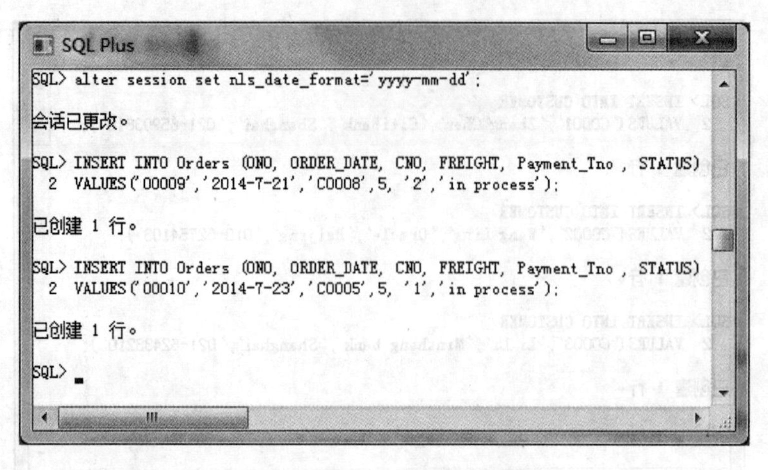

图 7—7 Orders 表的数据插入

新插入的记录(元组)在属性列 SHIPMENT_DATE 和 CITY 上没有值(即值为空),所以 INTO 子句中必须写明新记录中各个值的属性列名。

注意:如果在 Orders 表的定义中规定 SHIPMENT_DATE 和 CITY 属性列的值不允许为空,那上面的 INSERT 操作就会失败。

插入操作后 Orders 表的数据如图 7—8 所示,其中包含两个记录。

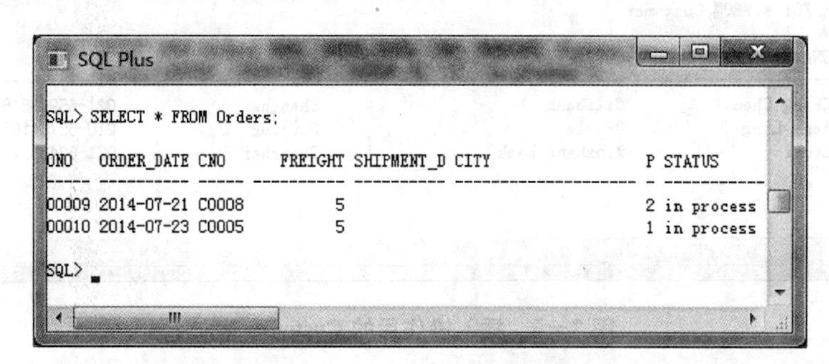

图 7—8 插入操作后的 Orders 表

3. 通过用户交互操作插入记录

必须插入大量记录时,也可以通过用户交互操作插入记录。提示用户输入数据,并重复同一命令。

【实验 7—2—3】 交互式插入 Customer 表的两行数据,见表 7—10。

表 7—10 需交互式插入 Customer 表的两行数据

CNO	CNAME	COMPANY	CITY	TEL
C0004	Liu Xin	Citibank	Shanghai	021—55392225
C0005	Xu Ping	Microsoft	Beijing	010—43712345

完成本实验的 INSERT 语句如下:

```
INSERT INTO Customer
VALUES('&Cno','&Cname','&Company','&City','&Tel');
```

说明：“&”会提示用户输入数据。如果属性列的数据类型是字符或日期（日期被视为字符串类型），就必须使用单引号。如果要输入的数据是数字，就不需要把属性列名称放在引号内。

利用交互式插入语句，输入表 7－10 中的第一行数据的执行过程如图 7－9 所示。

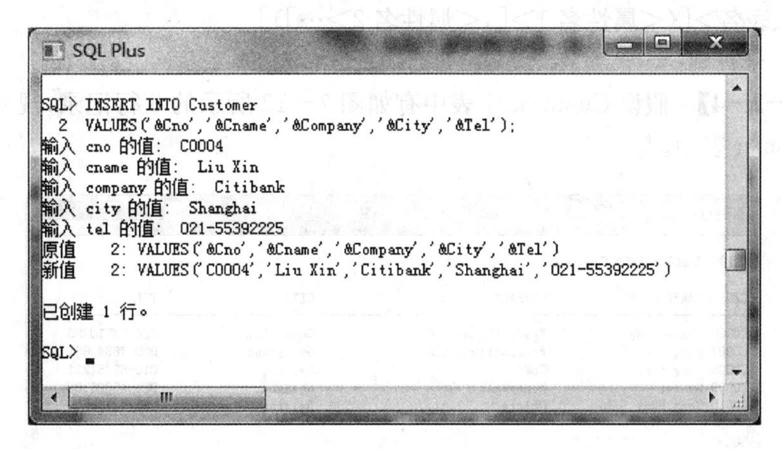

图 7－9　执行过程

注意：要重复刚才的命令以便输入更多行记录，请在 SQL 提示符下输入反斜线“/”。

利用“/”命令继续在 Customer 表中插入表 7－10 中记录的执行过程如图 7－10 所示。

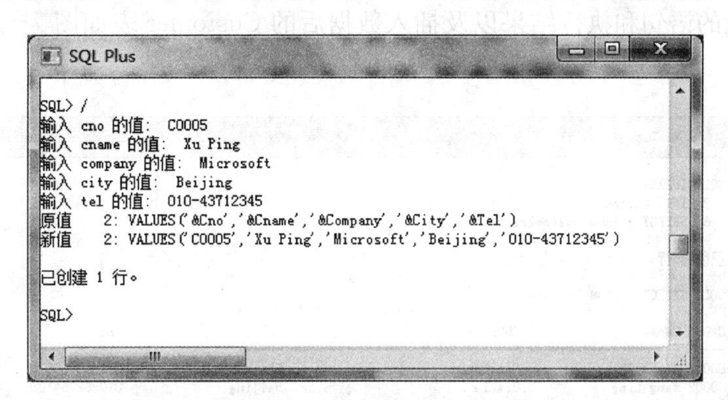

图 7－10　执行过程

交互式插入记录后，Customer 表的数据如图 7－11 所示。

```
SQL Plus
SQL> SELECT * FROM Customer;

CNO   CNAME        COMPANY         CITY       TEL
----- ------------ --------------- ---------- ------------
C0001 Zhang Chen   Citibank        Shanghai   021-65903818
C0002 Wang Ling    Oracle          Beijing    010-62754108
C0003 Li Li        Minsheng bank   Shanghai   021-62438210
C0004 Liu Xin      Citibank        Shanghai   021-55392225
C0005 Xu Ping      Microsoft       Beijing    010-43712345

SQL>
```

图 7－11　交互式插入记录后的 Customer 表数据

4. 插入来自其他表的数据

用户也可以从其他表中挑选一些记录(元组)插入至指定的基本表中。格式如下:

INSERT

INTO <表名>[(<属性名 1>[,<属性名 2>…])]

SELECT 子查询;

【实验 7—2—4】 假设 Customer1 表中有如图 7—12 所示的 5 行记录,现要求把这些记录插入 Customer 表中。

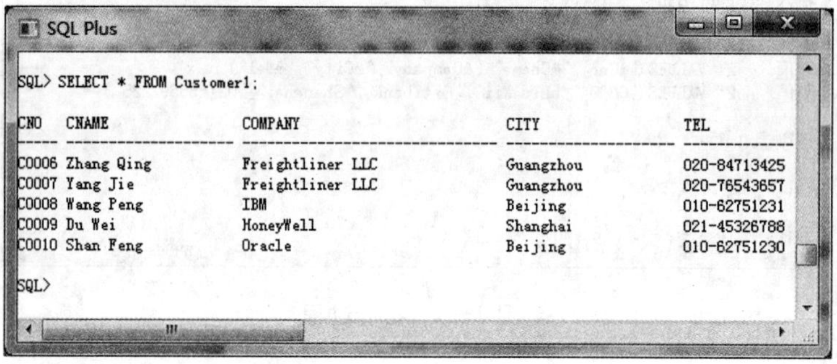

```
SQL Plus

SQL> SELECT * FROM Customer1;

CNO   CNAME                COMPANY                        CITY                 TEL
----- -------------------- ------------------------------ -------------------- ------------
C0006 Zhang Qing           Freightliner LLC               Guangzhou            020-84713425
C0007 Yang Jie             Freightliner LLC               Guangzhou            020-76543657
C0008 Wang Peng            IBM                            Beijing              010-62751231
C0009 Du Wei               HoneyWell                      Shanghai             021-45326788
C0010 Shan Feng            Oracle                         Beijing              010-62751230

SQL>
```

图 7—12 Customer1 表数据

完成本实验的语句和执行结果以及插入数据后的 Customer 表如图 7—13 所示,其中共有 10 行数据。

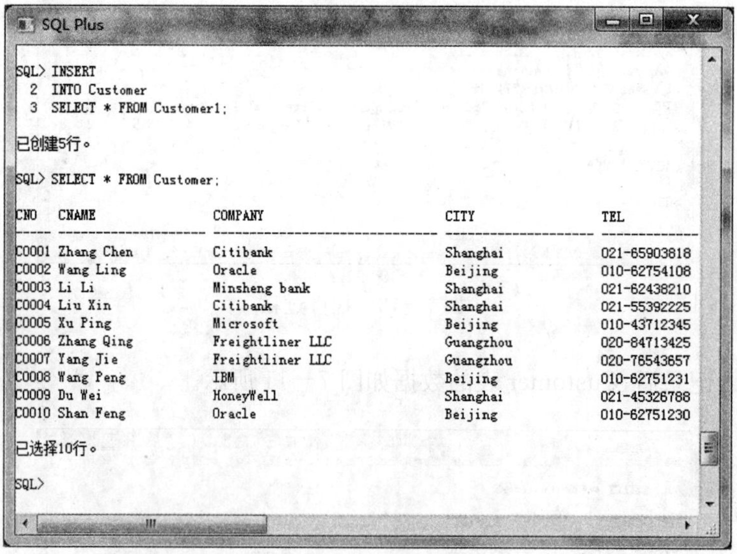

```
SQL Plus

SQL> INSERT
  2  INTO Customer
  3  SELECT * FROM Customer1;

已创建5行。

SQL> SELECT * FROM Customer;

CNO   CNAME                COMPANY                        CITY                 TEL
----- -------------------- ------------------------------ -------------------- ------------
C0001 Zhang Chen           Citibank                       Shanghai             021-65903818
C0002 Wang Ling            Oracle                         Beijing              010-62754108
C0003 Li Li                Minsheng bank                  Shanghai             021-62438210
C0004 Liu Xin              Citibank                       Shanghai             021-55392225
C0005 Xu Ping              Microsoft                      Beijing              010-43712345
C0006 Zhang Qing           Freightliner LLC               Guangzhou            020-84713425
C0007 Yang Jie             Freightliner LLC               Guangzhou            020-76543657
C0008 Wang Peng            IBM                            Beijing              010-62751231
C0009 Du Wei               HoneyWell                      Shanghai             021-45326788
C0010 Shan Feng            Oracle                         Beijing              010-62751230

已选择10行。

SQL>
```

图 7—13 语句执行结果

5. 一次插入多个记录

用户也可以用一个 INSERT 命令在一个表中插入多个记录,请看下面的实验。

【实验 7—2—5】 重做【实验 7—2—2】,使用一个 INSERT 命令在 Orders 表中插入两行记录。

完成本实验的语句及其执行结果如图 7—14 所示。

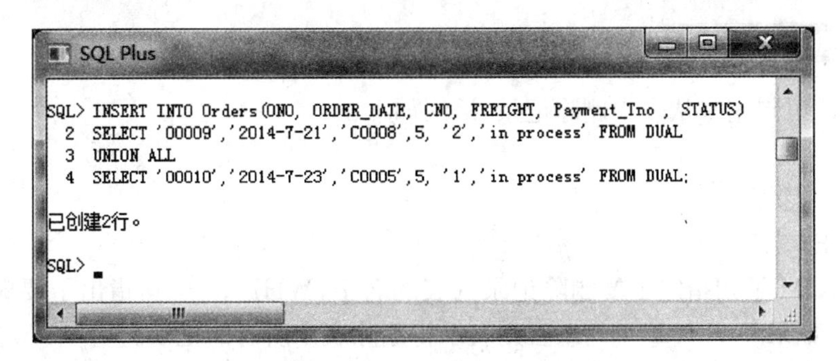

图 7—14　一次插入两个记录

其中的“DUAL”是一个“伪表”，其存在是为了操作上的方便，因为 SELECT 是要有特定的操作对象的。

二、修改表中现有记录的值

现需要在 Orders 表中输入订单的 SHIPMENT_DATE（发货日期）和 CITY（发货地）。为此，须通过 UPDATE 语句修改现有记录。该语句的一般格式如下：

UPDATE <表名>

SET <属性名>=<表达式>[,<属性名>=<表达式>…]

[WHERE <条件>]；

其中，UPDATE 子句给出了欲进行修改的表的名字，SET 子句指明了用什么表达式的值去替代相应属性列的值，WHERE 子句则给出了要修改的记录所应满足的条件。如果 WHERE 子句缺省则表示向该表的所有记录分配同样的值。

【实验 7—2—6】 将“O009”和“O0010”号订单的“SHIPMENT_DATE”和“CITY”属性的值分别修改为('2014—7—22','Shanghai')和('2014—7—25','Beijing')。

完成该实验的 UPDATE 语句以及语句执行成功后 Orders 表的数据如图 7—15 所示。

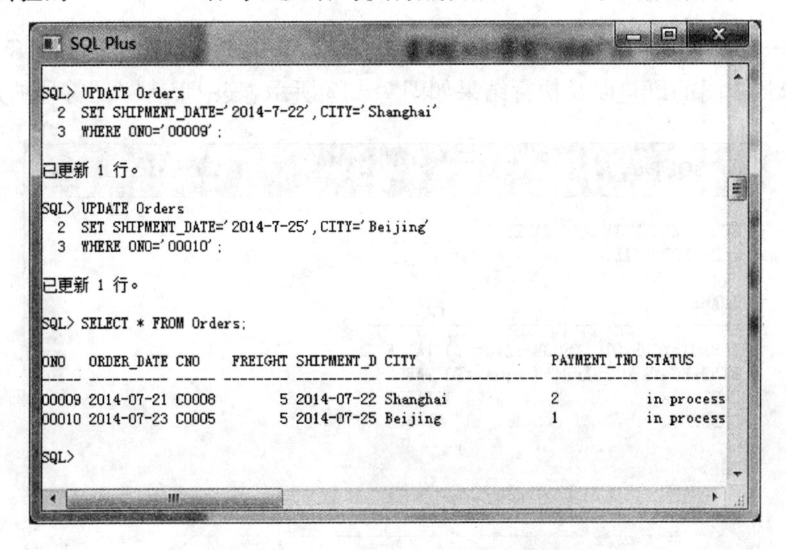

图 7—15　UPDATE 语句执行结果

三、从表中删除记录

DELETE 语句用来从表中删除记录，语法如下：

DELETE

FROM ＜表名＞

[WHERE ＜条件＞]；

其中，FROM 子句指定了要删除记录的表的名字，WHERE 子句指出了要删除的记录应满足的条件。如果 WHERE 子句缺省则表示将删除表中所有的记录。

【实验 7－2－7】 删除订单代码为“O0009”的订单的详细信息。

完成本实验的 DELETE 语句以及执行删除操作后 Orders 表的数据如图 7－16 所示。

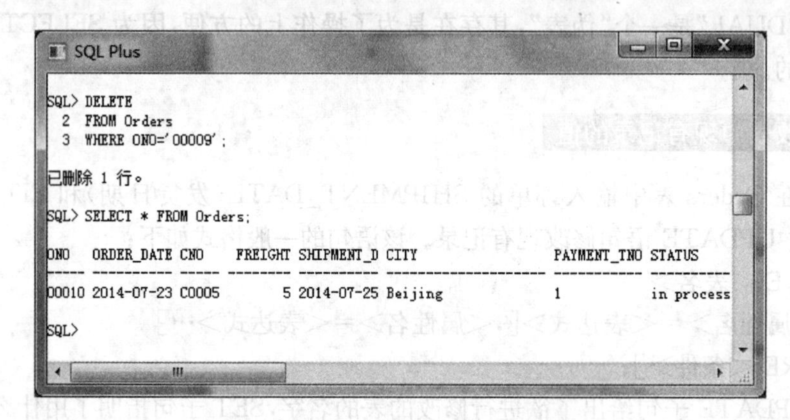

图 7－16 DELETE 语句执行结果

四、查看现有表

Oracle 数据库中有一个“TAB”视图，利用该视图可查询当前可用的表、视图和索引等对象的名称。

【实验 7－2－8】 查看“TAB”视图的内容，了解当前用户中创建了哪些对象。

查看 TAB 视图的语句以及执行结果如图 7－17 所示，其中带有“＄”符号的是系统表。

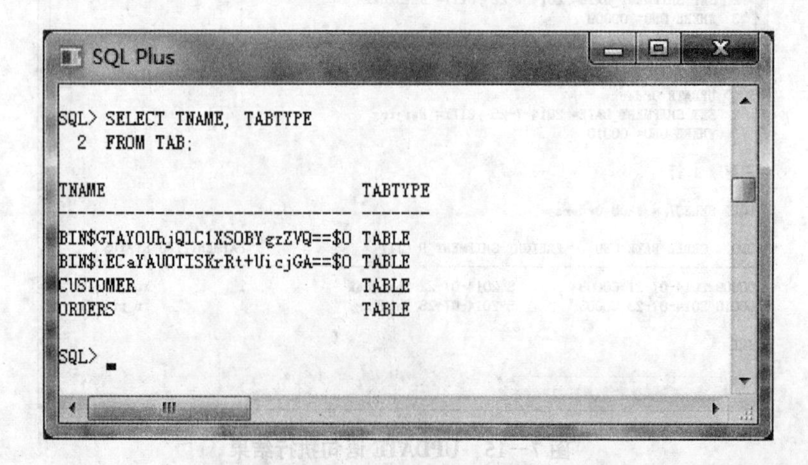

图 7－17 TAB 的内容

其中，TNAME 属性列可显示表、视图和索引等的名称，而 TABTYPE 则显示那个对象是表、视图、索引，还是其他对象。

也可以查看“user_tables”视图，以便显示当前用户的所有表的名称、表中行数（记录数）和表空间名称等；或者查看“user_tab_columns”视图，以显示表中属性列的名称、数据类型和长度等信息。

【实验 7－2－9】 查看“user_tables”和“user_tab_columns”视图的内容。

查看“user_tables”视图的语句及执行结果如图 7－18 所示。

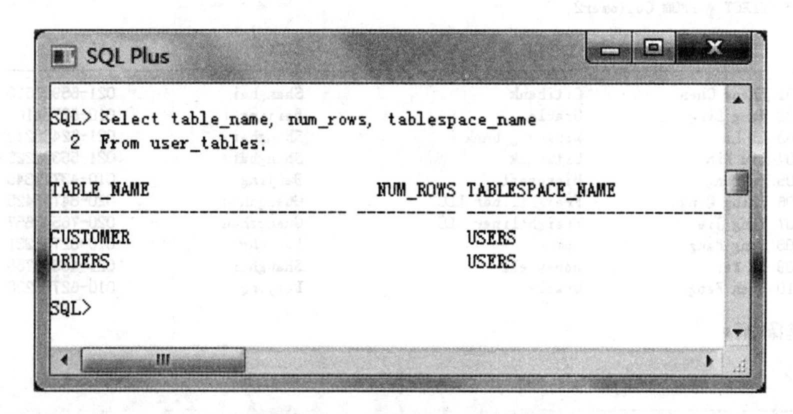

图 7－18　查看 user_tables 视图

查看“user_tab_columns”视图，显示 Customer 表中包含的属性列的名称、数据类型和长度等信息，语句及执行结果如图 7－19 所示。

```
SQL Plus

SQL> Select column_name, data_type, data_length
  2  From user_tab_columns
  3  Where table_name='CUSTOMER';

COLUMN_NAME     DATA_TYPE       DATA_LENGTH
--------------- --------------- -----------
CNO             CHAR                      5
CNAME           VARCHAR2                 20
COMPANY         VARCHAR2                 30
CITY            VARCHAR2                 20
TEL             CHAR                     15

SQL>
```

图 7－19　查看 user_tab_columns 视图

五、复制表

使用如下语句可复制包含其结构和记录（元组）的整个表，语法如下：

CREATE TABLE <新表名>
AS <SELECT 语句>

【实验 7—2—10】 将 Customer 表复制为 Customer2 表。

复制表的语句以及复制出的 Customer2 表的数据如图 7—20 所示。

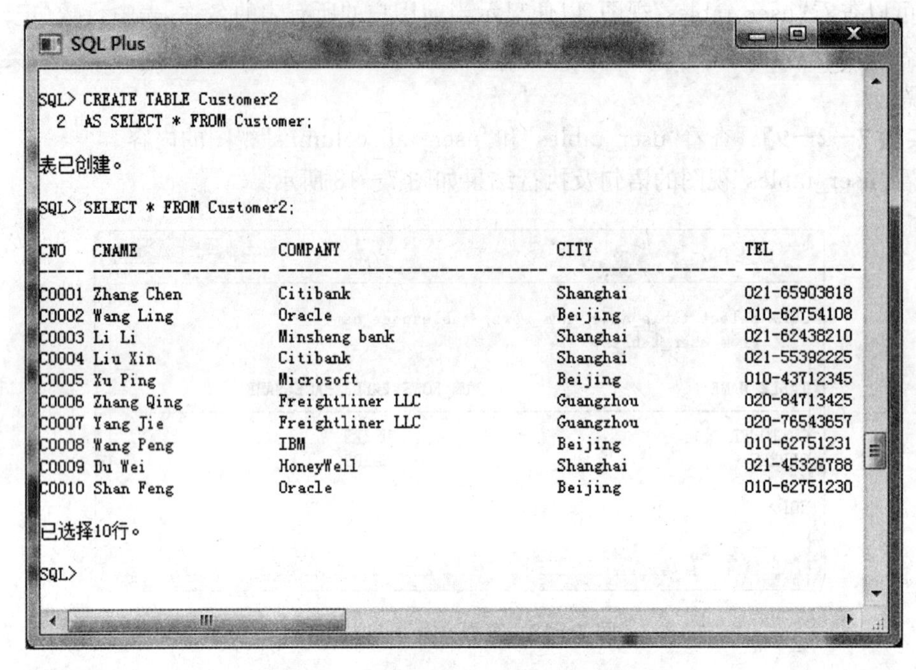

```
SQL> CREATE TABLE Customer2
  2  AS SELECT * FROM Customer;

表已创建。

SQL> SELECT * FROM Customer2;

CNO   CNAME                COMPANY                        CITY                 TEL
----- -------------------- ------------------------------ -------------------- ---------------
C0001 Zhang Chen           Citibank                       Shanghai             021-65903818
C0002 Wang Ling            Oracle                         Beijing              010-62754108
C0003 Li Li                Minsheng bank                  Shanghai             021-62438210
C0004 Liu Xin              Citibank                       Shanghai             021-55392225
C0005 Xu Ping              Microsoft                      Beijing              010-43712345
C0006 Zhang Qing           Freightliner LLC               Guangzhou            020-84713425
C0007 Yang Jie             Freightliner LLC               Guangzhou            020-76543657
C0008 Wang Peng            IBM                            Beijing              010-62751231
C0009 Du Wei               HoneyWell                      Shanghai             021-45326788
C0010 Shan Feng            Oracle                         Beijing              010-62751230

已选择10行。

SQL>
```

图 7—20 复制语句及 Customer2 表数据

【实验 7—2—11】 将 Customer 表中位于上海的客户复制为 CustomerShanghai 表，其中包含 CNO、CANME、COMPANY 和 TEL 等信息。

复制表的语句以及复制出的 CustomerShanghai 表的数据如图 7—21 所示。

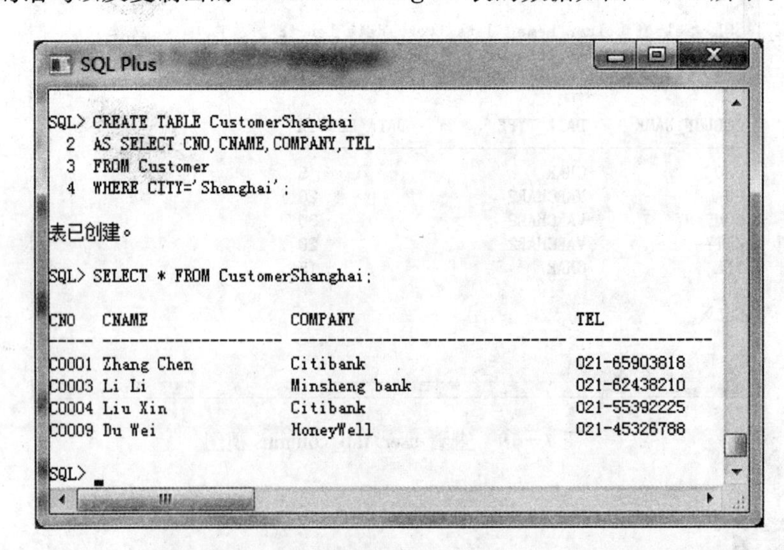

```
SQL> CREATE TABLE CustomerShanghai
  2  AS SELECT CNO,CNAME,COMPANY,TEL
  3  FROM Customer
  4  WHERE CITY='Shanghai';

表已创建。

SQL> SELECT * FROM CustomerShanghai;

CNO   CNAME                COMPANY                        TEL
----- -------------------- ------------------------------ ---------------
C0001 Zhang Chen           Citibank                       021-65903818
C0003 Li Li                Minsheng bank                  021-62438210
C0004 Liu Xin              Citibank                       021-55392225
C0009 Du Wei               HoneyWell                      021-45326788

SQL>
```

图 7—21 复制语句及 CustomerShanghai 表数据

实验 7—3　补充实验

实验目的

● 巩固基本表的创建，以及插入记录、更新记录和删除记录的操作。

实验环境

● Oracle11g

实验要求

试在 Oracle 数据库中自行完成如下补充实验：

1. 在 Payment 表和 Ptype 表中插入数据，见表 7—11 和表 7—12。

表 7—11　Payment 表

PAYMENT_TNO	PAYMENT_TYPE
1	Cash
2	Check
3	Credit card
4	Telegraphic money

表 7—12　Ptype 表

TNO	TNAME
1	Book
2	CD
3	Sotfware

2. 利用 INSERT 语句在 Orders 表中直接插入 5 个记录，数据见表 7—13。

表 7—13　Orders 表的前 5 行数据

ONO	ORDER_DATE	CNO	FREIGHT	SHIPMENT_DATE	CITY
O0001	2014—3—10	C0001	8	2014—3—11	Beijing
O0002	2014—3—11	C0002	8	2014—3—12	Shanghai
O0003	2014—3—11	C0009	5	2014—3—12	Shanghai
O0004	2014—4—13	C0007	5	2014—4—15	Beijing
O0005	2014—4—14	C0010	8	2014—4—16	Beijing

3. 利用 INSERT 语句在 Orders 表中用交互方式插入 3 个记录，数据见表 7—14。

表 7—14　Orders 表的后 3 行数据

ONO	ORDER_DATE	CNO	FREIGHT	SHIPMENT_DATE	CITY	PAYMENT_TNO	STATUS
O0006	2014—4—25	C0008	5	2014—4—26	Shanghai	3	Complete
O0007	2014—5—26	C0010	8	2014—5—28	Shanghai	3	Complete
O0008	2014—6—17	C0006	5	2014—6—18	Beijing	1	Complete

4. 设置 Orders 表前 5 行数据中的 PAYMENT_TNO 和 STATUS 属性的值，见表 7—15。

表 7－15　　Orders 表前 5 行数据中的 PAYMENT_TNO 和 STATUS 属性的值

ONO	PAYMENT_TNO	STATUS
O0001	1	Complete
O0002	2	Complete
O0003	2	Complete
O0004	1	Complete
O0005	1	Complete

5. 在 Product 表和 Order_items 表中插入数据，见表 7－16 和 表 7－17。

表 7－16　　Product 表

PNO	PNAME	PRICE	TNO	INVENTORY
1001	Advanced Marketing	20.5	1	120
1002	Visual Basic Programming	28	1	200
1003	Computer Application	30.55	1	80
1004	An Introduction to Database Systems	20	1	12
1005	Microeconomics	35.8	1	150
2001	The Lion King	35	2	150
2002	Classic Disney	25	2	20
3001	Microsoft Money 2010	70.5	3	300
3002	Microsoft Student 2009	80	3	150
3003	Norton AntiVirus 2014	40.9	3	250
3004	Math Advantage 2007	30	3	10

表 7－17　　Order_items 表

ONO	PNO	QTY	DISCOUNT
O0001	1001	5	
O0001	1002	1	20%
O0001	1003	3	30%
O0001	2001	1	20%
O0001	2002	1	20%
O0002	1001	2	0%
O0002	1004	5	40%
O0002	1005	1	5%
O0002	3003	3	30%
O0003	1005	1	5%
O0004	1005	1	5%

续表

ONO	PNO	QTY	DISCOUNT
O0005	1005	1	5%
O0006	1004	5	40%
O0006	1005	1	
O0006	2001	2	30%
O0006	2002	1	20%
O0006	3003	2	30%
O0007	1004	1	40%
O0007	3004	3	20%
O0008	1002	1	20%
O0008	2001	3	30%
O0009	3003	2	30%
O0009	1001	1	
O0010	1005	1	5%

6. 参阅表 7—18 给出的数据，修改 Product 表的产品库存。

表 7—18　　Product 表部分数据

PNO	INVENTORY
1001	110
1002	190
1003	70
1004	2
1005	140

7. 删除与“1001”号产品有关的所有信息。

8. 使用“CREATE TABLE...AS”语句从 Product 表创建另一个名称为 Product1 的表，其中包含所有库存小于 100 的产品信息。

9. 将 Product1 表中库存小于 50 的产品的库存增加 200。

10. 创建 Department 表，结构见表 7—19。

表 7—19　　Department 表结构

属性列表	含　义	数据类型
DEPTNO	部门编号	数值型，宽度为 2
DNAME	名称	长度为 14 的可变长度字符串
LOC	地址	长度为 13 的可变长度字符串
主码：DEPTNO		

11. 创建 Employee 表，结构见表 7—20。

表 7－20 Employee 表结构

属性列表	含 义	数据类型
EMPNO	雇员编号	数值型，宽度为 4
ENAME	姓名	长度为 10 的可变长度字符串
JOB	工作	长度为 9 的可变长度字符串
MGR	经理编号	数值型，宽度为 4
HIREDATE	雇佣日期	日期型
SAL	薪金	数值型，宽度为 7，小数位数为 2
COMM	佣金	数值型，宽度为 7，小数位数为 2
DEPTNO	部门号	数值型，宽度为 2
主码：EMPNO		

12. 分别在 Department 表和 Employee 表中插入数据，见表 7－21 和表 7－22。

表 7－21 Department 表数据

DEPTNO	DNAME	LOC
10	ACCOUNTING	NEW YORK
20	RESEARCH	DALLAS
30	SALES	CHICAGO
40	OPERATIONS	BOSTON

表 7－22 Employee 表数据

EMPNO	ENAME	JOB	MGR	HIREDATE	SAL	COMM	DEPTNO
7369	SMITH	CLERK	7902	2006－12－17	8000		20
7499	ALLEN	SALESMAN	7698	2001－02－20	12000	3000	30
7521	WARD	SALESMAN	7698	2001－02－22	11500	5000	30
7566	JONES	MANAGER	7839	2001－04－02	22750		20
7654	MARTIN	SALESMAN	7698	2001－09－28	10500	8000	30
7698	BLAKE	MANAGER	7839	2001－05－01	21500		30
7782	CLARK	MANAGER	7839	2000－06－09	19500		10
7788	SCOTT	ANALYST	7566	2000－07－13	14000		20
7839	KING	PRESIDENT		2003－11－17	30000		10
7844	TURNER	SALESMAN	7698	2002－09－08	10000	0	30
7876	ADAMS	CLERK	7788	1992－07－13	9000		20
7900	JAMES	CLERK	7698	1997－12－03	9500		30
7902	FORD	ANALYST	7566	1995－12－03	13500		20
7934	MILLER	CLERK	7782	1992－01－23	7500		10

13. 将 Employee 表中所有办事员(CLERK)的薪金提高 5%。

14. 在 Employee 表中,将部门“30”的销售员(SALESMAN)的薪金增加 300 元。

15. 在 Employee 表中,将“7369”号雇员从部门“20”转到部门“30”。

16. 在 Employee 表中,将 2000 年以前雇用的职员的薪金提高 1 000 元。

17. 在 Employee 表中删除佣金为 0 的销售员(SALESMAN)的信息。

18. 删除部门“10”的部门信息,以及其中雇员的信息。

19. 删除 Employee 表中 1995 年之前雇用的雇员的信息。

20. 查看“user_tables”和“user_tab_columns”视图的内容,了解当前用户中创建了哪些基本表以及表中属性列的相关信息。

实验报告

实验项目名称 实验七 基本表的创建、插入、更新和删除

实　　验　　室 ____________

所属课程名称 数 据 库

实 验 日 期 ____________

班　级 ____________

学　号 ____________

姓　名 ____________

成　绩 ____________

【实验环境】

· Oracle11g

【实验目的】

· 学会基本表的创建；

· 掌握插入记录、更新记录和删除记录的操作。

【实验结果提交方式】

● 实验 7—1：

· 首先，按实验步骤用 CREATE TABLE 语句创建 Customer 表、Order 表、Order_items 表、Product 表、Ptype 表和 Payment 表。每创建好一个表后都要用 DESC 命令显示其表结构，并用＜ALT＞＋＜Print Screen＞快捷键，将创建表语句的执行结果以及表结构屏幕复制下来，记录在本实验报告中。

● 实验 7—2：

· 按实验步骤执行实验 7—2 中各个表的插入、修改和删除操作，并将各命令的执行过程以及执行成功后相应表的数据屏幕复制下来，记录在本实验报告中。

● 实验 7—3：

· 按实验要求完成各个实验，并将各命令的执行过程以及执行成功后相应表的结构和数据屏幕复制下来，记录在本实验报告中。

● 将本实验报告存放在“XXXXXXXXXX—7.docx”文件中，其中“XXXXXXXXXX”是学号，并在教师规定的时间内通过 BB 系统提交该文件。

【实验 7—1 的实验结果】

记录创建表语句的执行结果并显示表结构。

【实验 7—2 的实验结果】

记录各命令的执行过程以及执行成功后相应表的数据。

【实验 7—3 的实验结果】

记录各命令的执行过程以及执行成功后相应表的结构或数据。

【实验思考】

1. 如何用 NLS_DATE_FORMAT 参数设置默认的日期格式?
2. 如何一次在一个基本表中插入多行数据?
3. 举例说明如何进行表复制操作。

【思考结果】

将思考结果记录在本实验报告中。

1.

2.

3.

实验成绩: 批阅老师: 批阅日期:

实验八

视图、索引、序列和同义词的创建与使用

实验 8—1　视图和索引的创建与使用

实验目的

- 掌握视图的创建、删除及使用方法；
- 熟悉用户创建视图的查看方法；
- 掌握索引的创建、删除及使用方法；
- 熟悉用户创建索引的查看方法。

实验环境

- Oracle11g

实验要求

利用“订单管理”数据库，完成以下实验要求：

1. 视图的创建、查看和删除

(1)创建“上海”客户的视图“Customer_sh”，并查看该视图的结构和数据；

(2)经常需要查看库存小于 30 的产品的编号、名称和库存量等信息，要求创建视图“lowInventoryProduct”；通过该视图只能查看低库存产品的信息，但不能修改或删除产品信息；

(3)建立一个名为“Order_Sh”的包含所有上海客户订单信息的视图，要求在该视图中包括各客户的代码、公司名称、订单代号和订购日期等属性列，并查看该视图的数据；

(4)建立一个名为“Avg_Price”的视图，其中包括产品的类别名称及平均价格两项；

(5)利用视图“Customer_sh”，插入三个上海客户的信息；然后，再查看 Customer 表的数据；

(6)通过视图“Customer_sh”，将客户“C0021”的电话号码改为“021－64866570”，并观察实验结果；

(7)执行 INSERT 语句,通过"Customer_sh"视图插入"Beijing"客户信息;分别查看视图"Customer_sh"和"Customer"表的数据,观察实验结果;

(8)使用带有"WITH CHECK OPTION"子句的 CREATE VIEW 语句创建"Customer_Shanghai",然后尝试通过该视图插入位于"Beijing"的客户,观察实验结果;

(9)删除名为"Customer_sh"的视图;

(10)查看用户所拥有的视图的名称、创建视图时的 SELECT 语句、是否只读视图等信息。

2. 索引的创建、删除和查看

(1)创建一个关于 Product 表的 TNO 列的名为"idx_TNO"的索引;

(2)创建一个关于 Orders 表的 ORDER_DATE 和 CNO 列的名为"idx_ODATE_CNO"的索引;

(3)创建一个关于 Customer 表的 CNAME 列的名为"idx_CNAME"的唯一性索引;

(4)试在 Customer 表中插入一个姓名为"Du Wei"的客户,观察实验结果;

(5)试删除创建的索引"idx_TNO";

(6)查看用户自己创建的、名称以"IND"开头的索引的名称、索引类型、表的拥有者、表名、表类型和是否唯一性索引等信息;

(7)查看用户自己创建的、名称以"IND"开头的索引的名称、表名、列名和索引顺序(升序/降序)等信息。

实验步骤

一、视图的创建、查看和删除

视图(View)是一个虚拟表,在逻辑上它是一个表,但在物理上并不存在。视图所对应的数据并不实际地以视图结构存储在数据库中,而是存储在视图所引用的表中。用户负责定义视图,DBMS 负责将视图的定义存放在数据库的数据字典中。

在 SQL 中可以用 CREATE VIEW 语句来创建视图,格式如下:

CREATE VIEW <视图名>[(<属性列名>[,<属性列名>…])]

AS<子查询>;

其中,<视图名>指明了要定义的视图的名称,括号中的各<属性列名>定义了组成视图的各属性列,<子查询>定义了视图中数据的构成。

注意:ORDER BY 子句不能与视图一起使用。

1. 创建行列子集视图

行列子集视图是从单个表导出的,只是去掉了表中的某些行和某些列,保留了主码。

【实验 8-1-1】 创建"上海"客户的视图"Customer_sh",并查看该视图的结构和数据。

完成本实验的具体步骤如下:

(1)发出"CREATE VIEW Customer_sh…"语句,具体语句及执行结果如图 8-1 所示。

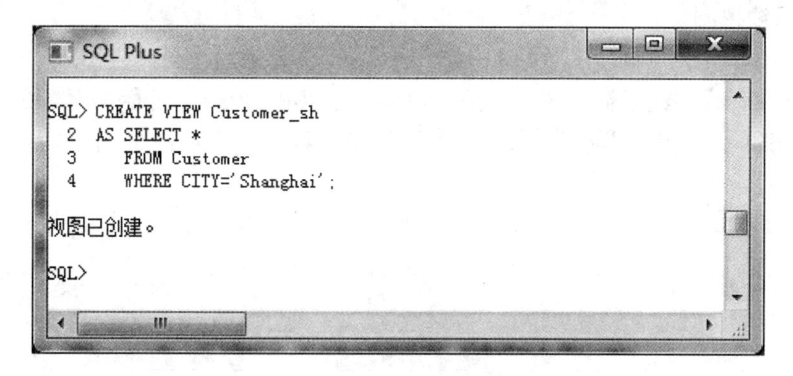

图 8—1　创建视图 Customer_sh

(2)创建视图之后,即可像查看任何表一样查看该视图的结构或数据。这里先用 DESC 命令查看该视图的结构,如图 8—2 所示。

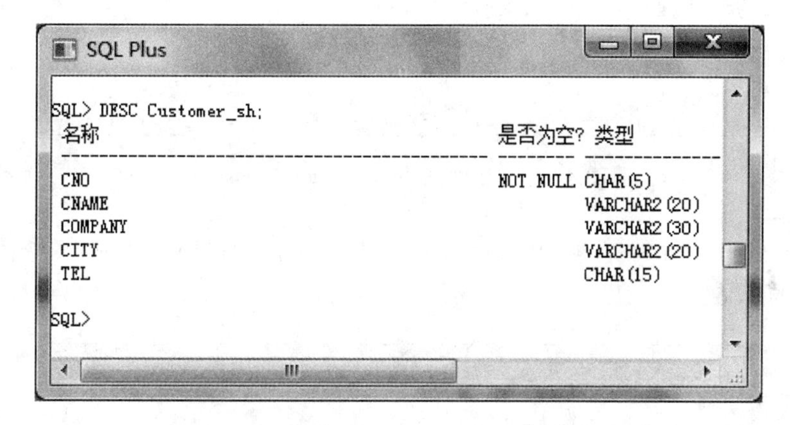

图 8—2　查看视图 Customer_sh 的结构

(3)用 SELECT 语句查询视图"Customer_sh",结果如图 8—3 所示,其中包含的都是位于"Shanghai"的客户。

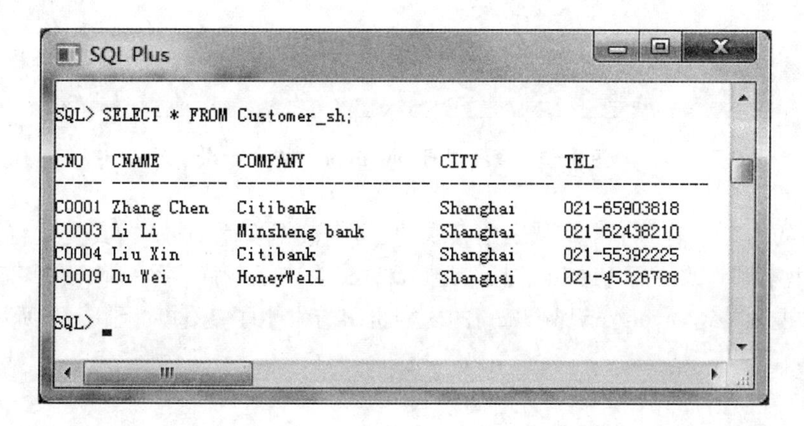

图 8—3　查看视图 Customer_sh

2. 创建只读视图

在创建视图时,用户可使用“WITH READ ONLY”子句创建只读视图。

【实验 8−1−2】 经常需要查看库存小于 30 的产品的编号、名称和库存量等信息,要求创建视图“lowInventoryProduct”。通过该视图只能查看低库存产品的信息,但不能修改或删除产品信息。

完成本实验的步骤如下:

(1)用 CREATE VIEW 语句创建视图“lowInventoryProduct”,如图 8−4 所示。

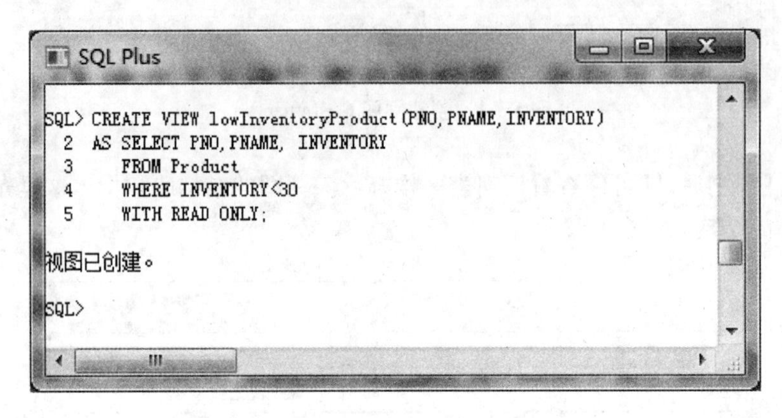

图 8−4 创建视图“lowInventoryProduct”

(2)用 SELECT 语句查看视图“lowInventoryProduct”,如图 8−5 所示,其中包含了 3 个库存小于 30 的产品。

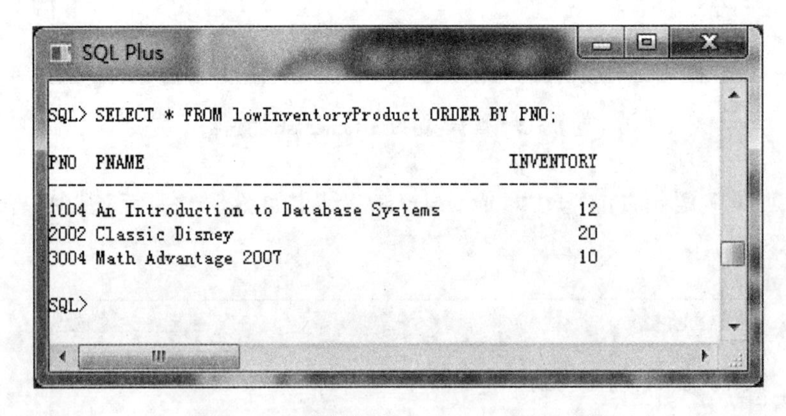

图 8−5 查看视图“lowInventoryProduct”

(3)视图的内容是借助于查询从表中获取的,当表数据发生更改时,其变化将自动反映到视图中。这里不妨修改一下 Product 表的数据,将“1”类产品的库存统一修改为 25,如图 8−6 所示。此时,视图“lowInventoryProduct”的内容也跟着发生了变化,如图 8−7 所示。

图 8—6　更新 Product 表

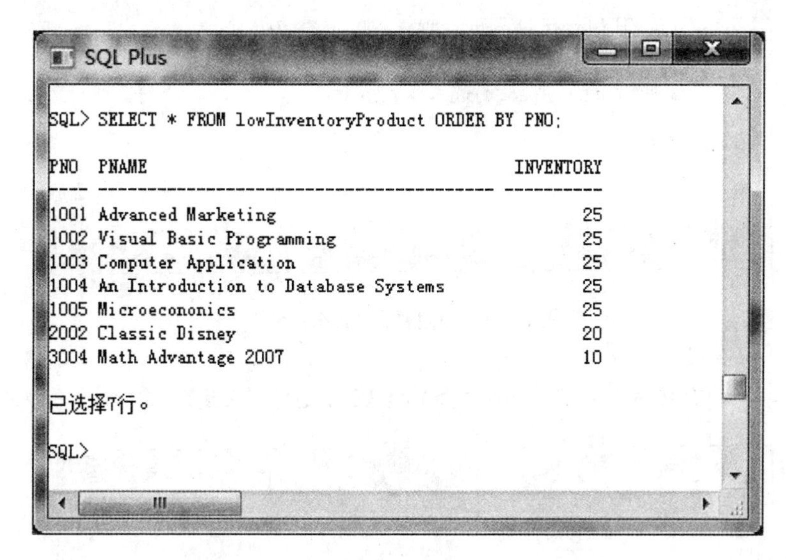

图 8—7　查看视图"lowInventoryProduct"

(4)只读视图是不能更新的。现用 UPDATE 语句,尝试将"2002"号产品的库存改为 10,系统将拒绝该操作,如图 8—8 所示。

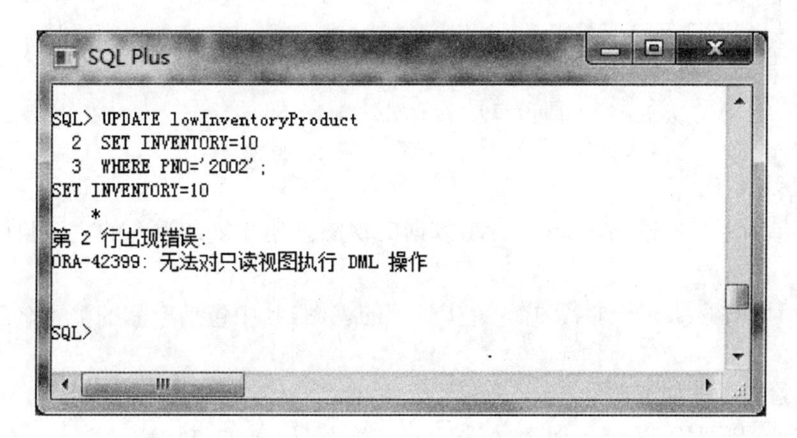

图 8—8　更新视图"lowInventoryProduct"

3. 创建连接视图

连接视图是指基于多个表或视图所创建的视图，即定义视图的查询是一个连接查询。建立连接视图的主要目的是简化连接查询。

【实验 8－1－3】 建立一个名为“Order_Sh”的包含所有上海客户订单信息的视图，要求在该视图中包括各客户的代码、公司名称、订单代号和订购日期等属性列，并查看该视图的数据。

完成本实验的具体步骤如下：

(1)用 CREATE VIEW 语句视图“Order_Sh”，执行结果如图 8－9 所示。

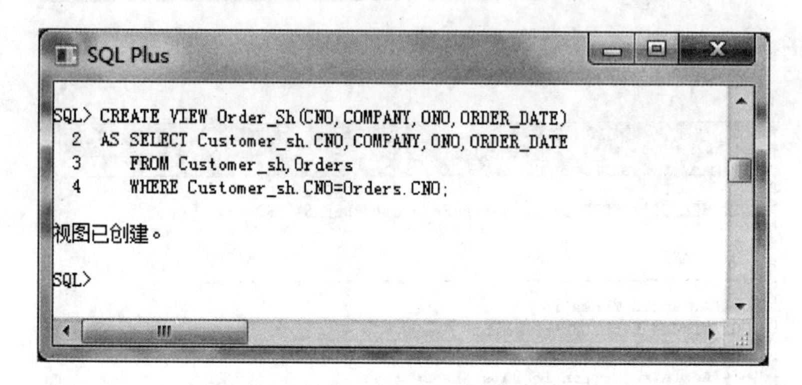

图 8－9 创建视图“Order_Sh”

(2)用 SELECT 语句查看视图“Order_Sh”的数据，结果如图 8－10 所示。

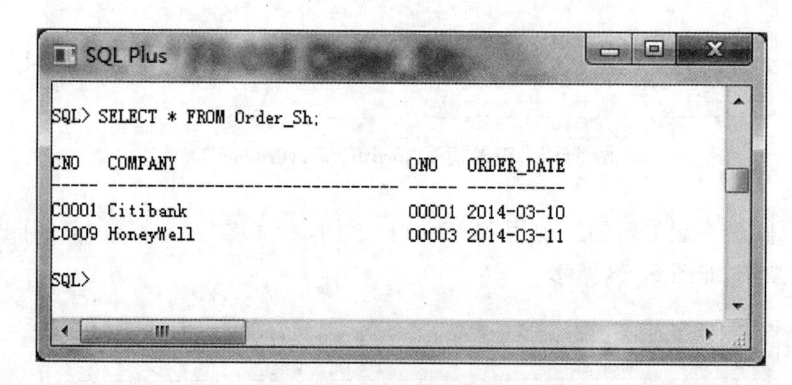

图 8－10 查看视图 Order_Sh

4. 创建复杂视图

复杂视图是指包含函数、表达式或分组数据的视图。建立复杂视图的主要目的也是简化查询。

【实验 8－1－4】 建立一个名为“Avg_Price”的视图，其中包括产品的类别名称及平均价格两项。

完成本实验的步骤如下：

(1)用 CREATE VIEW 语句创建“Avg_Price”视图，如图 8－11 所示。

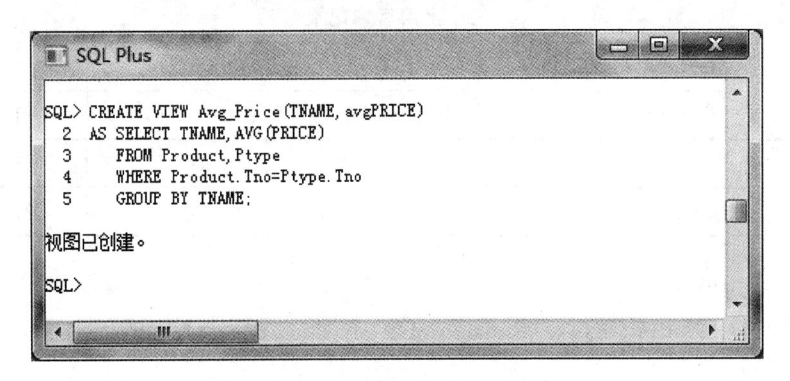

图 8－11 创建视图“Avg_Price”

(2)用 SELECT 语句查询“Avg_Price”视图，查询结果如图 8－12 所示，其中显示了三大类产品的名称及平均价格。

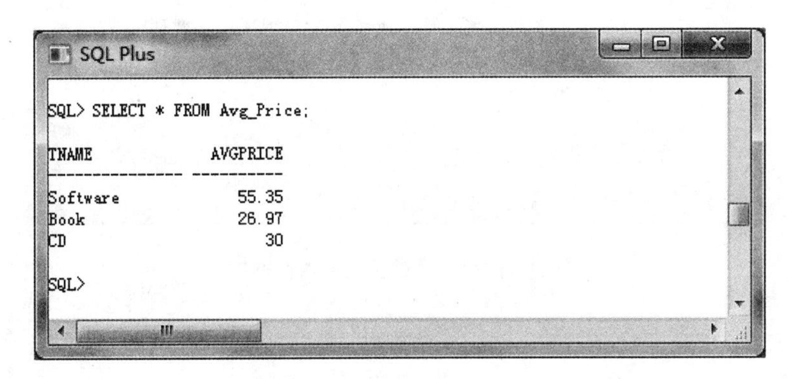

图 8－12 查看视图“Avg_Price”

5. 视图的更新

对视图的操作与对表的操作一样，也可以对其进行更新(修改和删除)操作。当对视图进行更新操作时，系统会将其转换成对基本表的操作，相应基表的数据会随之发生变化。如果转换操作不成功，那么系统会拒绝执行视图的更新操作。

Oracle 对视图的更新有如下的一些限制：

(1)用户必须拥有操作视图的权限，同时还拥有操作视图所引用的基表或其他视图的权限；

(2)对视图的更新操作，必须遵守视图基表中所定义的各种数据完整性约束条件；

(3)不允许对视图的计算列进行修改，也不允许对视图定义中含有集函数或分组操作的视图进行更新操作；

(4)在一个更新语句(UPDATE、DELETE 或 INSERT)中，一次不能修改一个以上的视图基表。

有了上述限制条件，一般只能对行列子集视图进行更新操作。当然，只读的行列子集视图也是不能更新的。

【实验 8－1－5】 利用视图“Customer_sh”，插入三个上海客户的信息(见表 8－1)。然后，再查看 Customer 表的数据。

表 8−1　　　　三个上海客户记录

CNO	CNAME	COMPANY	CITY	TEL
C0021	Zhang Jun	IBM	Shanghai	021−64865667
C0022	Xu Xin	IBM	Shanghai	021−64865668
C0023	Wang Ping	IBM	Shanghai	021−64865669

完成本实验的步骤如下：

(1)利用 INSERT 语句通过视图“Customer_sh”插入表 8−1 中的三个上海客户记录，如图 8−13 所示。

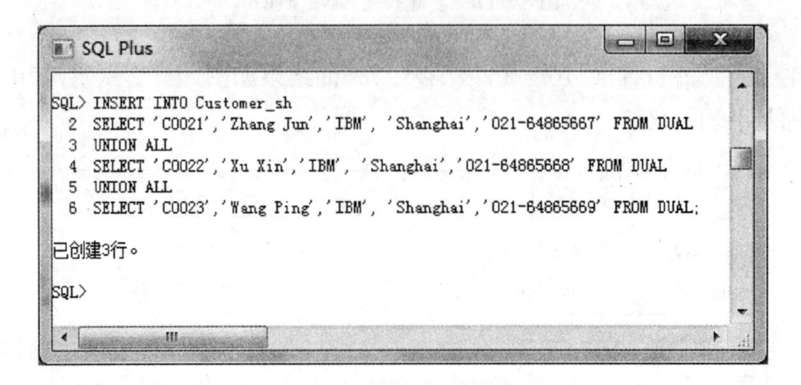

图 8−13　通过视图插入数据

(2)利用 SELECT 语句查看 Customer 表数据，如图 8−14 所示，其中包含了刚才通过视图“Customer_sh”插入的三条新记录。

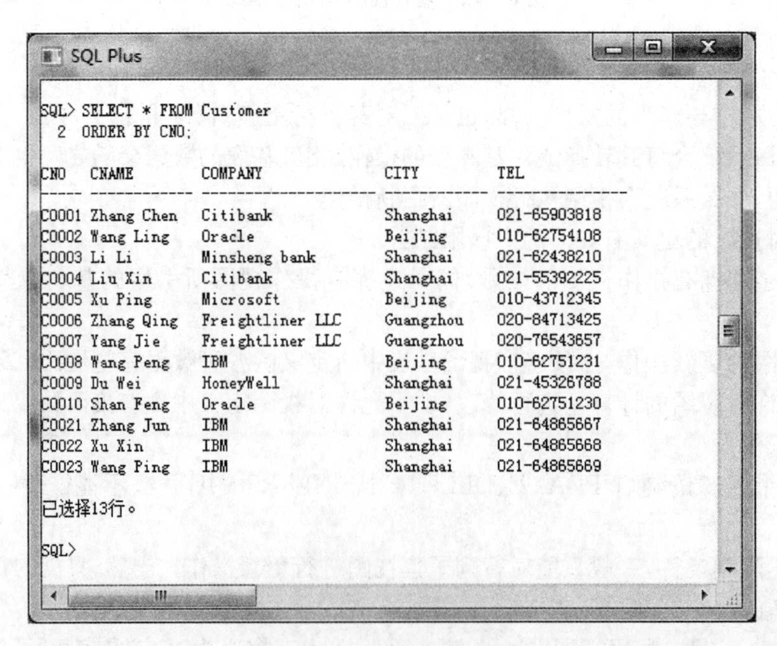

图 8−14　Customer 表数据

【实验 8—1—6】　通过视图"Customer_sh"，将客户"C0021"的电话号码改为"021—64866570"，并观察实验结果。

完成本实验的步骤如下：

(1)用 UPDATE 语句执行更新操作，系统显示已更新 1 行，如图 8—15 所示。

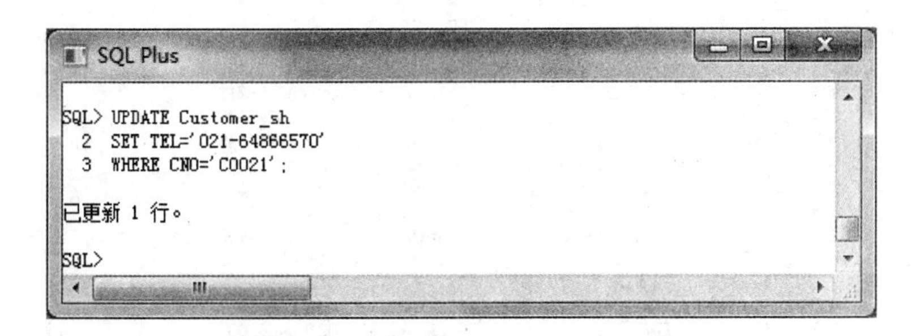

图 8—15　通过视图 Customer_sh 更新记录

(2)用 SELECT 语句查看 Customer 表中"C0021"客户的信息，可以看到客户"C0021"的电话号码已被修改成功，如图 8—16 所示。

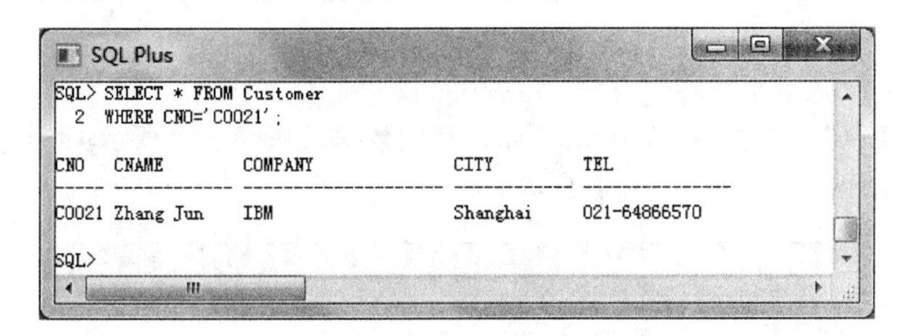

图 8—16　更新的数据

【实验 8—1—7】　执行 INSERT 语句，通过"Customer_sh"视图插入"Beijing"客户信息；分别查看视图"Customer_sh"和"Customer"表的数据，观察实验结果。

完成本实验的步骤如下：

(1)发出如图 8—17 所示的 INSERT 语句，显示已创建 1 行。

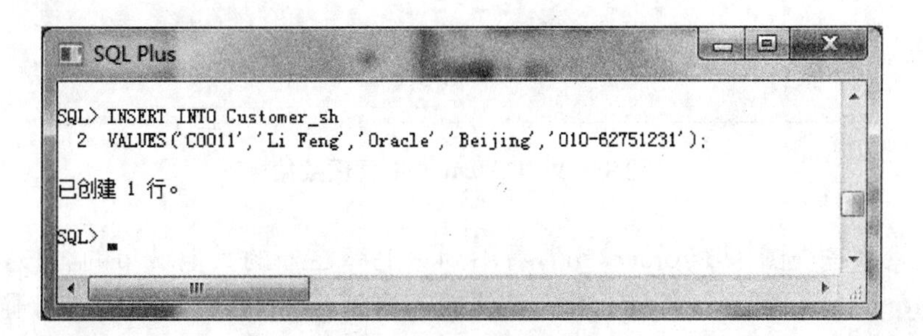

图 8—17　插入记录

(2)用 SELECT 语句查看 Customer 表的数据，如图 8—18 所示，可以看到新插入的 CNO 为"C0011"的位于"Beijing"的客户。

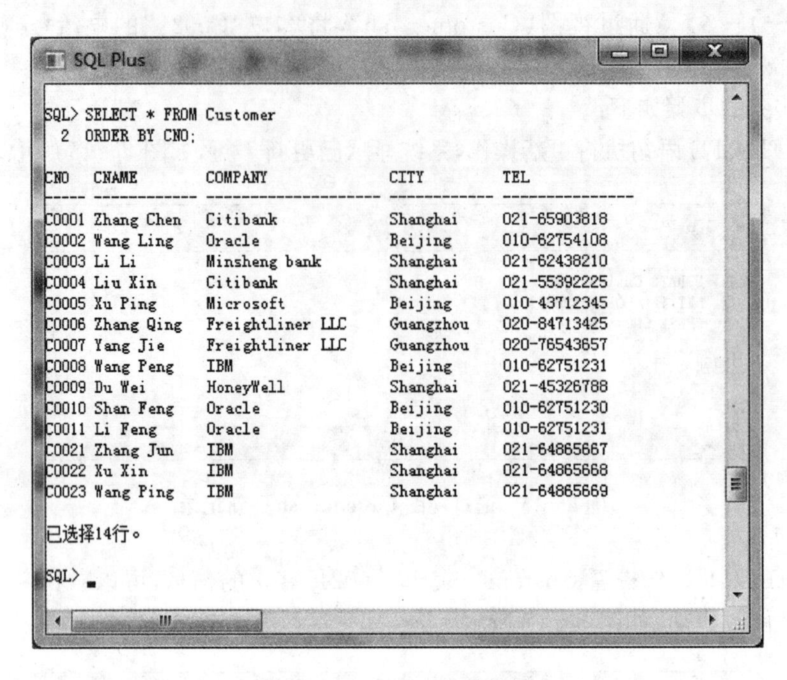

图 8－18 Customer 表数据

(3)用 SELECT 语句查看 Customer_sh 视图的数据，如图 8－19 所示，没有看到新插入的 CNO 为“C0011”的位于“Beijing”的客户。

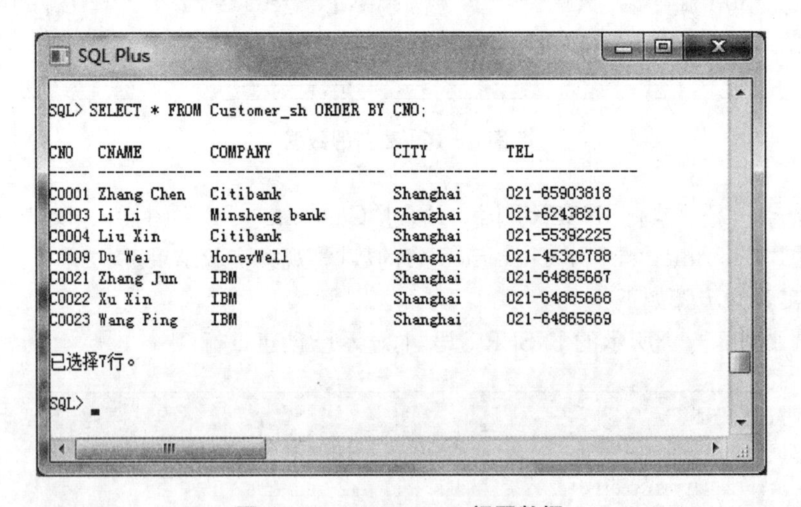

图 8－19 Customer_sh 视图数据

可见，尽管通过视图“Customer_sh”，看不到除上海之外的其他城市的客户，但却可以通过视图“Customer_sh”插入一个位于“Beijing”的客户到 Customer 表中。如何避免这种情况的发生呢？必须创建检查视图。

6. 创建检查视图

在创建视图的时候加上“WITH CHECK OPTION”子句，即可创建检查视图。

【实验 8－1－8】 使用带有“WITH CHECK OPTION”子句的 CREATE VIEW 语句创建“Customer_Shanghai”，然后尝试通过该视图插入位于“Beijing”的客户，观察实验结果。

完成本实验的步骤如下：

(1)创建视图“Customer_Shanghai”，其中带有“WITH CHECK OPTION”子句，系统显示视图已创建，如图 8－20 所示。

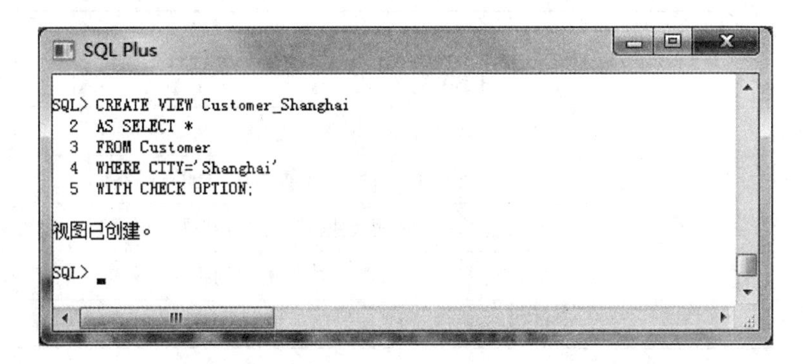

图 8－20　创建检查视图“Customer_Shanghai”

(2)发出 INSERT 命令通过视图“Customer_Shanghai”插入位于“Beijing”的客户，系统拒绝执行该操作，并给出了出错信息，如图 8－21 所示。

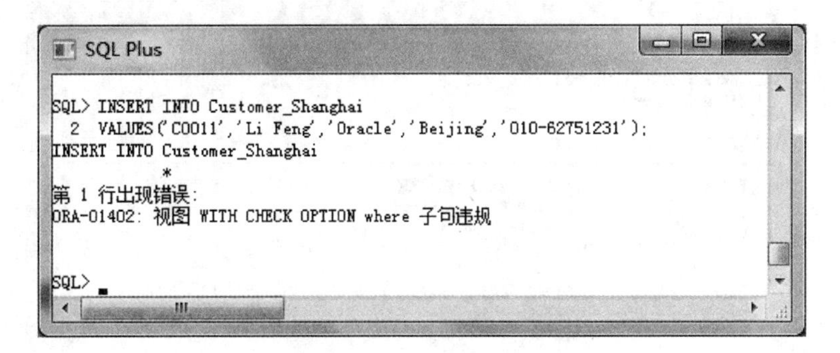

图 8－21　插入语句失败

7. 删除视图

【实验 8－1－9】　删除名为“Customer_sh”的视图。

完成本实验的 DROP VIEW 语句及其执行结果如图 8－22 所示。

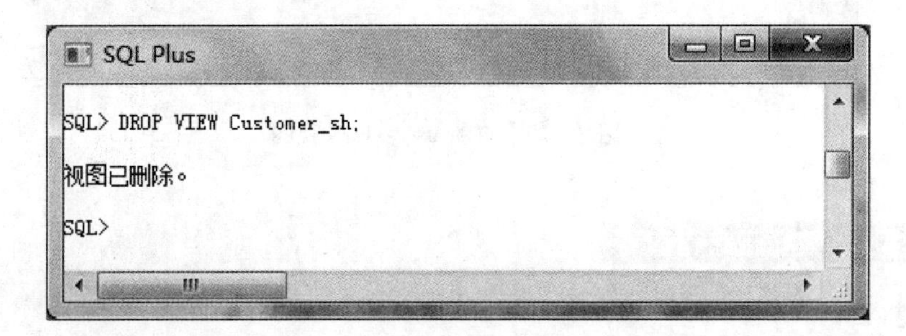

图 8－22　删除视图“Customer_sh”

8. 查看数据字典中与视图有关的内容

在 Oracle 数据库的数据字典中，包含了若干个系统视图，用于保存关于视图定义的信息，见表 8－2。

表 8－2　　与视图有关的数据字典

系统视图名称	说　明
dba_views	DBA 视图，用于查看数据库中的所有视图
all_views	ALL 视图，用于查看用户可访问的视图
user_views	USER 视图，用于查看用户拥有的视图
dba_tab_columns	DBA 视图，用于查看数据库中的所有视图(或表)的属性列
all_tab_columns	ALL 视图，用于查看用户可访问的视图(或表)的属性列
user_tab_columns	USER 视图，用于查看用户拥有的视图(或表)的属性列

【实验 8－1－10】 查看用户所拥有的视图的名称、创建视图时的 SELECT 语句、是否只读视图等信息。

本实验需要查询 user_views 视图，相应的语句及执行结果如图 8－23 所示。

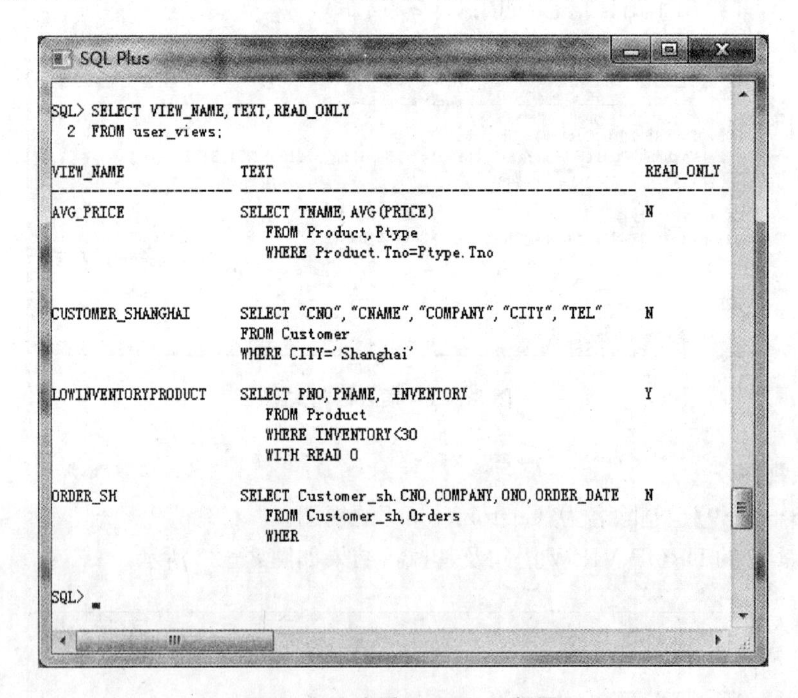

图 8－23　查看 user_views 视图

二、索引的创建、删除和查看

1. 创建索引

索引有助于加快对数据库中表的查询操作。创建索引的语法如下：

CREATE[UNIQUE]INDEX ＜索引名＞

ON＜表名＞(＜属性列名＞[，＜属性列名＞…])；

其中，"UNIQUE"短语用于创建唯一性索引。

【实验 8—1—11】 创建一个关于 Product 表的 TNO 列的名为“idx_TNO”的索引。

完成本实验的 CREATE INDEX 语句及其执行结果如图 8—24 所示。

图 8—24 创建索引“idx_TNO”

用户也可以在多个属性列上创建索引，这样的索引称为复合索引。

【实验 8—1—12】 创建一个关于 Orders 表的 ORDER_DATE 和 CNO 列的名为“idx_ODATE_CNO”的索引。

完成本实验的 CREATE INDEX 语句及其执行结果如图 8—25 所示。

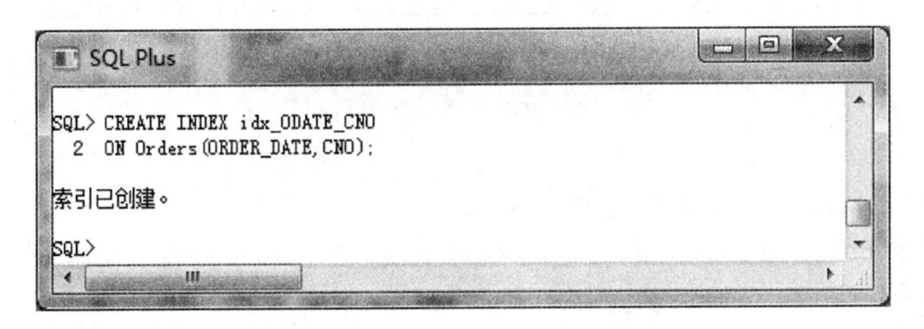

图 8—25 创建索引“idx_ODATE_CNO”

【实验 8—1—13】 创建一个关于 Customer 表的 CNAME 列的名为“idx_CNAME”的唯一性索引。

完成本实验的 CREATE INDEX 语句及其执行结果如图 8—26 所示。

图 8—26 创建索引“idx_CNAME”

在某个(或某些)属性列上建立了唯一性索引以后，该属性(或多个属性)上的值是不允许重复的，试看下面的实验。

【实验 8—1—14】 试在 Customer 表中插入一个姓名为“Du Wei”的客户，见表 8—3，观察实验结果。

表 8－3 **Du Wei 客户的信息**

CNO	CNAME	COMPANY	CITY	TEL
C0031	Du Wei	Oracle	Beijing	010－62751245

完成本实验的 INSERT 语句及其执行结果如图 8－27 所示，系统显示该操作“违反唯一约束条件(SCOTT. IDX_CNAME)”。这是因为，Customer 表中原先就有一个姓名为“Du Wei”的客户了。

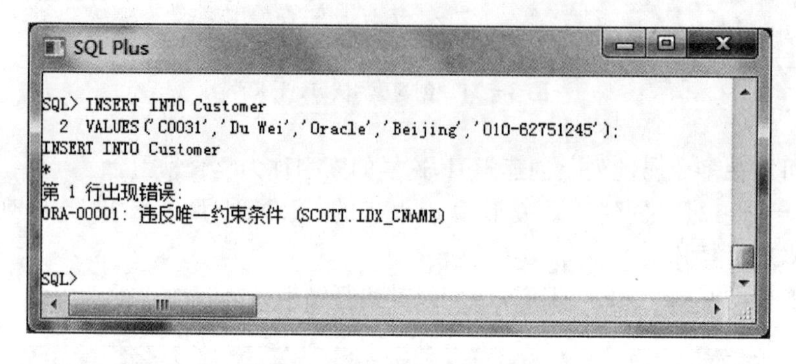

图 8－27 INSERT 语句失败

2. 删除索引

删除索引可使用如下的语句。

DROP INDEX ＜索引名＞；

【实验 8－1－15】 试删除索引“idx_TNO”。

完成本实验的 DROP INDEX 语句及其执行结果如图 8－28 所示。

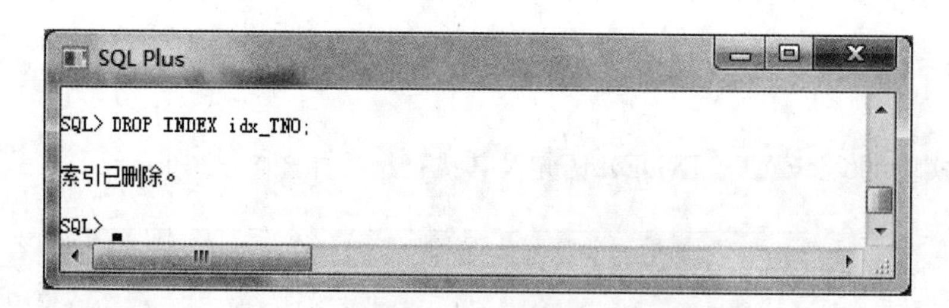

图 8－28 删除索引

3. 查看索引

若要查看用户建立的索引的相关信息，可借助于“user_indexes”和“user_ind_columns”系统视图。

【实验 8－1－16】 查看用户自己创建的、名称以“IND”开头的索引的名称、索引类型、表的拥有者、表名、表类型和是否唯一性索引等信息。

完成本实验的语句及其执行结果如图 8－29 所示。

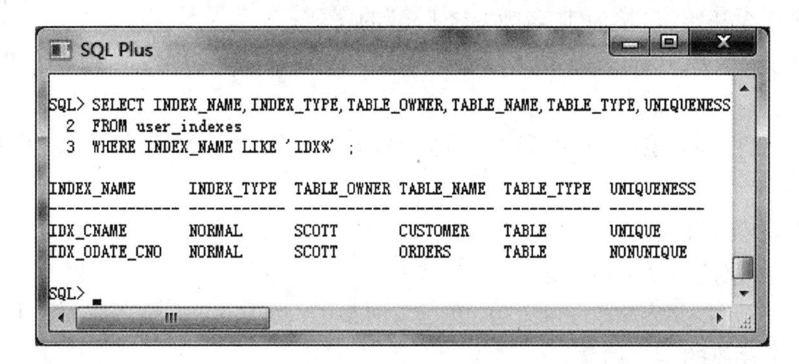

图 8—29　查看索引

【实验 8—1—17】　查看用户自己创建的、名称以“IND”开头的索引的名称、表名、列名和索引顺序(升序/降序)等信息。

完成本实验的语句及其执行结果如图 8—30 所示。

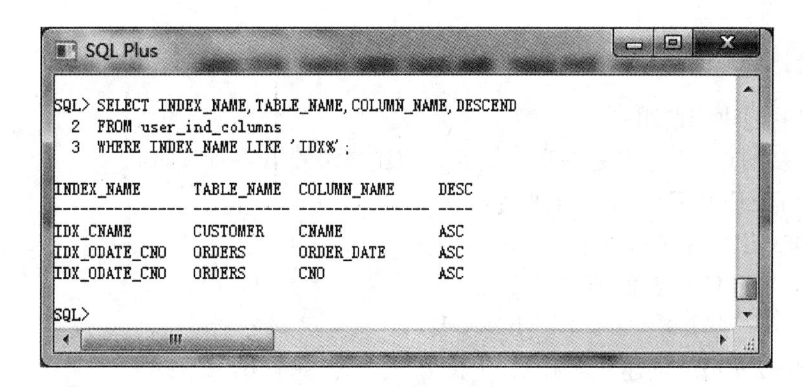

图 8—30　查看索引

实验 8—2　序列和同义词的创建与使用

实验目的

- 掌握序列的创建、删除及使用方法;
- 熟悉用户创建的序列的查看方法;
- 掌握同义词的创建、删除及使用方法;
- 熟悉用户创建的同义词的查看方法。

实验环境

- Oracle11g

实验要求

利用“订单管理”数据库,完成如下实验要求:

1. 序列的创建、使用和删除

(1)创建从4开始、步长为1、名为“seqTno”的序列；

(2)试在Ptype表中插入新的产品类别，见表8－4，其中类别代码(TNO)的值来自序列segTno；

(3)查看用户自己创建的序列的名称(SEQUENCE_NAME)和步长(INCREMENT_BY)；

(4)试删除序列“seqTno”。

2. 同义词的创建、使用和删除

(1)创建一个名为“客户”的同义词，该同义词参考Customer表；然后，利用该同义词查看Customer表中存放的客户信息；

(2)查看用户自己创建的同义词的名称(SYNONYM_NAME)、表的拥有者(TABLE_OWNER)和表名(TABLE_NAME)；

(3)删除同义词“客户”。

实验步骤

一、序列的创建、使用和删除

1. 序列的创建和使用

序列用来生成可用作主键的唯一整数。创建序列的语句格式如下：

CREATE SEQUENCE ＜序列名＞
[INCREMENT BY ＜步长＞]
START WITH ＜起始值＞；

注意：当步长为1时，“INCREMENT BY”子句是可以省略的。

【实验8－2－1】 创建从4开始、步长为1、名为“seqTno”的序列。

完成本实验的CREATE SEQUENCE语句及其执行结果如图8－31所示。

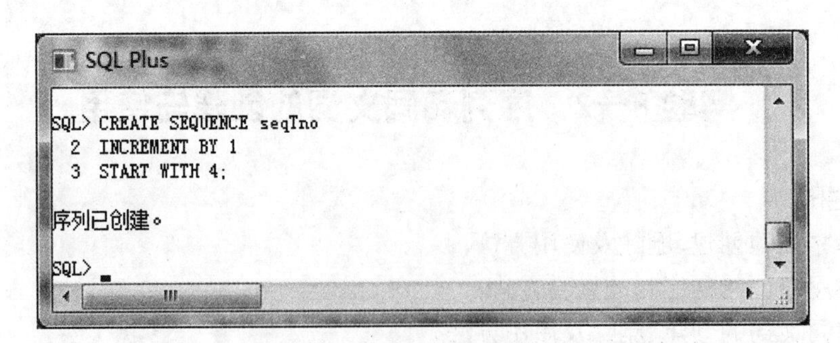

图8－31 创建序列“segTno”

创建序列之后，用户可以在插入元组的时候使用序列的值。语句格式如下：

INSERT INTO＜表名＞[(＜使用序列值的属性列名＞[,＜其他属性名＞…])]
VALUES (＜序列名＞.NEXTVAL[,＜其他属性列值＞…])；

【实验8－2－2】 试在Ptype表中插入新的产品类别，见表8－4，其中类别代码(TNO)的值来自序列segTno。

表 8—4　新产品类别

TNO	TNAME
4	Computer

完成本实验的 INSERT 语句如图 8—32 所示，该语句在 Ptype 表中插入了一个 TNO 为“4”的记录，因为序列“seqTno”是从“4”开始的。

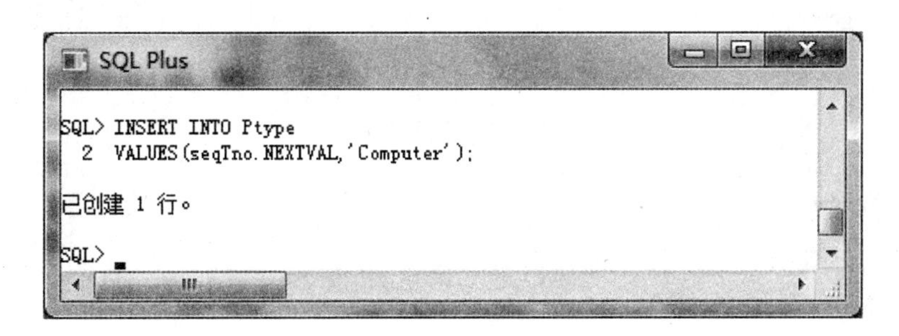

图 8—32　INSERT 语句

插入操作前后，Ptype 表的数据分别如图 8—33 和图 8—34 所示。

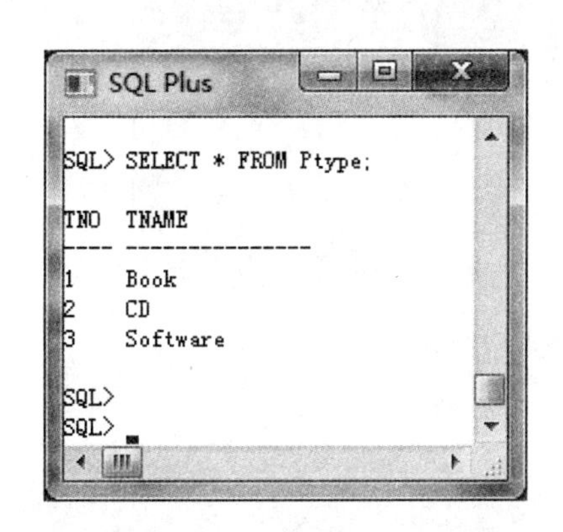

图 8—33　插入操作前的 Ptype 表

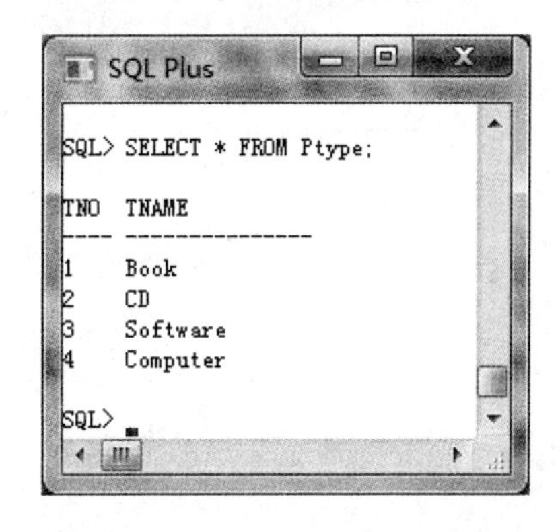

图 8—34　插入操作后的 Ptype 表

2. 序列的查看

若要查看用户建立的序列，可借助于“user_sequences”系统视图。

【实验 8—2—3】　查看用户自己创建的序列的名称(SEQUENCE_NAME)和步长(INCREMENT_BY)。

完成本实验的语句及执行结果如图 8—35 所示。

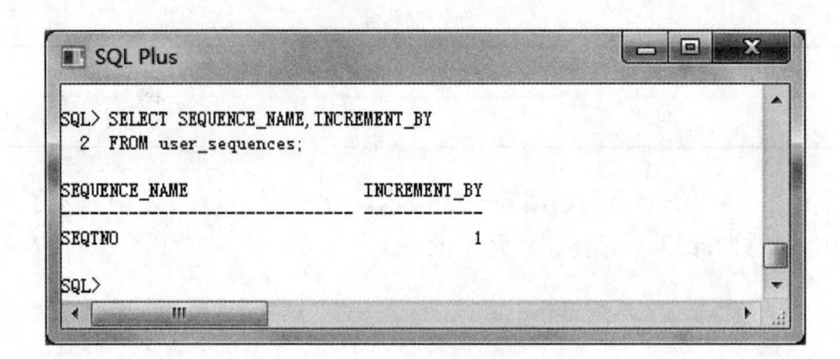

图 8—35 查看序列

3. 序列的删除

用户也可以删除已经创建的序列，语句格式如下：

DROP SEQUENCE ＜序列名＞；

【实验 8—2—4】 试删除序列"seqTno"。

完成本实验的语句以及执行结果如图 8—36 所示。

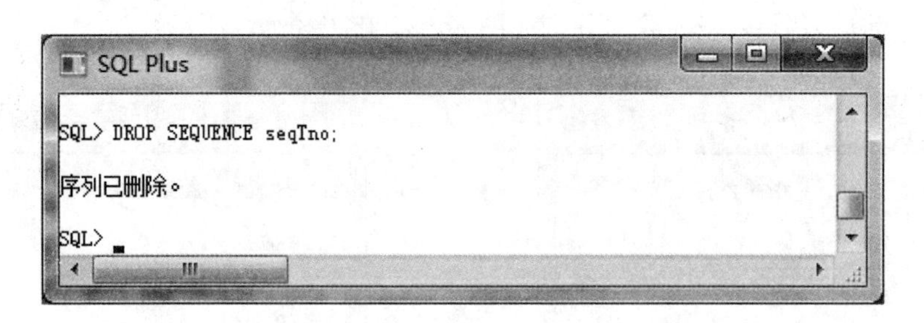

图 8—36 删除序列"seqTno"

二、同义词的创建、使用和删除

同义词是 Oracle 对象的别名，该对象可以是表、视图、程序、函数或另一个同义词。同义词非常有用，它可以隐藏原对象的身份。另外，在重命名对象或修改对象的情况下，也只需要重新定义同义词。这样，有助于缩短在项目中所花费的重新编译和修改时间。

给基本表创建同义词的语法如下：

CREATE SYNONYM ＜同义词名＞

FOR ＜表名＞；

【实验 8—2—5】 创建一个名为"客户"的同义词，该同义词参考 Customer 表；然后，利用该同义词查看 Customer 中存放的客户信息。

完成本实验的具体步骤如下：

(1)用 CREATE SYNONYM 语句创建同义词，执行结果如图 8—37 所示。

图 8—37　创建同义词

(2)发出 SELECT 语句查看同义词,如图 8—38 所示,其中包含了 10 位客户信息。

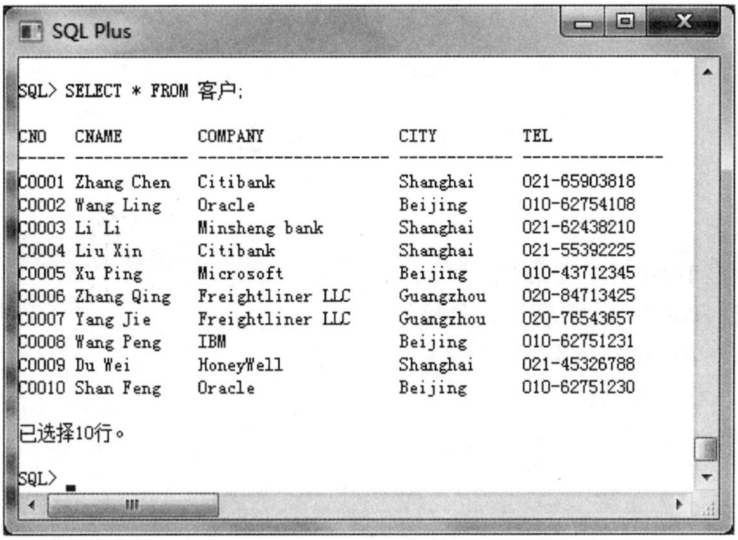

```
SQL Plus

SQL> SELECT * FROM 客户;

CNO   CNAME        COMPANY              CITY         TEL
----- ------------ -------------------- ------------ ---------------
C0001 Zhang Chen   Citibank             Shanghai     021-65903818
C0002 Wang Ling    Oracle               Beijing      010-62754108
C0003 Li Li        Minsheng bank        Shanghai     021-62438210
C0004 Liu Xin      Citibank             Shanghai     021-55392225
C0005 Xu Ping      Microsoft            Beijing      010-43712345
C0006 Zhang Qing   Freightliner LLC     Guangzhou    020-84713425
C0007 Yang Jie     Freightliner LLC     Guangzhou    020-76543657
C0008 Wang Peng    IBM                  Beijing      010-62751231
C0009 Du Wei       HoneyWell            Shanghai     021-45326788
C0010 Shan Feng    Oracle               Beijing      010-62751230

已选择10行。

SQL>
```

图 8—38　查看客户信息

若要查看用户建立的同义词,可借助于“user_synonyms”系统视图。

【实验 8—2—6】 查看用户自己创建的同义词的名称(SYNONYM_NAME)、表的拥有者(TABLE_OWNER)和表名(TABLE_NAME)。

完成本实验的语句及执行结果如图 8—39 所示。

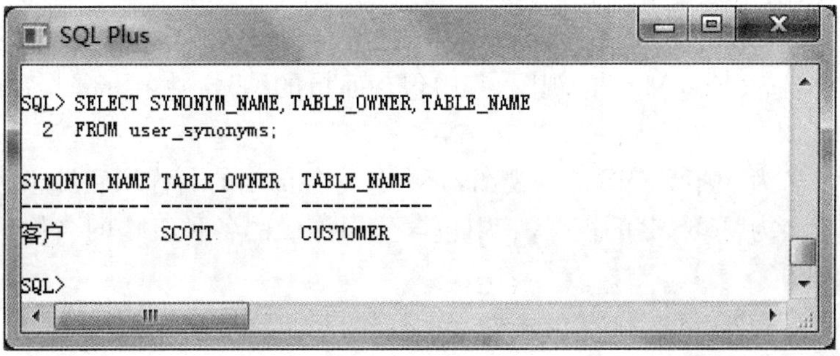

```
SQL Plus

SQL> SELECT SYNONYM_NAME, TABLE_OWNER, TABLE_NAME
  2  FROM user_synonyms;

SYNONYM_NAME TABLE_OWNER  TABLE_NAME
------------ ------------ ------------
客户         SCOTT        CUSTOMER

SQL>
```

图 8—39　查看同义词

要删除已经创建的同义词，可使用如下的语句：

DROP SYNONYM <同义词名>；

【实验 8－2－7】 删除同义词“客户”。

完成本实验的语句及执行结果如图 8－40 所示。

图 8－40 删除同义词

实验 8—3 补充实验

实验目的

- 巩固创建和使用视图和索引的操作；
- 巩固创建和使用序列和同义词的操作；
- 巩固 Oracle 数据字典中系统视图的查看方法。

实验环境

- Oracle11g

实验要求

用“SCOTT/tiger”身份连接到 Oracle 数据库，并使用系统自带的 EMP 表和 DEPT 表，自行完成如下补充实验：

1. 创建一个名为“EmpIncome”的视图，其中包含所有雇员的编号、姓名和工资，其中，工资＝薪金(SAL)＋奖金(COMM)；

2. 创建一个名为“Employee10_30”的视图，其中包含部门“10”和“30”的所有雇员的编号、姓名、雇佣日期、工作和薪金等信息；

3. 利用视图“Employee10_30”，将部门“30”的所有销售员的薪金增加 25％ ；

4. 创建一个名为“EmpMgr”的视图，其中包含雇员的编号、姓名、部门名称和上级姓名的视图；

5. 创建一个名为“deptSumSal”的视图，其中包含各部门的名称和雇员总薪金；

6. 创建一个名为“JobSal”的视图，其中包含公司提供的各种工作的名称、平均薪金、最高薪金和最低薪金；

7. 创建一个名为“SeqDeptNo”的序列，该序列的起始值是 50，步长为 10；

8. 在 DEPT 表中插入 2 个新部门，见表 8－5，其中部门编号使用序列“SeqDeptNo”生成；

表 8—5　新部门信息

DEPTNO	DNAME	LOC
50	PURCHASING	BOSTON
60	PERSONNEL	NEW YORK

9. 创建一个名为“部门”的同义词，该同义词代表的是 DEPT 表；
10. 利用同义词“部门”，查询部门“10”和部门“50”的部门名称；
11. 利用同义词“部门”，在 DEPT 表中删除“PERSONNEL”部门；
12. 在 EMP 表的“ENAME”字段上创建一个名为“idxEname”的索引；
13. 在 EMP 表的“DNAME”和“SAL”字段上创建一个名为“idxDnameSal”的索引；
14. 分别查看相应的系统视图，显示自己所创建的全部视图、同义词、序列和索引；
15. 删除上面创建的所有视图、同义词、序列和索引。

实验报告

实验项目名称 实验八 视图、索引、序列和同义词的创建和使用

实　验　室

所属课程名称 数据库

实 验 日 期

班　级

学　号

姓　名

成　绩

【实验环境】

- Oracle11g

【实验目的】

- 掌握视图和索引的创建及使用方法；
- 掌握序列和同义词的创建及使用方法；
- 掌握用 Oracle 数据字典查看用户创建的视图、索引、序列和同义词的方法。

【实验结果提交方式】

● 实验 8－1：

·按实验要求和步骤完成各个实验，并将视图和索引的创建、删除和查看语句的执行结果屏幕复制下来，记录在本实验报告中。

● 实验 8－2：

·按实验要求完成各个实验，并将序列和同义词的创建、删除和查看语句的执行过程结果屏幕复制下来，记录在本实验报告中。

● 实验 8－3：

·自行完成本补充实验，记录实验结果。

● 将本实验报告存放在“XXXXXXXXXX－8.docx”文件中，其中“XXXXXXXXXX”是学号，并在教师规定的时间内通过 BB 系统提交该文件。

【实验 8－1 的实验结果】

记录视图和索引的创建、删除和查看语句的执行结果。

【实验 8－2 的实验结果】

记录序列和同义词的创建、删除和查看语句的执行结果。

【实验 8－3 的实验结果】

自行完成补充实验，并记录实验结果。

【实验思考】

1. 既然企业业务活动中产生的数据是存放在基本表中的，为什么还要创建视图呢？
2. 简述只读视图的创建方法及其作用。
3. 举例说明用带有“WITH CHECK OPTION”子句的 CREATE VIEW 语句创建检查视图的作用。
4. 什么样的视图是不能更新的？
5. 如何利用 Oracle 系统的数据字典，查看用户所拥有的视图的相关信息？
6. 简述创建唯一性索引的作用。
7. 如何利用 Oracle 系统的数据字典，查看用户所拥有的索引的相关信息？
8. 简述序列和同义词的作用。

【思考结果】

将思考结果记录在本实验报告中。

1.

2.

3.

4.

5.

6.

7.

8.

实验成绩： 批阅老师： 批阅日期：

实验九

表的变更和删除及完整性约束定义

实验 9-1　表结构的变更和表删除

实验目的

- 掌握表结构的修改方法；
- 掌握删除表的方法。

实验环境

- Oracle11g

实验要求

在“订单管理”数据库中，完成以下实验：

1. 修改表结构

(1)在 Product 表中增加 DISCOUNT 属性，该属性是宽度为 4、小数位数为 2 的数值型数据；

(2)在 Customer 表内添加 ADDRESS(地址)和 BIRTHDATE(出生日期)字段，ADDRESS 的数据类型是长度为 40 的固定长度字符串，BIRTHDATE 是日期类型属性；

(3)将 Customer 表中 ADDRESS 的数据类型改为长度为 30 的可变长度字符串；

(4)将 Customer 表中 ADDRESS 和 COMPANY 属性列的数据类型改为长度为 50 的可变长度字符串；

(5)将 Customer 表 TEL 属性列的长度减到 12；

(6)删除 Customer 表的 ADDRESS 和 BIRTHDATE 属性列。

2. 表的删除

删除数据库中的表，比如 Customer 表。

实验步骤

一、修改表结构

基本表建立以后，可根据实际需要对其结构进行修改。SQL 是用 ALTER TABLE 语句来修改表结构的，利用该命令可在表中增加(或删除)属性列及完整性约束，也可以修改表中原有属性列的定义。

1. 添加新属性列

在表中增加一个新属性列的语法格式如下：

ALTER TABLE<表名>

ADD<新属性列名><数据类型>[DEFAULT<缺省值>]；

【实验 9−1−1】 在 Product 表中增加 DISCOUNT 属性，该属性是宽度为 4、小数位数为 2 的数值型数据。

完成本实验的 ALTER TABLE 语句以及执行成功后 Product 表的结构如图 9−1 所示。

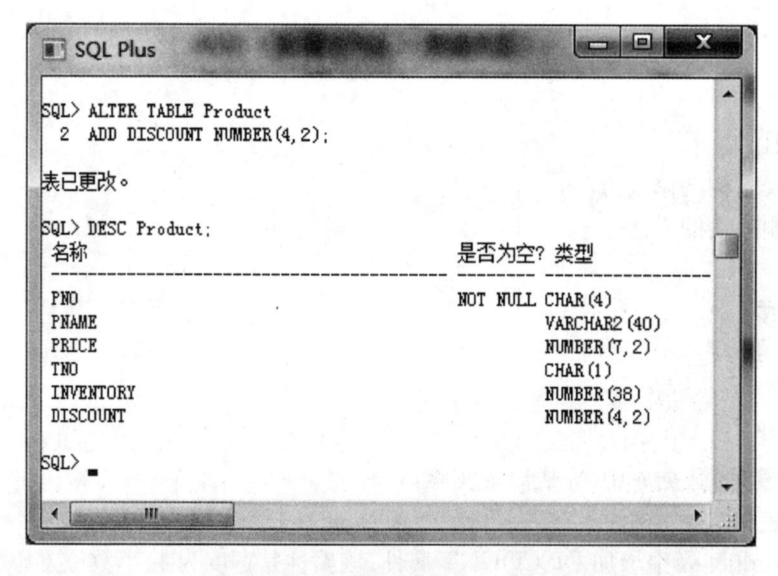

图 9−1 增加新属性列到 Product 表

如果在增加新属性列的同时需要为该属性列设置缺省值，就需要使用 DEFAULT 短语。在 Product 表中增加一个缺省值为 0 的 DISCOUNT 属性列的 ALTER TABLE 语句以及该语句执行成功后 Product 表的 DISCOUNT 属性列的值如图 9−2 所示。

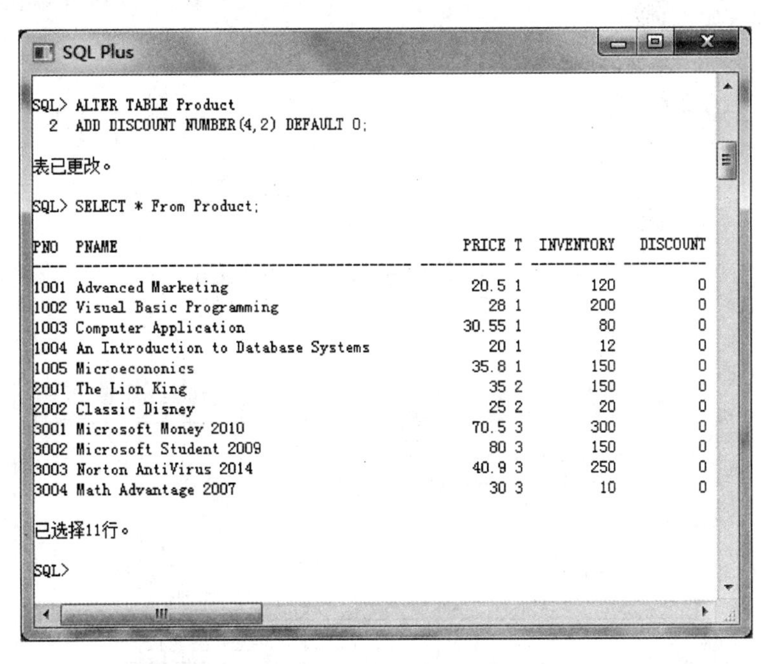

```
SQL> ALTER TABLE Product
  2  ADD DISCOUNT NUMBER(4,2) DEFAULT 0;

表已更改。

SQL> SELECT * From Product;

PNO  PNAME                                         PRICE T  INVENTORY   DISCOUNT
---- ---------------------------------------- ---------- - ---------- ----------
1001 Advanced Marketing                              20.5 1        120          0
1002 Visual Basic Programming                          28 1        200          0
1003 Computer Application                           30.55 1         80          0
1004 An Introduction to Database Systems               20 1         12          0
1005 Microecononics                                  35.8 1        150          0
2001 The Lion King                                     35 2        150          0
2002 Classic Disney                                    25 2         20          0
3001 Microsoft Money 2010                            70.5 3        300          0
3002 Microsoft Student 2009                            80 3        150          0
3003 Norton AntiVirus 2014                           40.9 3        250          0
3004 Math Advantage 2007                               30 3         10          0

已选择11行。

SQL>
```

图 9—2　增加具有缺省值的属性列到 Product 表

若要在表中增加多个新属性列，必须在 ADD 后面加一对小括号，并在括号内定义各属性列，具体语法如下：

ALTER TABLE ＜表名＞

ADD(＜新属性列名＞＜数据类型＞[,＜新属性列名＞＜数据类型＞…]);

【实验 9—1—2】 在 Customer 表内添加 ADDRESS(地址)和 BIRTHDATE(出生日期)字段，ADDRESS 的数据类型是长度为 40 的固定长度字符串，BIRTHDATE 是日期类型属性。

完成本实验的 ALTER TABLE 语句以及执行成功后 Customer 表的结构如图 9—3 所示。

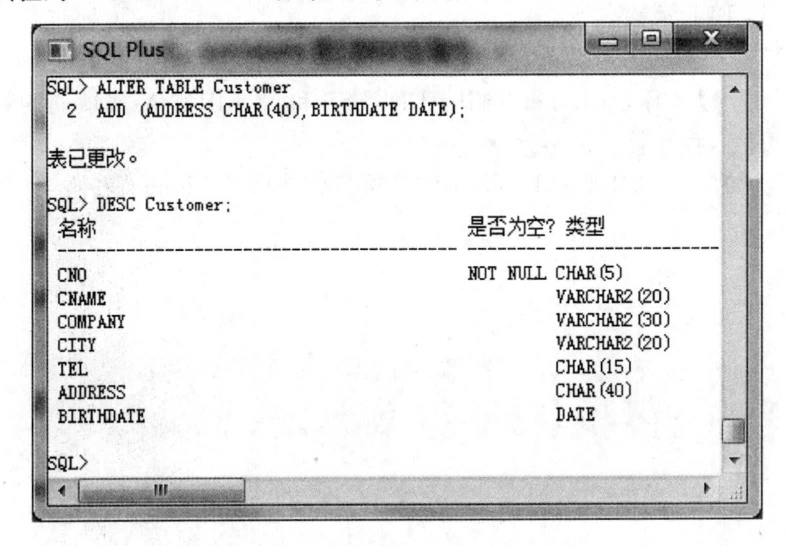

```
SQL> ALTER TABLE Customer
  2  ADD (ADDRESS CHAR(40),BIRTHDATE DATE);

表已更改。

SQL> DESC Customer;
 名称                                      是否为空? 类型
 ----------------------------------------- -------- ------------------
 CNO                                       NOT NULL CHAR(5)
 CNAME                                              VARCHAR2(20)
 COMPANY                                            VARCHAR2(30)
 CITY                                               VARCHAR2(20)
 TEL                                                CHAR(15)
 ADDRESS                                            CHAR(40)
 BIRTHDATE                                          DATE

SQL>
```

图 9—3　增加新属性列到 Customer 表

2. 修改现有属性列

修改表中现有属性列的语法如下：

ALTER TABLE ＜表名＞

MODIFY＜属性列名＞＜数据类型＞；

【实验 9－1－3】 将 Customer 表中 ADDRESS 的数据类型改为长度为 30 的可变长度字符串。

完成本实验的 ALTER TABLE 语句以及执行成功后 Customer 表的结构如图 9－4 所示。

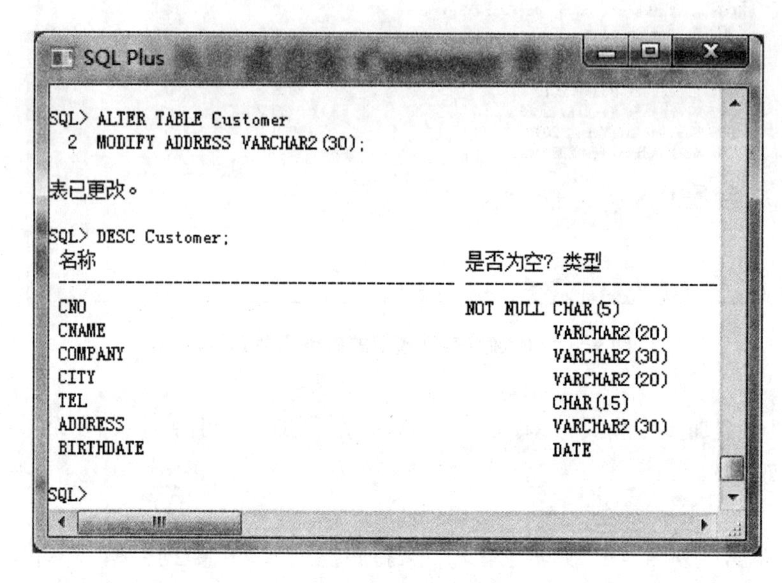

图 9－4 修改 Customer 表结构

若要在表中修改多个属性列的数据类型，也必须在 MODIFY 后面加一对小括号，并在括号内重新定义各属性列，具体语法如下：

ALTER TABLE ＜表名＞

MODIFY(＜属性列名＞＜新数据类型＞[,＜属性列名＞＜新数据类型＞…])；

【实验 9－1－4】 将 Customer 表中 ADDRESS 和 COMPANY 属性列的数据类型改为长度为 50 的可变长度字符串。

完成本实验的 ALTER TABLE 语句以及执行成功后 Customer 表的结构如图 9－5 所示。

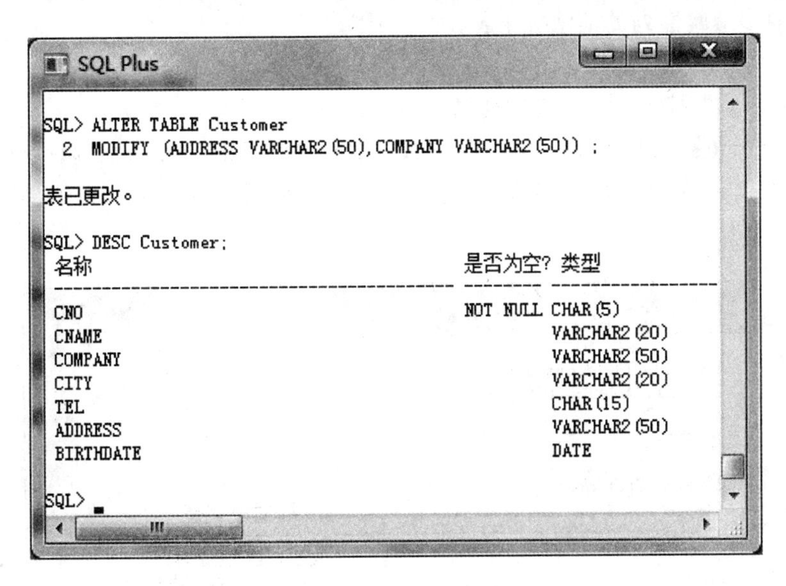

图 9－5　修改 Customer 表结构

【实验 9－1－5】 将 Customer 表 TEL 属性列的长度减到 12。

完成本实验的语句如下：

ALTER TABLE Customer

MODIFY TEL CHAR(12)；

在执行该语句时，系统提醒“无法减小列长度，因为一些值过大”，如图 9－6 所示。可见，若要修改的属性的新数据类型不符合表中原有记录该属性列值，系统就会拒绝执行表结构修改命令。

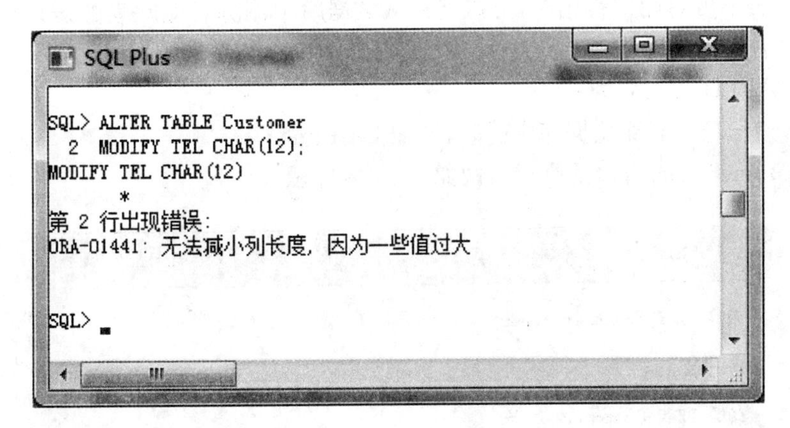

图 9－6　出错信息

3. 删除表的属性列

删除表的属性列时可以分为一次删除一列和一次删除多列。删除表中一个属性列的语法如下：

ALTER TABLE <表名>

DROP COLUMN <属性列名>；

删除表中多个属性列的语法如下：

ALTER TABLE <表名>

DROP (<属性列名>[,<属性列名>…])；

【实验 9－1－6】 删除 Customer 表的 ADDRESS 和 BIRTHDATE 属性列。

完成本实验的 ALTER TABLE 语句以及执行成功后 Customer 表的结构如图 9－7 所示。

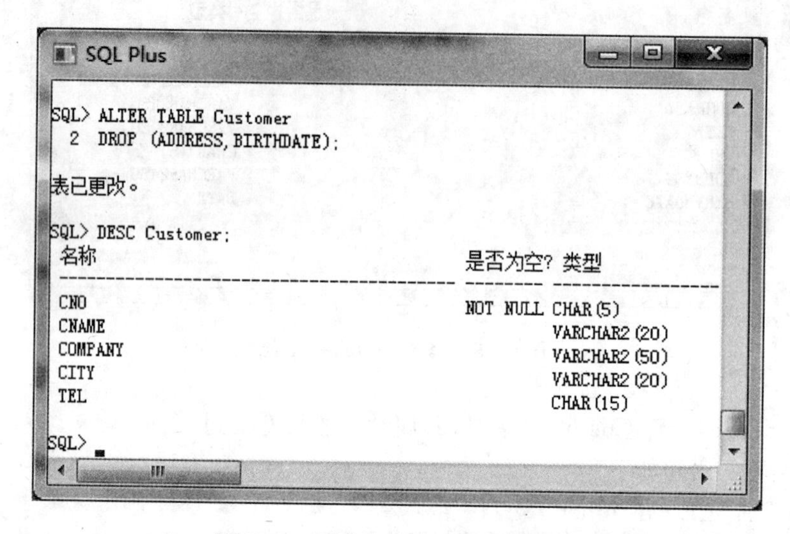

图 9－7 删除 Customer 表的属性列

二、表的删除

当某一个表不再对用户有用时，可以将其从数据库中删除。删除表的语句是 DROP TABLE，该语句的格式如下：

DROP TABLE <表名>；

【实验 9－1－7】 删除数据库中的表，比如 Customer 表。

删除 Customer 表的语句及执行结构如图 9－8 所示。

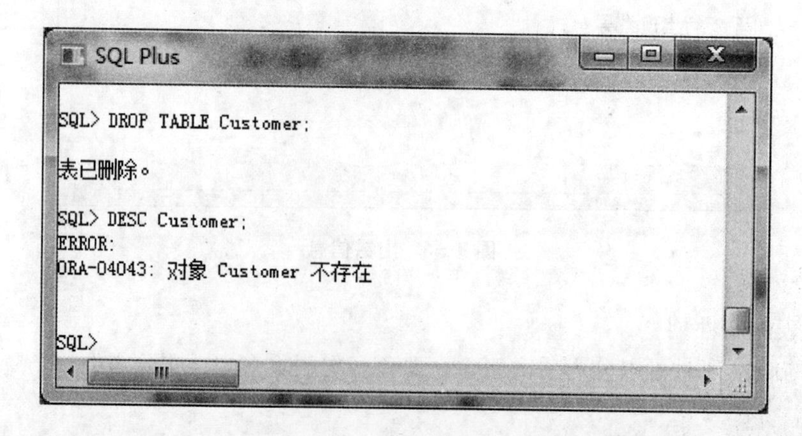

图 9－8 删除 Customer 表

用 DROP TABLE 语句将某个基本表删除后，该表在数据库中就没有了，表中的数据连同表的结构都从数据库中消失了。

实验 9—2　完整性约束的定义、添加和删除

实验目的

- 掌握完整性约束的定义；
- 掌握完整性约束的添加和删除方法。

实验环境

- Oracle11g

实验要求

在订单数据库中，完成以下实验：

1. 创建对表的完整性约束

(1)假设已创建 Orders 表和 Product 表，现要求创建 Order_Items 表，结构见表 9—2，其中主码是(Ono，Pno)，外码有 2 个，分别是 Ono 和 Pno；然后，使用 USER_CONSTRAINTS 视图查看 Order_Items 表上定义的约束条件；

(2)假设在 Orders 表中已存放 O001 和 O002 号订单的信息，现要求在 Order_items 表中插入 3 个记录，见表 9—3，并观察实验结果；

(3)删除原 Orders 表，重新创建 Orders 表，表结构和完整性约束见表 9—4。

2. 对现有表添加和删除约束条件

(1)给 Orders 表添加名为"Cons3"的约束，规定 Freight 属性列的值必须介于 0～100；

(2)给 Orders 表添加名为"Cons4"的约束，规定 Status 属性列的值非空；

(3)在 Orders 表中插入一行"Status"属性列的值为空的记录，见表 9—5，观察实验结果；

(4)删除前面定义的名为 Cons3 和 Cons4 的约束条件。

实验步骤

一、创建对表的完整性约束

完整性约束用于规定向表中输入数据时用户必须遵循的某些限制条件。按照约束的用途可以将约束分成 5 类，见表 9—1。

表 9—1　　**完整性约束类型**

完整性约束类型	简写	说　明
主码约束 (PRIMARY KEY 约束)	P	主码由一个或多个属性列组成，唯一标识表中的行。
外码约束 (FOREIGN KEY 约束)	R	外码引用另外一个表中主码的值。
检查约束 (CHECK 约束)	C	指定一个或多个属性列的值必须满足的条件。

续表

完整性约束类型	简写	说　明
唯一性约束（UNQUE 约束）	U	指定一个或多个属性列只能存储唯一的值。
非空约束（NOT NULL 约束）	C	指定一个属性列不允许存储空值，是一种强制的 CHECK 约束。

1. 创建主码和外码约束

一个表的主码可以用下列两种形式来定义：

(1)PRIMARY KEY 子句

在 CREATE TABLE 语句的属性列表后定义一个基本表的主码，可使用以下子句：

[CONSTRAINT＜主码约束名＞]PRIMARY KEY(＜属性列表＞)

(2)PRIMARY KEY 短语

在基本表定义中的属性列定义后面加上“PRIMARY KEY”短语。

注意：

(1)如果主码由多个属性列组成时，只能用 PRIMARYKEY 子句来定义主码；

(2)一个基本表的主码只能有一个，所以 PRIMARYKEY 子句或短语在表的定义中仅出现一次。

与主码一样，SQL 对外码的定义也有两种方法：

(1)REFERENCES 短语

如果外码是单个属性，可以在该属性列的名称和类型后面加上以下格式的短语：

REFERENCES＜被参照关系名＞(＜被参照关系主码名＞)

(2)FOREIGN KEY 子句

在 CREATE TABLE 语句的属性列表后定义外码，可使用以下子句：

[CONSTRAINT＜外码约束名＞]FOREIGN KEY＜属性列名＞REFERENCES＜被参照关系名＞(＜被参照关系主码名＞)

【实验 9－2－1】 假设已创建 Orders 表和 Product 表，现要求创建 Order_Items 表，结构见表 9－2，其中主码是(Ono，Pno)，外码有 2 个，分别是 Ono 和 Pno；然后，使用 USER_CONSTRAINTS 视图查看 Order_Items 表上定义的约束条件。

表 9－2　Order_Items 表的结构和完整性约束

属性列名	含　义	数据类型
ONO	订单代码	长度为 5 的字符串
PNO	产品编号	长度为 4 的字符串
QTY	数量	整型
DISCOUNT	折扣	数值型，宽度为 4，小数位数为 2
主码：(ONO，PNO)		
外码：ONO，被参照关系是 Orders 表，约束名为 FK_ONO		
外码：PNO，被参照关系是 Product 表，约束名为 FK_PNO		

为完成本实验，先发出一个 CREATE TABLE 语句，该语句的执行结果如图 9－9 所示。

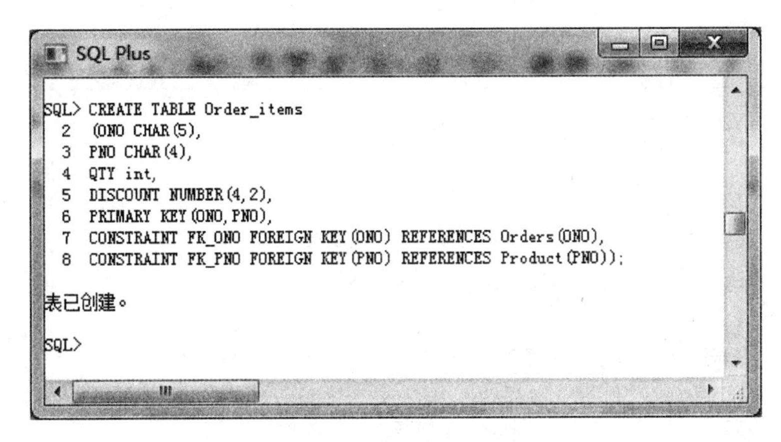

```
SQL> CREATE TABLE Order_items
  2  (ONO CHAR(5),
  3  PNO CHAR(4),
  4  QTY int,
  5  DISCOUNT NUMBER(4,2),
  6  PRIMARY KEY(ONO,PNO),
  7  CONSTRAINT FK_ONO FOREIGN KEY(ONO) REFERENCES Orders(ONO),
  8  CONSTRAINT FK_PNO FOREIGN KEY(PNO) REFERENCES Product(PNO));

表已创建。

SQL>
```

图 9－9　主码和外码约束的定义

用户可利用 USER_CONSTRAINTS 视图，查看在表中已经定义的约束条件。本实验的 CREATE TABLE 语句发出后，Order_items 表上定义的 3 个约束的名称(CONSTRAINT_NAME)、类型(CONSTRAINT_TYPE)和状态(STATUS)如图 9－10 所示。

```
SQL> SELECT OWNER, CONSTRAINT_NAME, CONSTRAINT_TYPE, TABLE_NAME, STATUS
  2  FROM USER_CONSTRAINTS
  3  WHERE TABLE_NAME='ORDER_ITEMS';

OWNER    CONSTRAINT_NAME  CONSTRAINT_TYPE  TABLE_NAME       STATUS
-------- ---------------- ---------------- ---------------- --------
SCOTT    SYS_C0012663     P                ORDER_ITEMS      ENABLED
SCOTT    FK_ONO           R                ORDER_ITEMS      ENABLED
SCOTT    FK_PNO           R                ORDER_ITEMS      ENABLED

SQL>
```

图 9－10　查看约束

其中，约束名为“SYS_C0012663”的完整性约束的类型是“P”，代表该约束是主码约束。由于在定义该约束的时候没有指定约束名称，Oracle 以“SYS_Cn”的形式向其分配了一个名称，其中“n”为整数。另外 2 个名为“FK_ONO”和“FK_PNO”的约束的类型都是“R”，代表外码约束(参照完整性约束)的意思。

【实验 9－2－2】　假设在 Orders 表中已存放 O001 和 O002 号订单的信息，现要求在 Order_items 表中插入 3 个记录，见表 9－3，并观察实验结果。

表 9－3　Order_items 表的 3 个记录

ONO	PNO	QTY	DISCOUNT
O0001	1003	1	20%
O0001	1003	3	30%
O0002	6001	2	50%

完成本实验的 INSERT 语句如图 9－11 所示。

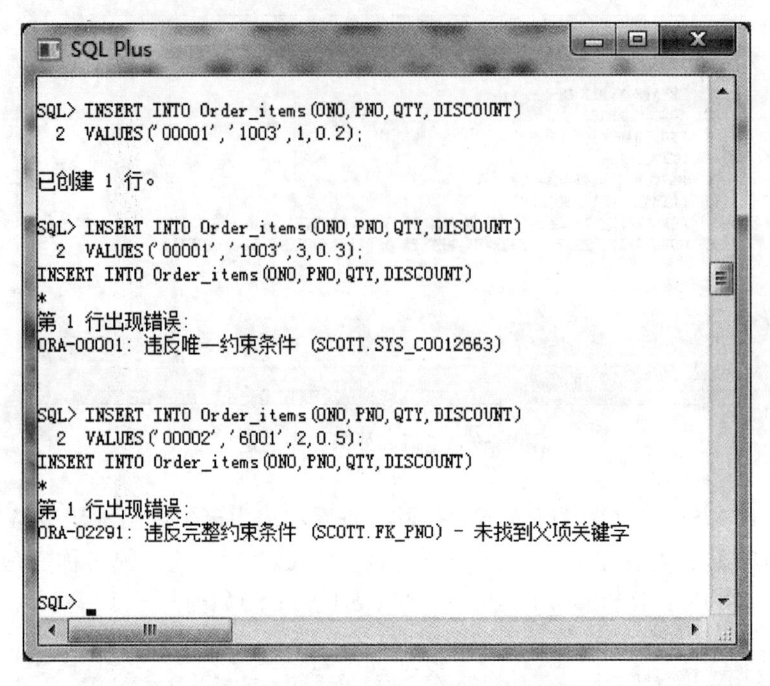

图 9－11 INSERT 语句及其出错信息

其中，第一个语句成功地将表中的第一个记录插入 Order_items 表中。第二个 INSERT 语句运行失败，这是因为第二次试图插入的记录的主码值与第一个记录重复了，违背了主码的唯一性约束，系统拒绝执行。第三个 INSERT 语句也运行失败，这是因为 Product 表中没有编号为“6001”的产品，所以违背了名为“FK_PNO”的外码约束，系统也是直接拒绝了该操作。

2. 创建检查约束、非空约束和唯一性约束

可以用检查子句(CHECK)来定义检查约束，格式如下：

[CONSTRAINT＜约束名＞]CHECK＜约束条件＞

用户也可以直接在属性列的数据类型后面加上“NOT NULL”短语来定义非空约束，或者使用“UNIQUE”短语来定义唯一性约束。

【实验 9－2－3】 删除原 Orders 表，重新创建 Orders 表，表结构和完整性约束见表 9－4。

表 9－4　　Orders 表的结构和完整性约束

属性列名	含 义	数据类型	约 束
ONO	订单代码	长度为 5 的字符串	主码
ORDER_DATE	订购日期	日期	非空
CNO	客户代码	长度为 5 的字符串	非空 外码(被参照表是 Customer 表)
FREIGHT	运费	整型	
SHIPMENT_DATE	发货日期	日期	＞=ORDER_DATE
CITY	发货地	长度为 20 的字符串	

续表

属性列名	含　义	数据类型	约　束
PAYMENT_TNO	支付方式号	长度为 1 的字符串	外码(被参照表是 Payment 表)
STATUS	订单状态	长度为 20 的字符串	有三种状态： Accept(订单已接受) in process(订单处理中) Complete(交易完成)

完成本实验的语句及其执行结果如图 9—12 所示。

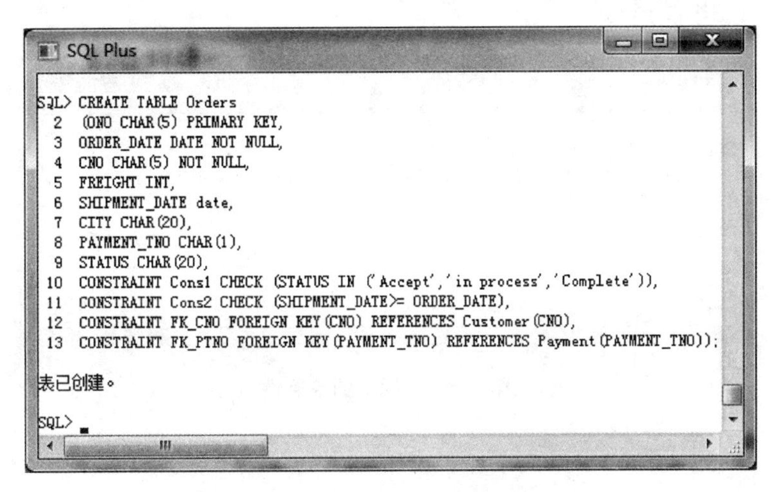

图 9—12　创建 Orders 表及其约束条件

Orders 表上定义的约束条件的名称(CONSTRAINT_NAME)、类型(CONSTRAINT_TYPE)和约束内容(SEARCH_CONDITION)，如图 9—13 所示。

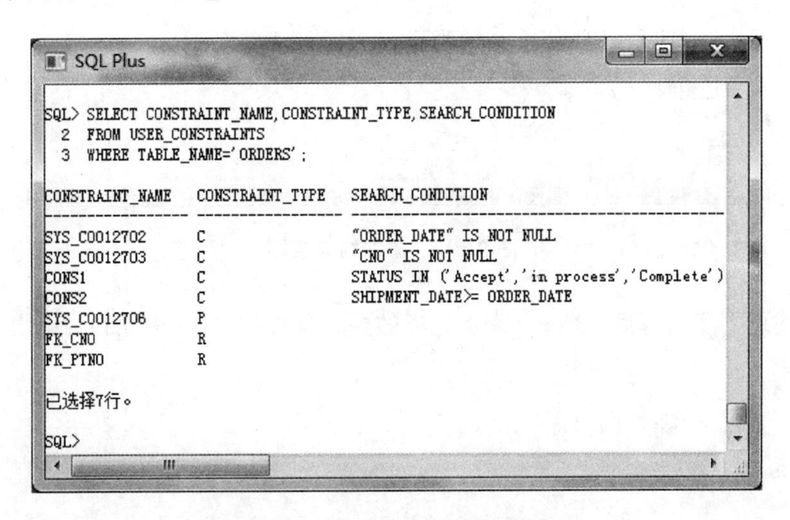

图 9—13　Orders 表上定义的约束条件

二、对现有表添加和删除约束条件

1. 添加约束条件

可以对现有表添加新的约束条件，语法如下：

ALTER TABLE＜表名＞

ADD CONSTRAINT ＜约束名＞＜约束条件＞；

【实验 9－2－4】 给 Orders 表添加名为"Cons3"的约束，规定 Freight 属性列的值必须介于 0～100。

完成本实验的语句及其执行结果如图 9－14 所示。

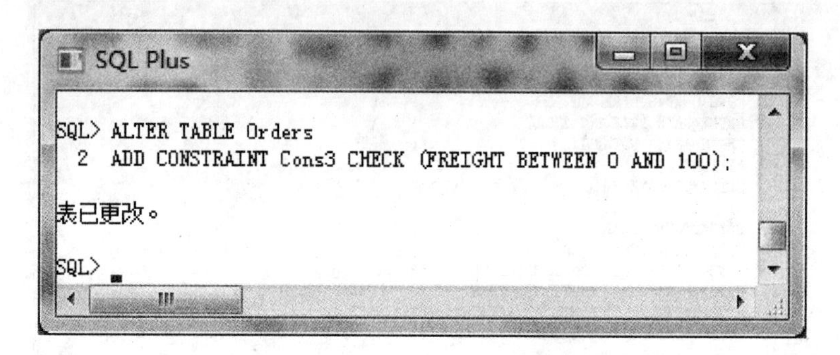

图 9－14 添加约束条件

【实验 9－2－5】 给 Orders 表添加名为"Cons4"的约束，规定 Status 属性列的值非空。

完成本实验的语句及其执行结果如图 9－15 所示。

图 9－15 添加约束条件

完成上述两个实验以后，Orders 表上定义的约束条件的名称、类型和约束内容如图 9－16 所示。

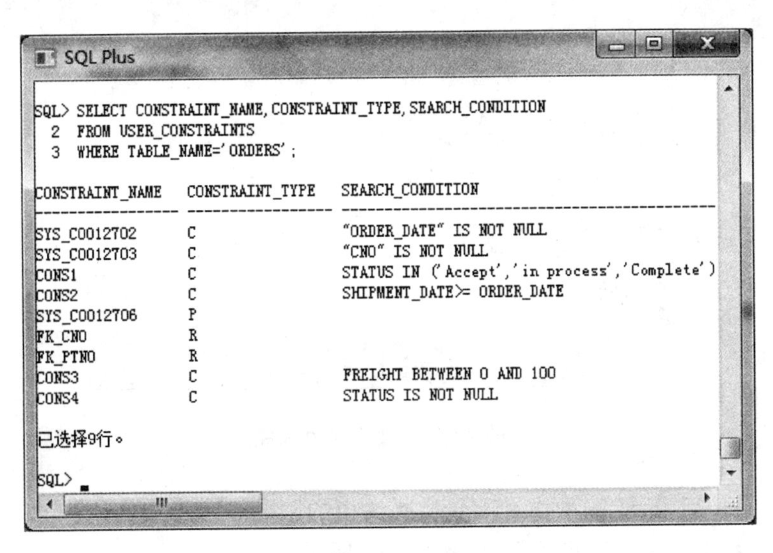

图 9－16　Orders 表上定义的约束条件

【实验 9－2－6】 在 Orders 表中插入一行“Status”属性列的值为空的记录，见表 9－5，观察实验结果。

表 9－5　Orders 表的一个记录

ONO	ORDER_DATE	CNO	FREIGHT	SHIPMENT_DATE	CITY	PAYMENT_TNO
O0010	2014－07－23	C0005	5	2014－07－25	Beijing	1

完成本实验的 INSERT 语句以及出错信息如图 9－17 所示。由于语句中没有给出“Status”属性列的值，系统提示违反了检查约束条件(SCOTT.CONS4)。

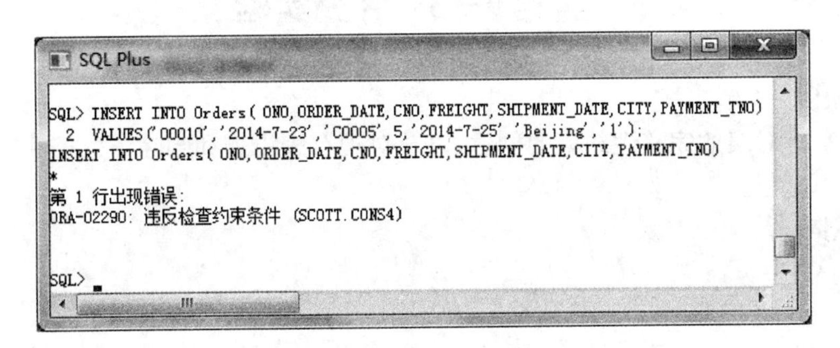

图 9－17　出错提示

2. 完整性约束的删除

用户也可以删除现有表的约束条件，语句如下：

ALTER TABLE ＜表名＞

DROP CONSTRAINT ＜约束名＞；

【实验 9－2－7】 删除前面定义的名为 Cons3 和 Cons4 的约束条件。

完成本实验的语句及其执行结果如图 9－18 所示。

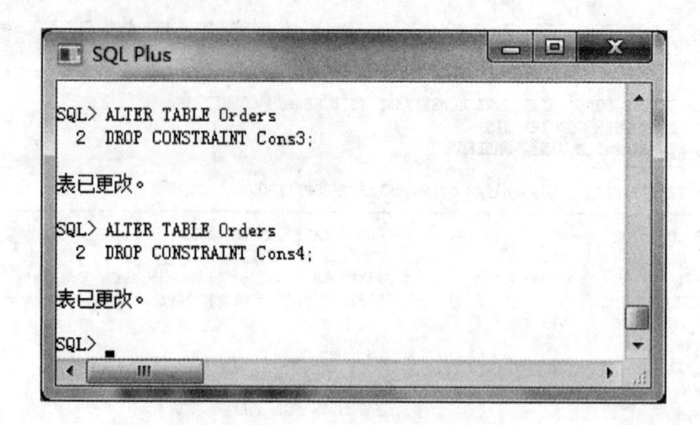

图 9—18 删除约束条件

删除约束条件后，后续的操作就不受这些约束的限制了。重新执行【实验 9—2—6】中的 INSERT 语句，系统显示已创建 1 行，如图 9—19 所示。

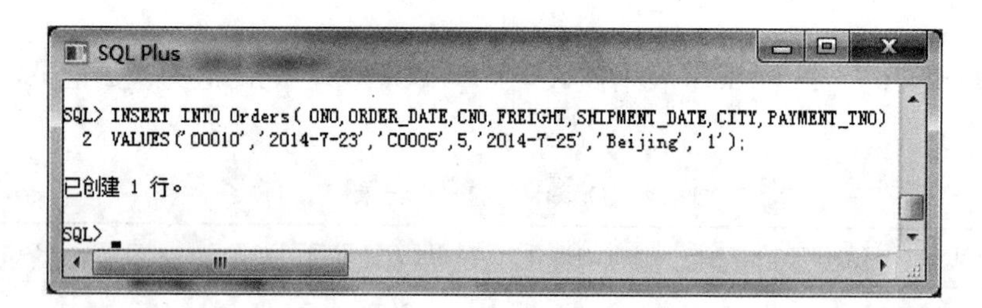

图 9—19 成功创建 1 行记录

实验 9—3 补充实验

实验目的

- 巩固掌握对表的完整性约束的创建，以及对现有表添加和删除约束条件的操作。

实验环境

- Oracle11g

实验要求

试在 Oracle 数据库中自行完成如下补充实验：

1. 创建 EMP_Info 表，表结构及约束见表 9—6。

表 9—6 EMP_Info 表的结构及约束

属性列表	含 义	数据类型	约 束
ENO	雇员编号	数值型，宽度为 4	主码
ENAME	姓名	长度为 10 的字符串	非空

续表

属性列表	含 义	数据类型	约 束
SEX	性别	长度为2的字符串	男或女
SAL	薪金	数值型,宽度为7,小数位数为2	大于2 500,非空
COMM	佣金	数值型,宽度为7,小数位数为2	不得高于薪金的3倍
DEPTNO	部门号	数值型,宽度为2	

2. 在EMP_Info表中定义一个外码DEPTNO,其被参照表是DEPT表。
3. 创建Prod_Info表,表结构及约束见表9—7。

表9—7　　Prod_Info表的结构及约束

属性列表	含 义	数据类型	约 束
PNO	产品编号	长度为4的字符串	主码
PNAME	产品名称	长度为20的字符串	
COLOR	颜色	长度为2的字符串	红、黄、绿、蓝或紫色
PRICE	销售原价	数值型,宽度为6,小数位数为2	大于销售折扣价
ReducedPrice	销售折扣价	数值型,宽度为6,小数位数为2	不得低于销售原价的70%

4. 从Prod_Info表中删除对颜色字段的约束,然后再将约束添加回去。
5. 创建Supplier表,表结构见表9—8。

表9—8　　Supplier表的结构

属性列表	含 义	数据类型	约 束
SNO	供应商编号	长度为2的字符串	主码
SNAME	公司名称	长度为20的变动长度字符串	非空
STEL	电话	长度为15的变动长度字符串	

6. 创建SP表,表结构及约束见表9—9。

表9—9　　SP表的结构及约束

属性列表	含 义	数据类型	约 束
SupplierNO	供应商编号	长度为2的字符串	
ProductNO	产品编号	长度为4的字符串	
Quantity	供应数量	整型	>0
SupplyDate	供应日期	日期型	
主码:(SupplierNO,ProductNO,SupplyDate)			

7. 在 SP 表中定义一个外码 ProductNO，其被参照表是 Prod_Info 表；定义另一个外码 SupplierNO，其被参照表是 Supplier 表。

8. 给 SP 表添加 PRICE(采购价格)属性列，数据类型为数值型，宽度为 5，小数位数为 2。

9. 给 SP 表的 PRICE 属性添加一个约束，规定采购价格必须大于 0。

10. 将 SP 表中 PRICE 属性的宽度增加到 6 位，小数位数不变。

11. 从 SP 表中将 PRICE 属性删除。

实验报告

实验项目名称　实验九　表的变更和删除及完整性约束定义

实　　验　　室＿＿＿＿＿＿＿＿＿＿

所属课程名称　　数据库

实　验　日　期＿＿＿＿＿＿＿＿＿＿

班　级＿＿＿＿＿＿＿＿

学　号＿＿＿＿＿＿＿＿

姓　名＿＿＿＿＿＿＿＿

成　绩＿＿＿＿＿＿＿＿

【实验环境】

· Oracle11g

【实验目的】

· 掌握表结构的变更和删除表的方法；

· 掌握完整性约束的定义、添加和删除方法。

【实验结果提交方式】

● 实验 9－1：

· 按实验要求和步骤完成各个实验，并将表结构变更和表删除语句的执行结果屏幕复制下来，记录在本实验报告中。

● 实验 9－2：

· 按实验要求和步骤完成各个实验，并将完整性约束的定义、添加和删除语句的执行结果屏幕复制下来，记录在本实验报告中。

● 实验 9－3：

· 自行完成本补充实验，记录实验结果。

● 将本实验报告存放在“XXXXXXXXXX－9.docx”文件中，其中“XXXXXXXXXX”是学号，并在教师规定的时间内通过 BB 系统提交该文件。

【实验 9－1 的实验结果】

记录表结构变更和表删除语句的执行结果。

【实验 9－2 的实验结果】

记录完整性约束的定义、添加和删除语句的执行结果。

【实验 9－3 的实验结果】

自行完成补充实验，并记录实验结果。

【实验思考】

1. 举例说明如何在一个表中新增多个属性列。
2. 举例说明如何从一个表中删除多个属性列。
3. 举例说明如何修改一个表中多个属性列的定义。
4. 总结完整性约束的分类及其创建方法，并举例说明。

【思考结果】

将思考结果记录在本实验报告中。

1.

2.

3.

4.

实验成绩：　　　　批阅老师：　　　　批阅日期：

实验十

数据库的并发和安全性控制

实验 10—1　数据库并发控制

实验目的

- 掌握 Oracle 数据库的事务提交操作；
- 掌握 Oracle 数据库的事务撤销操作；
- 熟悉保存点的设置方法。

实验环境

- Oracle11g

实验要求

利用“订单管理”数据库，设计若干个实验，完成以下实验要求，体会事务提交和回滚语句的作用。

1. 用提交语句保存更改(插入、删除和修改)

(1)分别打开两个 SQL Plus 实例，即启动 2 个 SQL Plus 会话。利用会话 1 向 Customer 表中插入一个元组(见表 10—1)，然后在会话 2 中查看 Customer 表的数据。

(2)分别启动两个 SQL Plus 会话，在会话 1 中发出 INSERT 语句将记录(见表 10—2)插入 Customer 表，然后在会话 2 中发出同一 INSERT 语句，观察语句执行结果；接下来在会话 1 中发出 COMMIT 语句，再次观察实验结果。

(3)分别启动两个 SQL Plus 会话，在会话 1 中发出 INSERT 语句将记录(见表 10—3)插入 Customer 表。然后在会话 2 中发出 DELETE 语句，删除原先插入 Customer 表的“C0012”客户记录，观察语句执行结果；接下来在会话 1 中发出 COMMIT 语句，再次观察实验结果。

(4)分别启动两个 SQL Plus 会话，在会话 1 中将 Product 表中编号(PNO)为“2001”的产品记录的单价(PRICE)改为 25 元；然后，在会话 2 中试着更新相同记录的 Price 值为 100 元，观察语句执行结果；接下来在会话 1 中发出提交语句，再次观察实验结果。

(5)分别启动两个 SQL Plus 会话，在会话 1 中创建了 lowPriceProduct 表，其中包含 Product 表中单价小于 25 元的产品；然后，在会话 2 中查看 lowPriceProduct 表的信息。

2. 用回滚语句更改撤销

(1)在 Customer 表中插入三条记录(见表 10—4)，然后执行事务回滚语句，观察实验结果。

(2)在 Ptype 表中插入一个记录(见表 10—5)，查看该表数据；然后先发出事务提交语句，再发出事务回滚语句，再次查看该表数据，观察实验结果。

3. 插入保存点

(1)试在 Ptype 表中插入一个记录(见表 10—6)，然后创建保存点“a”；接着执行一个更新操作，将 TNO 为“4”的记录的 TNAME 改为“Fruit”；然后撤销刚才的更新操作并提交事务，并查看 Ptype 表的数据。

(2)为 Ptype 表执行一系列 SELECT、UPDATE、DELETE、INSERT 操作，并在其中穿插创建保存点、提交和回滚等操作，观察实验结果。

实验步骤

一、用提交语句保存更改(插入、删除和修改)

当用户向数据库发出插入(INSERT)、删除(DELETE)和修改(UPDATE)命令后，数据库系统都不会对数据库作直接更改，直到用户明确地发出提交语句(COMMIT)才能保存更改。下面先通过几个实验来说明提交操作是如何实现的。

【实验 10—1— 1】 分别打开两个 SQL Plus 实例，即启动 2 个 SQL Plus 会话。利用会话 1 向 Customer 表中插入一个元组(见表 10—1)，然后在会话 2 中查看 Customer 表的数据。

表 10—1　　Customer 表的一个新记录

CNO	CNAME	COMPANY	CITY	TEL
C0011	Li Feng	Oracle	Beijing	010—62751231

完成本实验的步骤如下：

(1)打开一个 SQL Plus 实例，启动 SQL Plus 会话 1，用 INSERT 语句在 Customer 表中插入表 10—1 中给出的那条新记录，如图 10—1 所示。

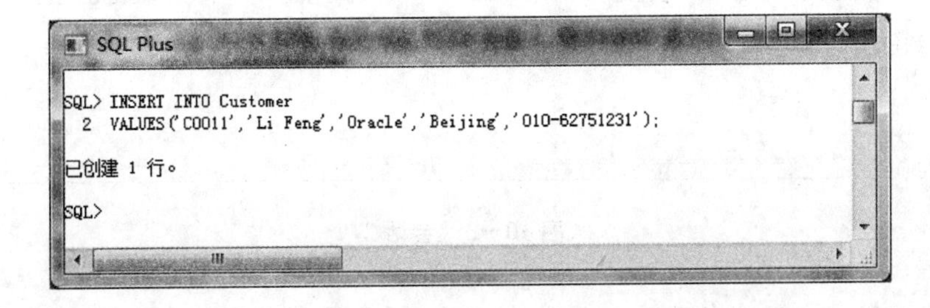

图 10—1　用 INSERT 语句在 Customer 表中插入记录

(2)在会话 1 中发出一个 SELECT 语句，查看 Customer 表的数据，可以看到新插入的客户代码为“C0011”的记录，如图 10—2 所示。

```
SQL Plus

SQL> SELECT * FROM Customer ORDER BY Cno;

CNO   CNAME           COMPANY                         CITY                TEL
----- --------------- ------------------------------- ------------------- ------------
C0001 Zhang Chen      Citibank                        Shanghai            021-65903818
C0002 Wang Ling       Oracle                          Beijing             010-62754108
C0003 Li Li           Minsheng bank                   Shanghai            021-62438210
C0004 Liu Xin         Citibank                        Shanghai            021-55392225
C0005 Xu Ping         Microsoft                       Beijing             010-43712345
C0006 Zhang Qing      Freightliner LLC                Guangzhou           020-84713425
C0007 Yang Jie        Freightliner LLC                Guangzhou           020-76543657
C0008 Wang Peng       IBM                             Beijing             010-62751231
C0009 Du Wei          HoneyWell                       Shanghai            021-45326788
C0010 Shan Feng       Oracle                          Beijing             010-62751230
C0011 Li Feng         Oracle                          Beijing             010-62751231

已选择11行。

SQL>
```

图 10—2　会话 1

(3)用同一用户名和密码打开另一个 SQL Plus 实例，即启动 SQL Plus 会话 2，并对同一 Customer 表发出 SELECT 语句，查询结果如图 10—3 所示。可以看到，在第一个实例中插入的记录不会在第二个实例中显示。这是因为还没有在第一个实例中提交该记录。

```
SQL Plus

SQL> select * from customer;

CNO   CNAME                 COMPANY                         CITY                TEL
----- --------------------- ------------------------------- ------------------- ------------
C0001 Zhang Chen            Citibank                        Shanghai            021-65903818
C0002 Wang Ling             Oracle                          Beijing             010-62754108
C0003 Li Li                 Minsheng bank                   Shanghai            021-62438210
C0004 Liu Xin               Citibank                        Shanghai            021-55392225
C0005 Xu Ping               Microsoft                       Beijing             010-43712345
C0006 Zhang Qing            Freightliner LLC                Guangzhou           020-84713425
C0007 Yang Jie              Freightliner LLC                Guangzhou           020-76543657
C0008 Wang Peng             IBM                             Beijing             010-62751231
C0009 Du Wei                HoneyWell                       Shanghai            021-45326788
C0010 Shan Feng             Oracle                          Beijing             010-62751230

已选择10行。

SQL> _
```

图 10—3　会话 2

(4)切换至第一个实例将激活会话 1，在 SQL 提示符下发出一个提交(COMMIT)语句。然后激活会话 2，发出 SELECT 语句对 Customer 表进行查询。在会话 1 中插入的“C0011”号客户记录就会在会话 2 中显示，如图 10—4 所示。

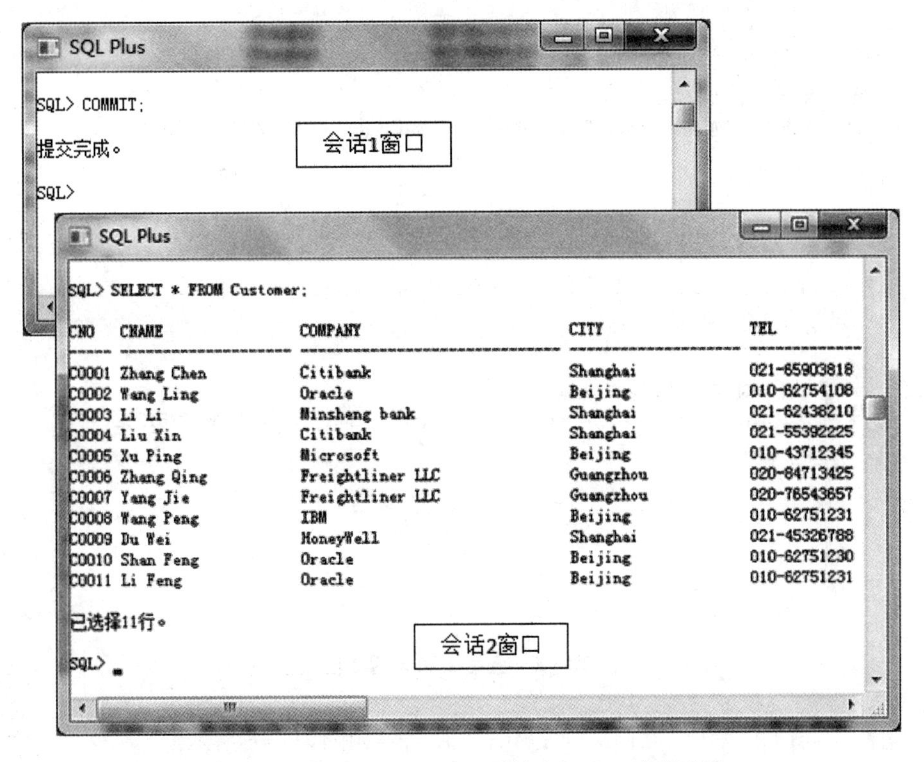

图 10—4 执行了 COMMIT 后的 SQL Plus 会话窗口

【实验 10—1—2】 分别启动两个 SQL Plus 会话，在会话 1 中发出 INSERT 语句将记录(见表 10—2)插入 Customer 表，然后在会话 2 中发出同一 INSERT 语句，观察语句执行结果；接下来在会话 1 中发出 COMMIT 语句，再次观察实验结果。

表 10—2　　Customer 表的一个新记录

CNO	CNAME	COMPANY	CITY	TEL
C0012	Wang Xin	Oracle	Beijing	010—62751232

完成本实验的步骤如下：

(1)启动 SQL Plus 会话 1，在 Customer 表插入表 10—2 中的新记录，插入成功。

(2)启动 SQL Plus 会话 2，在其中发出同一 INSERT 语句，希望插入同一项记录，该会话被挂起。实验结果如图 10—5 所示。

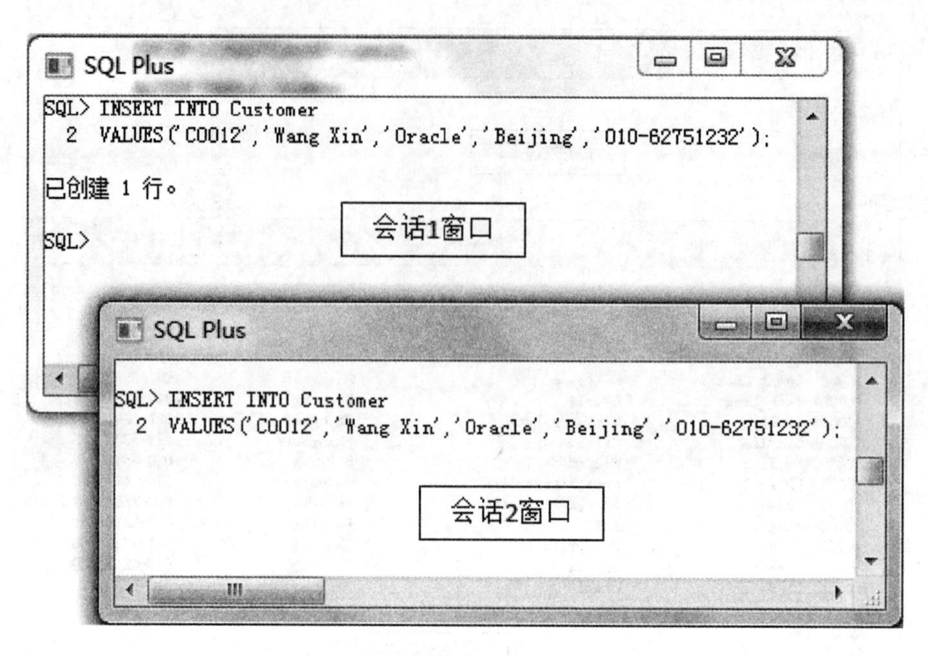

图 10—5　会话 1 和会话 2 窗口

(3)切换至会话 1,发出 COMMIT 语句,实验结果如图 10—6 所示。

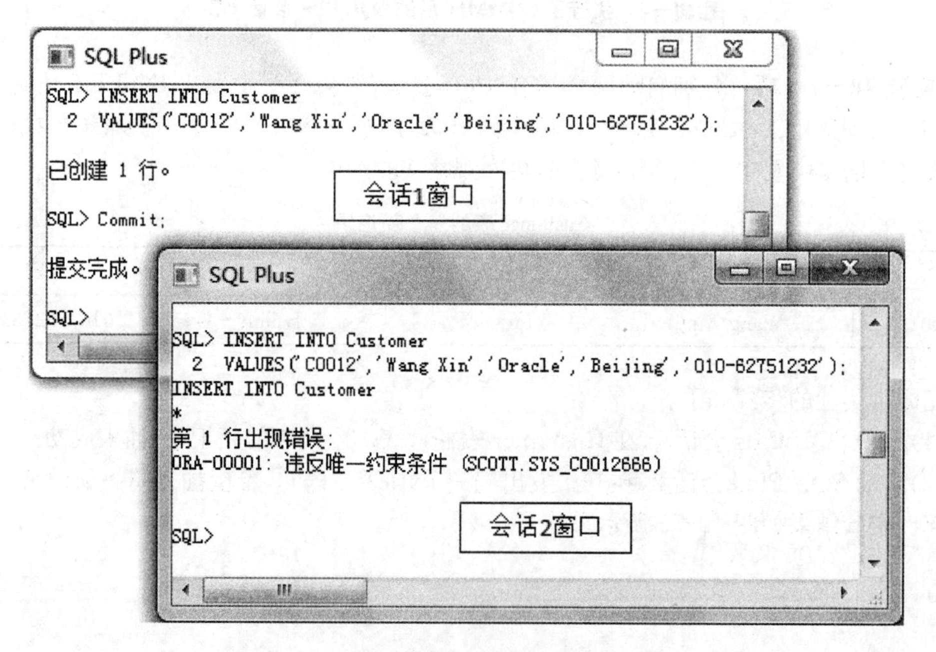

图 10—6　COMMIT 后的会话 1 和会话 2 窗口

由于在会话 1 窗口执行了 COMMIT 语句,新记录就被写入物理数据库,同时 Customer 表被解锁。系统开始执行会话 2 的 INSERT 语句,但由于 CNO 是主键,因此会话 2 不允许用户插入主键相同的记录,并给出相应的出错信息,提示该操作违反了唯一约束条件。

如果在会话 1 和会话 2 中向 Customer 表中插入主键(CNO)不相同的记录,系统是会执行成功的，如图 10—7 所示。

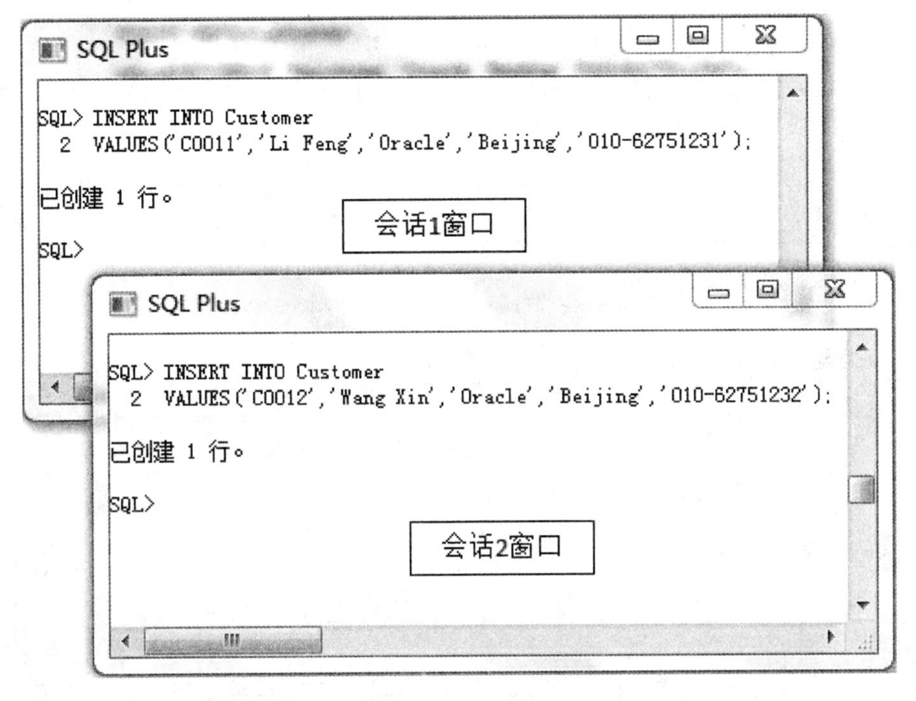

图 10—7　会话窗口

【实验 10—1—3】 分别启动两个 SQL Plus 会话，在会话 1 中发出 INSERT 语句将记录(见表 10—3)插入 Customer 表。然后在会话 2 中发出 DELETE 语句，删除原先插入 Customer 表的"C0012"客户记录，观察语句执行结果；接下来在会话 1 中发出 COMMIT 语句，再次观察实验结果。

表 10—3　　Customer 表的一个新记录

CNO	CNAME	COMPANY	CITY	TEL
C0013	Yao Hong	Oracle	Beijing	010—62751234

完成本实验的步骤如下：

(1)启动 SQL Plus 会话 1，在 Customer 表中插入表 10—3 中的新记录，插入成功；

(2)启动 SQL Plus 会话 2，在其中发出 DELETE 语句，试图删除"C0012"客户记录，该会话被挂起，如图 10—8 所示。

(3)切换至会话 1，发出 COMMIT 语句，系统显示提交完成。同时，会话 2 窗口的删除语句也就执行成功了，实验结果如图 10—9 所示。

在试过向表中插入和删除记录后，再来看看如何更新记录。

【实验 10—1—4】 分别启动两个 SQL Plus 会话，在会话 1 中将 Product 表中编号(PNO)为"2001"的产品记录的单价(PRICE)改为 25 元；然后，在会话 2 中试着更新相同记录的 Price 值为 100 元，观察语句执行结果；接下来在会话 1 中发出提交语句，再次观察实验结果。

完成本实验的步骤如下：

(1)启动 SQL Plus 会话 1,发出 UPDATE 语句更新“2001”号产品的单价,系统提示更新成功。

(2)启动 SQL Plus 会话 2,发出同一 UPDATE 语句试图更新相同记录的值,系统将挂起该会话,如图 10—10 所示。因为无论何时更新一个记录,在用户提交或回滚它之前,该记录是锁定的。

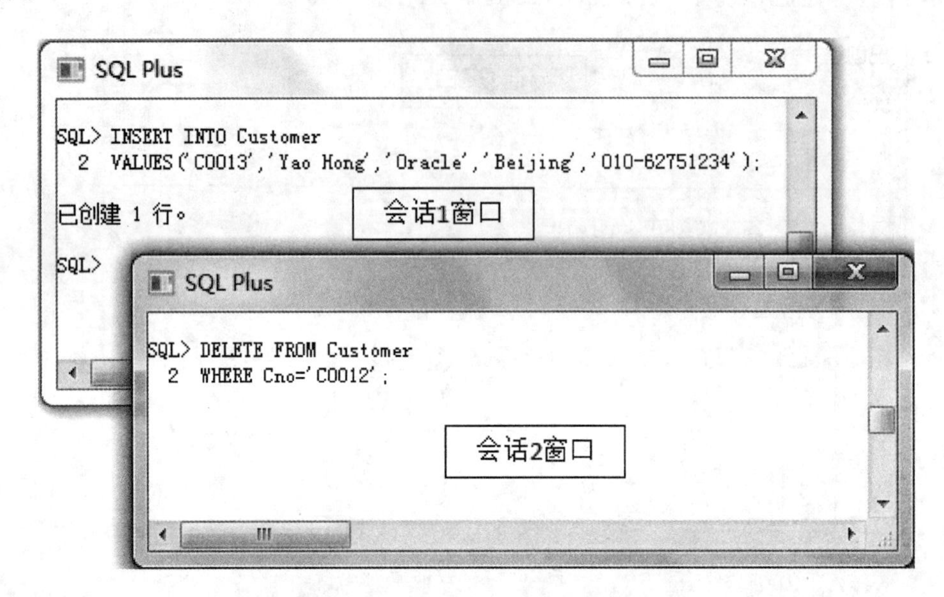

图 10—8 COMMIT 前的会话窗口

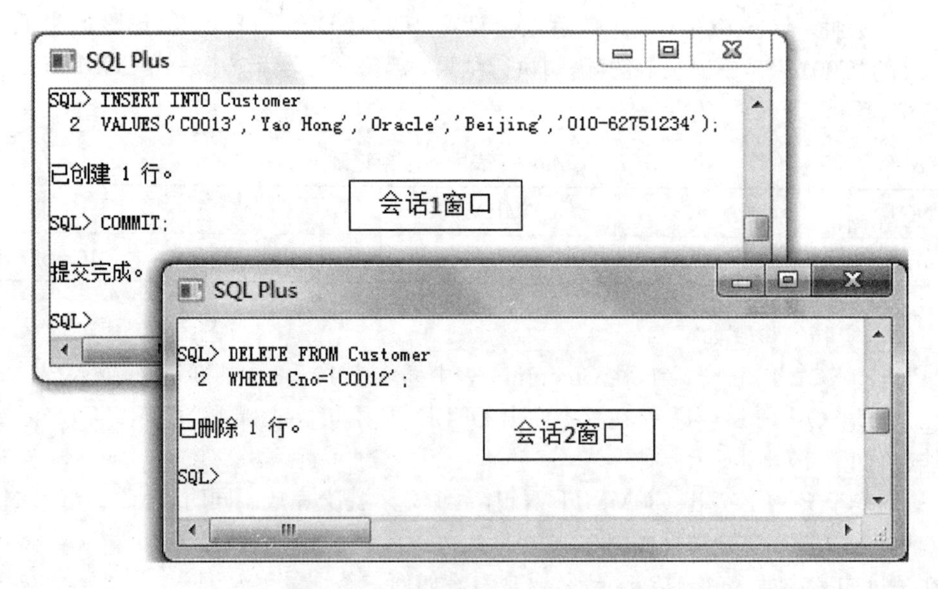

图 10—9 COMMIT 后的会话窗口

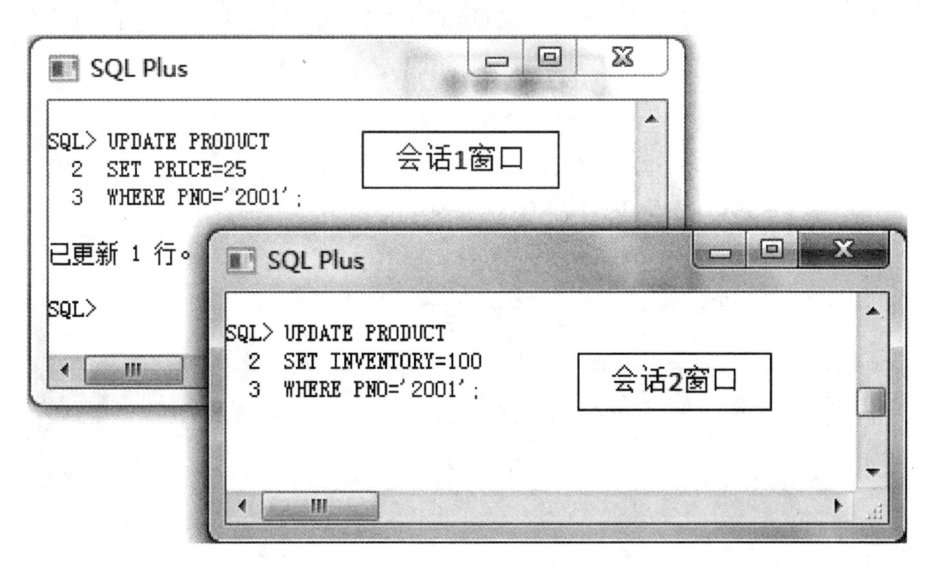

图 10－10　COMMIT 前的会话窗口

(3)切换至会话 1,发出 COMMIT 语句,系统显示提交完成,Product 表被解锁。此时,会话 2 中的 UPDATE 语句显示执行成功,如图 10－11 所示。

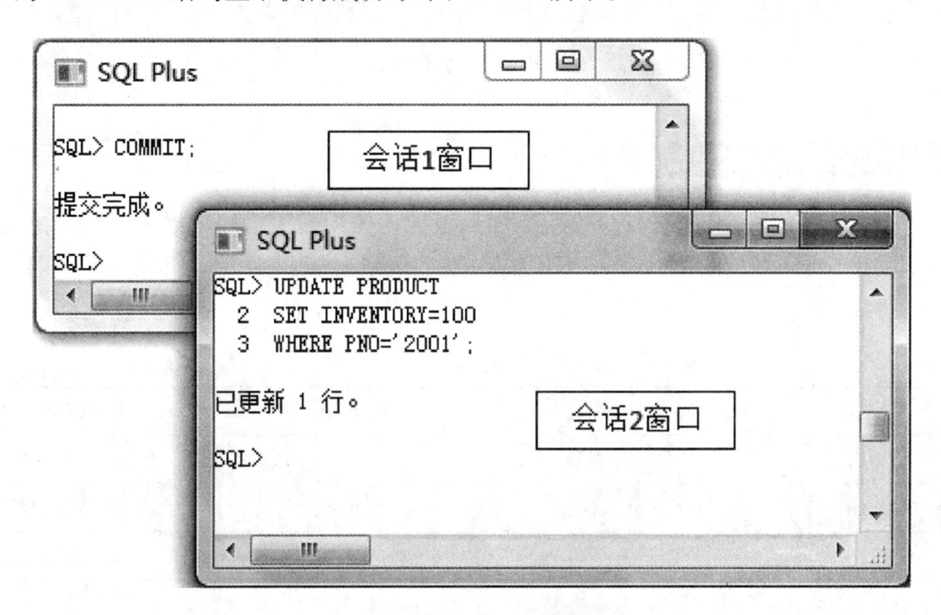

图 10－11　COMMIT 后的会话窗口

【实验 10－1－5】　分别启动两个 SQL Plus 会话,在会话 1 中创建 lowPriceProduct 表,其中包含 Product 表中单价小于 25 元的产品;然后,在会话 2 中查看 lowPriceProduct 表的信息。

完成本实验的步骤如下:

(1)启动 SQL Plus 会话 1,发出 CREATE 语句创建 lowPriceProduct 表,系统提示表已创建。

(2)启动 SQL Plus 会话 2,发出 SELECT 命令查看 lowPriceProduct 表的信息,系统显示

了该表中的2条记录，如图10—12所示。可见，对于DDL语句来说，系统是自动提交的，用户无须执行COMMIT语句。

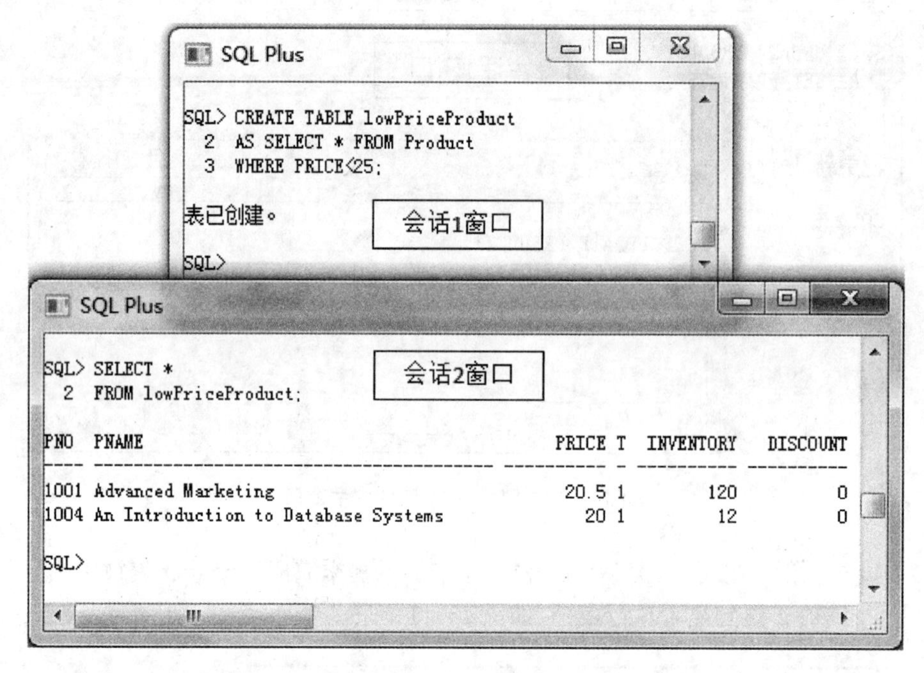

图10—12 会话窗口

二、用回滚语句撤销更改

前面的实验已用提交语句保存更改，下面示范如何使用回滚语句来撤销未提交的更改。

【实验10—1—6】 在Customer表中插入三个记录(见表10—4)，然后执行事务回滚语句，观察实验结果。

表10—4 **插入Customer表的三个记录**

CNO	CNAME	COMPANY	TEL
C0014	Zhang Ming	Oracle	010—62751235
C0015	Xu Tao	Oracle	010—62751236
C0016	Deng Fei	Oracle	010—62751237

完成本实验的步骤如下：

(1)用INSERT语句在Customer表中插入表10—4中的三个记录。

(2)用SELECT语句查询Customer表的数据，如图10—13所示，可以看到新插入的记录。

(3)发出一个回滚(ROLLBACK)语句。

(4)再次查看Customer表的数据，如图10—14所示，刚插入的三个记录没有显示。

这是因为，通过ROLLBACK语句撤销了刚才的插入操作，插入到Customer表的三个新记录就没有了。

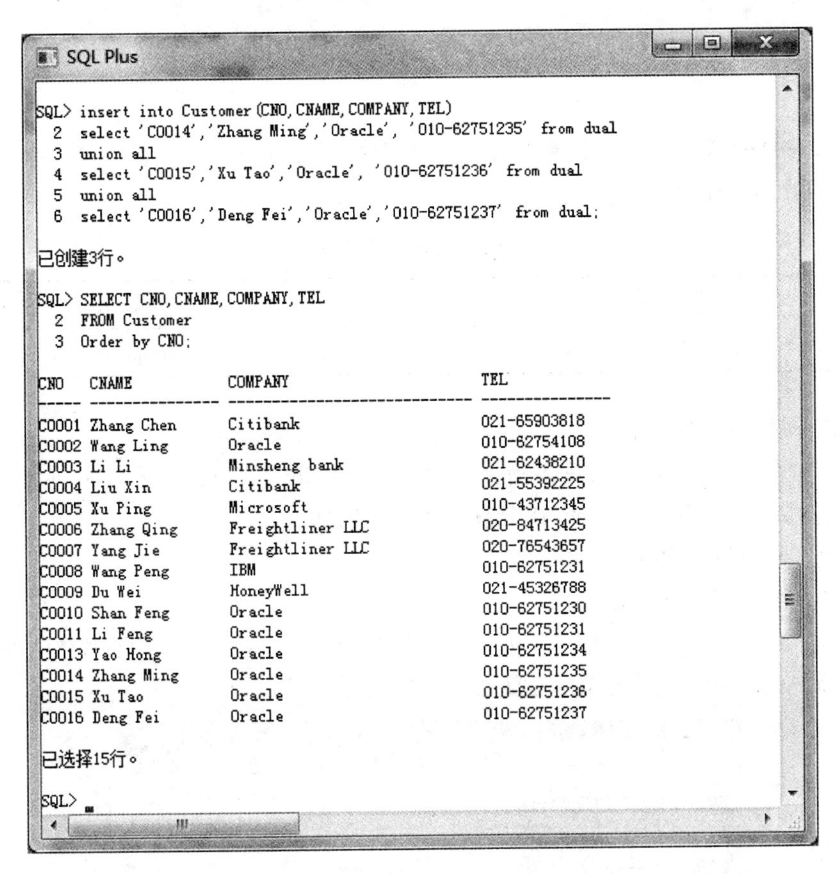

```
SQL> insert into Customer(CNO,CNAME,COMPANY,TEL)
  2  select 'C0014','Zhang Ming','Oracle', '010-62751235' from dual
  3  union all
  4  select 'C0015','Xu Tao','Oracle', '010-62751236' from dual
  5  union all
  6  select 'C0016','Deng Fei','Oracle','010-62751237' from dual;

已创建3行。

SQL> SELECT CNO,CNAME,COMPANY,TEL
  2  FROM Customer
  3  Order by CNO;

CNO   CNAME           COMPANY                      TEL
----- --------------- ---------------------------- ---------------
C0001 Zhang Chen      Citibank                     021-65903818
C0002 Wang Ling       Oracle                       010-62754108
C0003 Li Li           Minsheng bank                021-62438210
C0004 Liu Xin         Citibank                     021-55392225
C0005 Xu Ping         Microsoft                    010-43712345
C0006 Zhang Qing      Freightliner LLC             020-84713425
C0007 Yang Jie        Freightliner LLC             020-76543657
C0008 Wang Peng       IBM                          010-62751231
C0009 Du Wei          HoneyWell                    021-45326788
C0010 Shan Feng       Oracle                       010-62751230
C0011 Li Feng         Oracle                       010-62751231
C0013 Yao Hong        Oracle                       010-62751234
C0014 Zhang Ming      Oracle                       010-62751235
C0015 Xu Tao          Oracle                       010-62751236
C0016 Deng Fei        Oracle                       010-62751237

已选择15行。

SQL>
```

图 10－13　ROLLBACK 前的实验结果

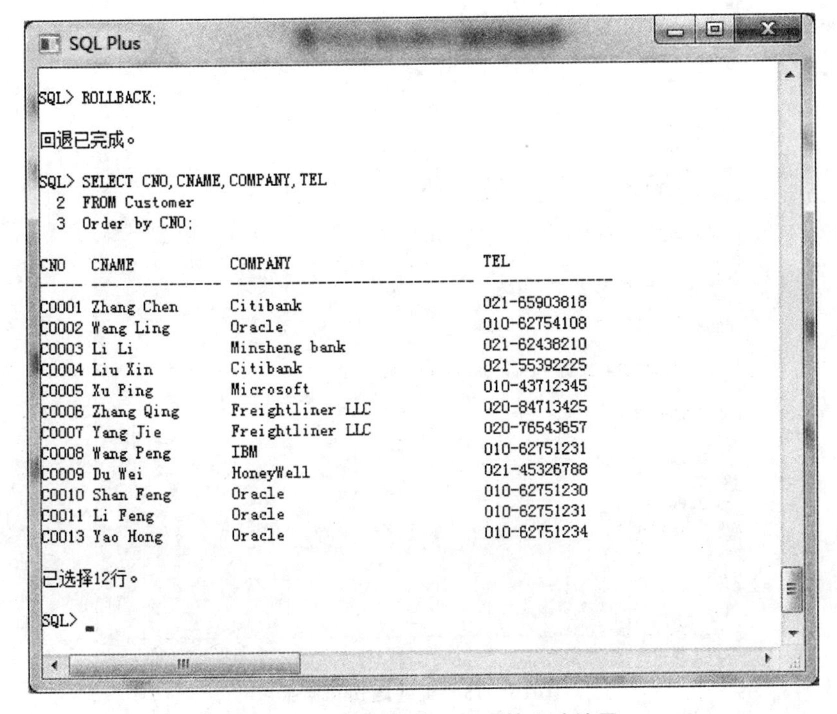

```
SQL> ROLLBACK;

回退已完成。

SQL> SELECT CNO,CNAME,COMPANY,TEL
  2  FROM Customer
  3  Order by CNO;

CNO   CNAME           COMPANY                      TEL
----- --------------- ---------------------------- ---------------
C0001 Zhang Chen      Citibank                     021-65903818
C0002 Wang Ling       Oracle                       010-62754108
C0003 Li Li           Minsheng bank                021-62438210
C0004 Liu Xin         Citibank                     021-55392225
C0005 Xu Ping         Microsoft                    010-43712345
C0006 Zhang Qing      Freightliner LLC             020-84713425
C0007 Yang Jie        Freightliner LLC             020-76543657
C0008 Wang Peng       IBM                          010-62751231
C0009 Du Wei          HoneyWell                    021-45326788
C0010 Shan Feng       Oracle                       010-62751230
C0011 Li Feng         Oracle                       010-62751231
C0013 Yao Hong        Oracle                       010-62751234

已选择12行。

SQL>
```

图 10－14　ROLLBACK 后的实验结果

注意：

提交更改之后再执行回滚语句，就不能撤销更改（插入、删除和更新）操作了。请看下面的实验。

【实验 10－1－7】 在 Ptype 表中插入一个记录（见表 10－5），查看该表数据；然后先发出事务提交语句，再发出事务回滚语句，再次查看该表数据，观察实验结果。

表 10－5 **Ptype 表的一个记录**

TNO	TNAME
4	Computer

完成本实验的步骤如下：

(1)用 INSERT 语句在 Ptype 表中插入表 10－5 中的一个记录，然后用 SELECT 语句查看 Ptype 表的数据，共有 4 条记录，其中包括新插入的那条记录。

(2)执行 COMMIT 语句。

(3)执行 ROLLBACK 语句。

(4)再次用 SELECT 语句查看 Ptype 表的数据，依然显示了包括新记录在内的 4 条记录，如图 10－15 所示。可见，更改操作提交后就不能再撤销了。

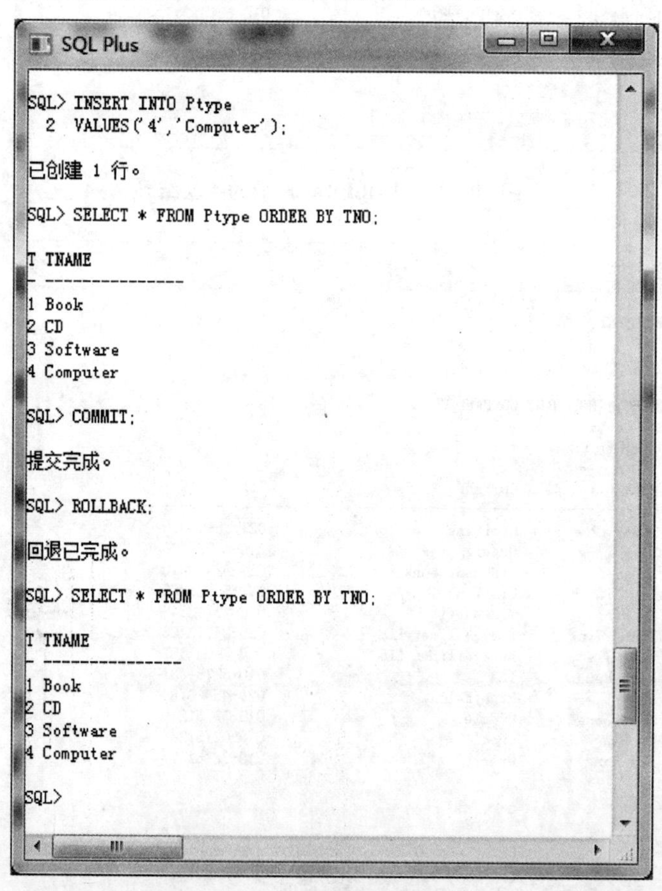

图 10－15 实验语句和结果

三、插入保存点

保存点(Savepoint)是在事务中插入的书签。这些书签用于标注事务,并配合回滚语句工作。与保存点一起使用的回滚语句可用于撤销事务的某个部分,而不是全部。

【实验 10－1－8】 试在 Ptype 表中插入一个记录(见表 10－6),然后创建保存点“a”;接着执行一个更新操作,将 TNO 为“4”的记录的 TNAME 改为“Fruit”。然后撤销刚才的更新操作并提交事务,并查看 Ptype 表的数据。

表 10－6　Ptype 表的一个记录

TNO	TNAME
5	Milk Product

完成本实验的步骤如下:

(1)用 INSERT 语句在 Ptype 表中插入表 10－6 中的记录。

(2)用 SAVEPOINT 命令发出一个保存点“a”,如图 10－16 所示。

(3)用 UPDATE 语句把 TNO 为“4”的记录的 TNAME 更新为“Fruit”。

(4)更新记录之后,意识到没有必要更改刚才的 TNAME。现在可以发出一个回滚命令来撤销刚才的更新操作,也可以给出一个提交命令来提交到现在为止所执行的全部操作,然后再发出一个更新语句把 TNAME 改回到原来的值。这里,不妨给出一个“ROLLBACK to a”的命令来只撤销更新的记录,保留插入的记录。

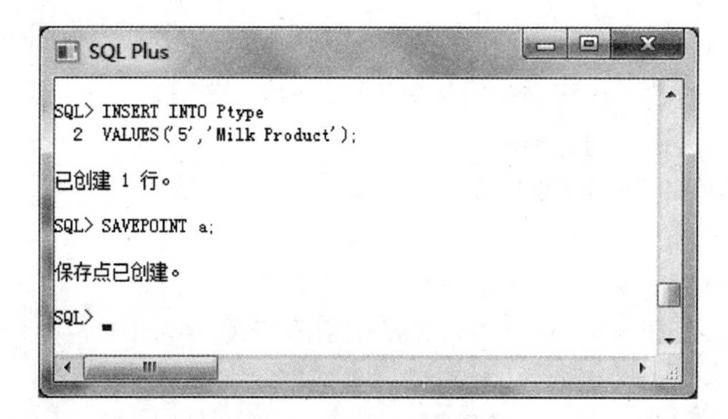

图 10－16　创建保存点

(5)用 COMMIT 命令提交事务。

(6)用 SELECT 命令查看 Ptype 表的数据,可以看到新插入的 TNO 为“5”的记录。另外,TNO 为“4”的记录的 TNAME 也保持不变,如图 10－17 所示。

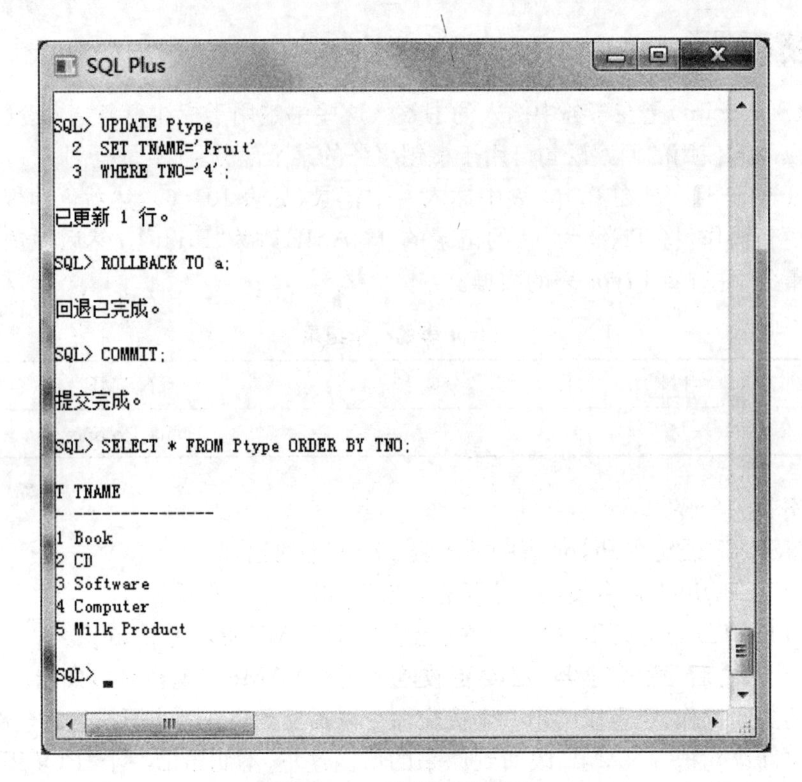

图 10－17 回滚到保存点

【实验 10－1－9】 为 Ptype 表执行一系列 SELECT、UPDATE、DELETE、INSERT 操作，并在其中穿插创建保存点、提交和回滚等操作，观察实验结果。

下面是为 Ptype 表设计的各种操作：

```
SELECT *FROM Ptype ORDER BY TNO;
SAVEPOINT a;
DELETE FROM PtypeWHERE TNO='4';
UPDATE PtypeSET TNAME='Fruit'WHERE TNO='5';
SAVEPOINT b;
DELETE FROM PtypeWHERE TNO='5';
INSERT INTO PtypeValues('6','Sea Food');
ROLLBACK TO b;
COMMIT;
SELECT *FROM Ptype ORDER BY TNO;
```

本实验中语句的执行结果如图 10－18 所示。

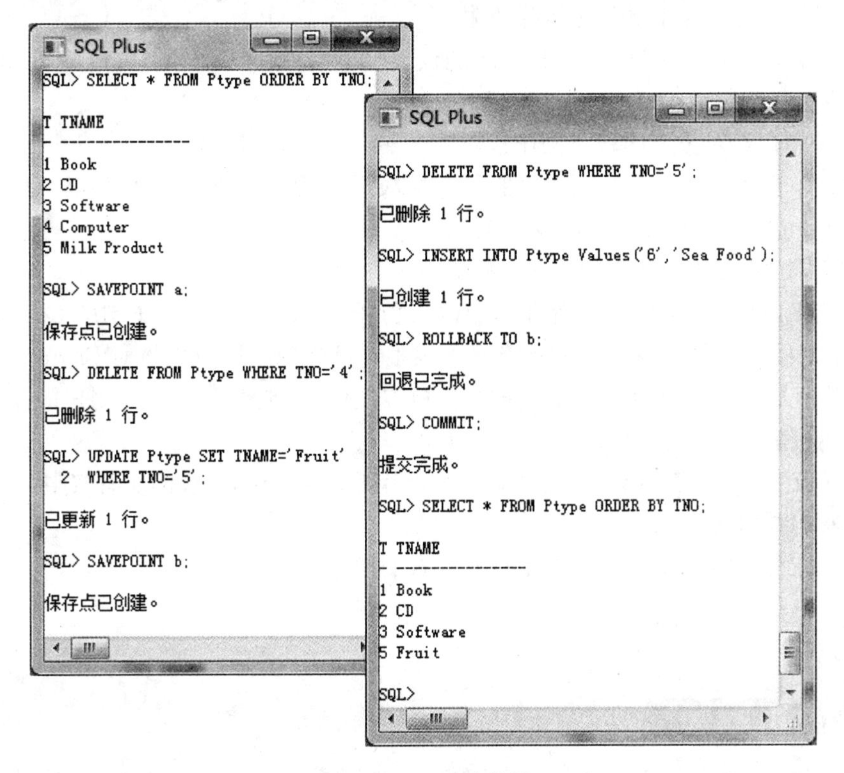

图 10—18　实验结果

实验 10—2　数据库安全性控制

实验目的

- 熟悉 Oracle 数据库的用户创建方法；
- 掌握 Oracle 数据库的安全性控制方法。

实验环境

- Oracle11g

实验要求

利用订单数据库，完成如下实验要求：

1. 用户创建和删除

(1)以“SCOTT”用户名登录到 SQL Plus，并创建一个用户“USER01”，口令是“pw01”。然后，将该用户的口令修改为“pw1”。

(2)先创建用户“USER03”，口令为“pw3”，再将该用户删除。

2. 用户授权

(1)授予用户 CREATE SESSION 权限

发出“CONNECT USER01/pw1”命令，以“USER01”用户登录 SQL Plus，观察实验结果。

(2)授予用户在对象上的特定操作权限

由“SCOTT”用户将查询 Customer 表的权限授予用户“USER01”,并以“USER01”身份登录后查看并尝试更新 Customer 表的记录。

(3)授予用户在对象上的所有操作权限

由“SCOTT”用户将对 Product 表的所有权限授予用户“USER01”,并以“USER01”身份登录后对 Product 表进行查询和修改操作。

(4)WITH GRANT OPTION 子句的使用

以“SCOTT/tiger”身份登录,用带有“WITH GRANT OPTION”子句的 GRANT 语句给 USER02 用户授予对 Payment 表的所有操作权限。USER02 用户再将对 Payment 表的“DELETE”权限授予 USER01 用户。试完成相关授权操作,并观察 USER01 用户的操作权限。

3. 撤销权限

以“SCOTT/tiger”身份登录,撤销 USER02 用户对 Payment 表的所有权限。

4. 查看用户权限

查看 USER02 用户和 USER01 用户所拥有的权限。

实验步骤

一、用户创建和删除

创建用户就是在数据库中增加一个用户账户,用户可以使用该账户访问数据库。CREATE USER 语句可创建用户账户,其语法格式如下:

CREATE USER <用户名>IDENTIFIED BY <口令>;

需要说明的是,创建用户账户的那个用户必须拥有“CREATE USER”系统权限。

为了保护数据库的安全,用户口令应该经常修改。可以使用“ALTER USER”语句修改用户的口令,语法格式如下:

ALTER USER<用户名>IDENTIFIED BY <新口令>;

ALTER USER 语句既可以修改当前用户的口令,也可以修改其他用户的口令;用户也可以使用“PASSWORD”命令修改当前用户的口令。

【实验 10-2-1】 以“SCOTT”用户名登录到 SQL Plus,并创建一个用户“USER01”,口令是“pw01”。然后,将该用户的口令修改为“pw1”。

完成本实验的具体步骤如下:

(1)以“SCOTT”用户名登录到 SQL Plus,发出如图 10-19 所示的 CREATE USER 命令即可创建“USER01”用户。

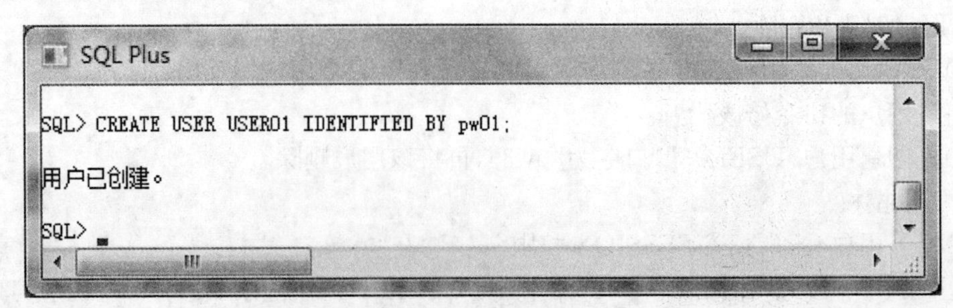

图 10-19 创建用户 USER01

(2)发出 ALTER USER 命令修改“USER01”用户的口令，结果如图 10－20 所示。

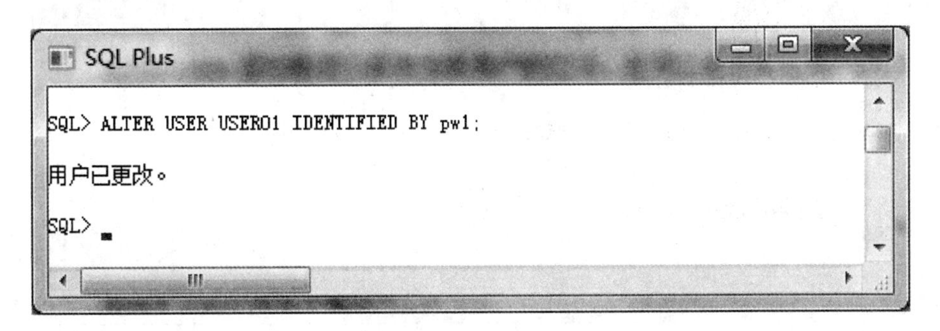

图 10－20　修改用户口令

若要删除用户账户，可使用“DROP USER”命令，语法格式如下：

DROP USER ＜用户名＞；

【实验 10－2－2】　先创建用户“USER03”，口令为“pw3”，再将该用户删除。

完成本实验的语句及执行结果如图 10－21 所示。

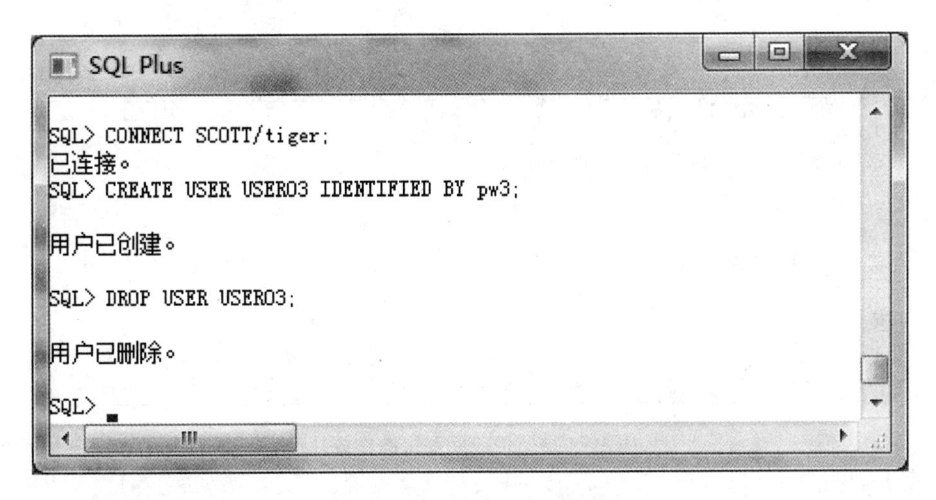

图 10－21　用户创建和删除

二、用户授权

1. 授予用户 CREATE SESSION 权限

创建用户之后，必须为该用户授予“CREATE SESSION”权限，否则该用户不能连接到数据库中。为用户授予“CREATE SESSION”权限的语法如下：

GRANT CREATE SESSIONTO＜用户名＞；

【实验 10－2－3】　发出“CONNECT USER01/pw1”命令，以“USER01”用户连接至 Oracle 数据库，观察实验结果。

完成本实验的具体步骤如下：

(1)发出“CONNECT USER01/pw1”命令，系统显示“USER01”用户缺乏“CREATE SESSION”权限，所以登录操作被拒绝，结果如图 10－22 所示。

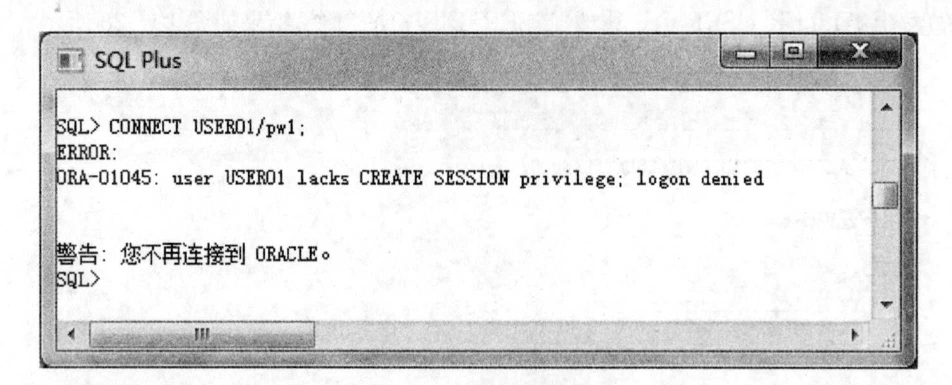

图 10－22　登录操作被拒绝

(2)发出“CONNECT SCOTT/tiger”命令连接到 Oracle，然后用“GRANT CREATE SESSION”命令给用户 USER01 授权。

(3)再次发出“CONNECT USER01/pw1”命令，以“USER01”身份连接到 Oracle。这次连接成功了，结果如图 10－23 所示。

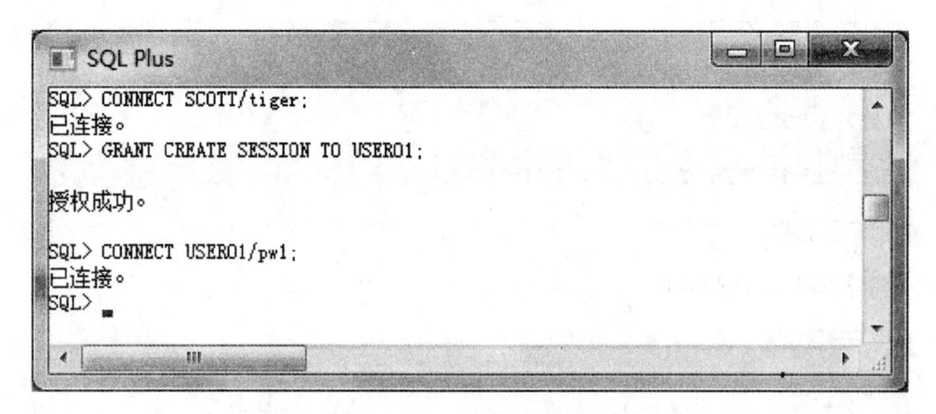

图 10－23　授权后登录操作成功

2. 授予用户在对象上的特定操作权限

用户连接到 Oracle 的数据库以后，若想对其中的对象(表、视图等)进行操作，还必须拥有在这些对象上的相应的权限。

对象的所有者(授权人)可以给其他用户(被授权人)授予在对象上进行查询(SELECT)、删除(DELETE)、更新(UPDATE)和插入(INSERT)等的权限。

使用 GRANT 语句可以给一个或多个用户授予对指定数据对象的一个或多个操作权限，格式如下：

GRANT<权限>[，<权限>]…

ON<数据对象>

TO<用户>[，<用户>]…；

在实验七中，SCOTT 用户创建了订单管理数据库，其中包含了 Customer(客户)、Orders(订单)、Order_items(订单明细)、Product(产品)、Ptype(产品类别)和 Payment(支付方式)等表。现需要把对部分表的某些权限授予其他用户，请看下面的实验。

【实验 10－2－4】 由"SCOTT"用户将查询 Customer 表的权限授予用户"USER01"，并以"USER01"身份登录后查看并尝试更新 Customer 表的记录。

完成本实验的具体步骤如下：

(1)以"SCOTT"身份登录，并用"GRANT SELECT ON Customer TO USER01"语句给 USER01 用户授权，结果如图 10－24 所示。

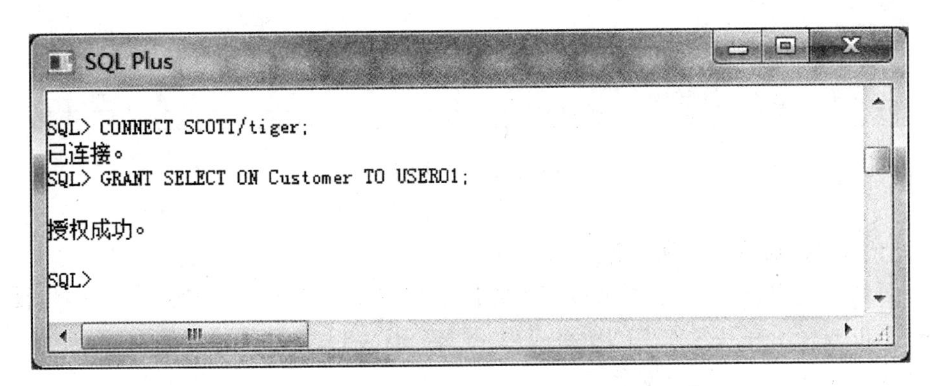

图 10－24 用 GRANT 语句给 USER01 用户授权

(2)以"USER01"身份登录，并用 SELECT 语句查看 Customer 表的记录，结果如图 10－25所示。这里，在指定表名称时需要把授权人登录名放在表名的前面。

```
SQL> CONNECT USER01/pw1;
已连接。
SQL> SELECT * FROM SCOTT.Customer;

CNO   CNAME        COMPANY                  CITY       TEL
----- ------------ ------------------------ ---------- ---------------
C0011 Li Feng      Oracle                   Beijing    010-62751231
C0013 Yao Hong     Oracle                   Beijing    010-62751234
C0001 Zhang Chen   Citibank                 Shanghai   021-65903818
C0002 Wang Ling    Oracle                   Beijing    010-62754108
C0003 Li Li        Minsheng bank            Shanghai   021-62438210
C0004 Liu Xin      Citibank                 Shanghai   021-55392225
C0005 Xu Ping      Microsoft                Beijing    010-43712345
C0006 Zhang Qing   Freightliner LLC         Guangzhou  020-84713425
C0007 Yang Jie     Freightliner LLC         Guangzhou  020-76543657
C0008 Wang Peng    IBM                      Beijing    010-62751231
C0009 Du Wei       HoneyWell                Shanghai   021-45326788
C0010 Shan Feng    Oracle                   Beijing    010-62751230

已选择12行。

SQL>
```

图 10－25 实验结果

(3)USER01 尝试对 Customer 表进行其他未被授权的操作。

由于授权人(SCOTT)只给 USER01 授予了查询(SELECT)权限，所以，USER01 用户只能查看 Customer 表的记录。如果该用户试图对 Customer 表进行 INSERT、DELETE 和 UPDATE等操作，系统会拒绝操作并显示出错信息，如图 10－26 所示。

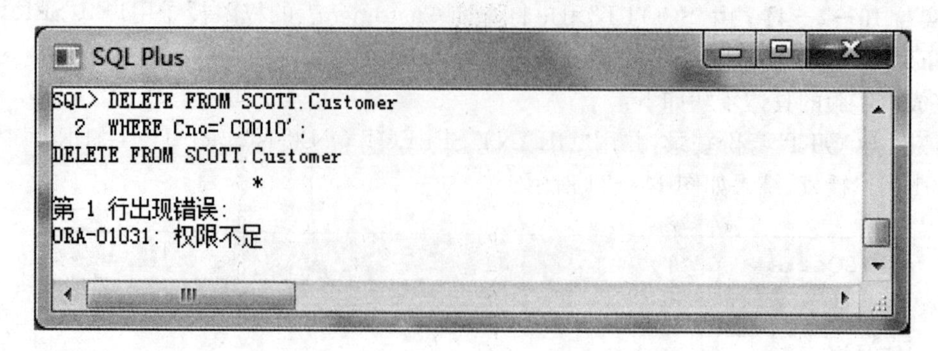

图 10－26 出错信息

3. 授予用户在对象上的所有操作权限

在上面的实验中，读者已经了解授权人如何给被授权人授予特定的权限。有时，授权人也可能向被授权人授予在某对象上的所有权限，具体 GRANT 语句的语法格式如下：

GRANT ALL ON<数据对象>

TO <用户>[，<用户>]…；

【实验 10－2－5】 由“SCOTT”用户将对 Product 表的所有权限授予用户“USER01”，并以“USER01”身份登录后对 Product 表进行查询和修改操作。

完成本实验的具体步骤如下：

(1)以“SCOTT”身份登录，用“GRANT ALL ON Product TO USER01”语句给用户“USER01”授权。这样，USER01 就获得了对 Product 表的所有操作权限。

(2)以“USER01”身份登录，发出 SELECT 语句查看 Product 表的所有记录。

(3)用 UPDATE 语句更新 Product 表的记录。

命令执行结果如图 10－27 所示。

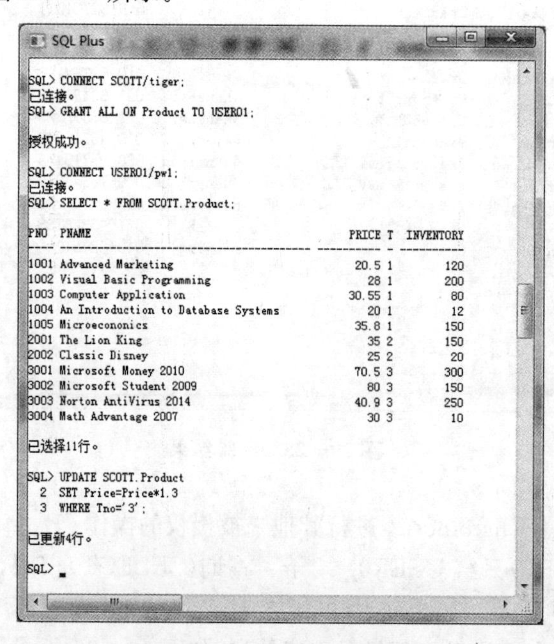

图 10－27 实验命令和结果

4. WITH GRANT OPTION 子句的使用

如果授权人在给其他用户授权时使用了“WITH GRANT OPTION”子句，获得权限的用户就可以将此权限再授予其他用户。相应的 GRANT 语句的语法格式如下：

GRANT <权限>[，<权限>]… ON <数据对象>

TO <用户>[，<用户>]…

WHTH GRANT OPTION；

【实验 10－2－6】 以“SCOTT/tiger”身份登录，用带有“WITH GRANT OPTION”子句的 GRANT 语句给 USER02 用户授予对 Payment 表的所有操作权限。USER02 用户再将对 Payment 表的“DELETE”权限授予 USER01 用户。试完成相关授权操作，并观察 USER01 用户的操作权限。

完成本实验的具体步骤如下：

(1)以“SCOTT/tiger”身份登录，给 USER02 用户授予“CREATE SESSION”的权限后，用“GRANT ALL ON Payment TO USER02 WITH GRANT OPTION”命令给 USER02 用户授权。

(2)以“USER02/pw2”身份登录，用“GRANT DELETE ON SCOTT.Payment TO USER01”命令给 USER01 用户授权。系统显示授权成功，如图 10－28 所示。

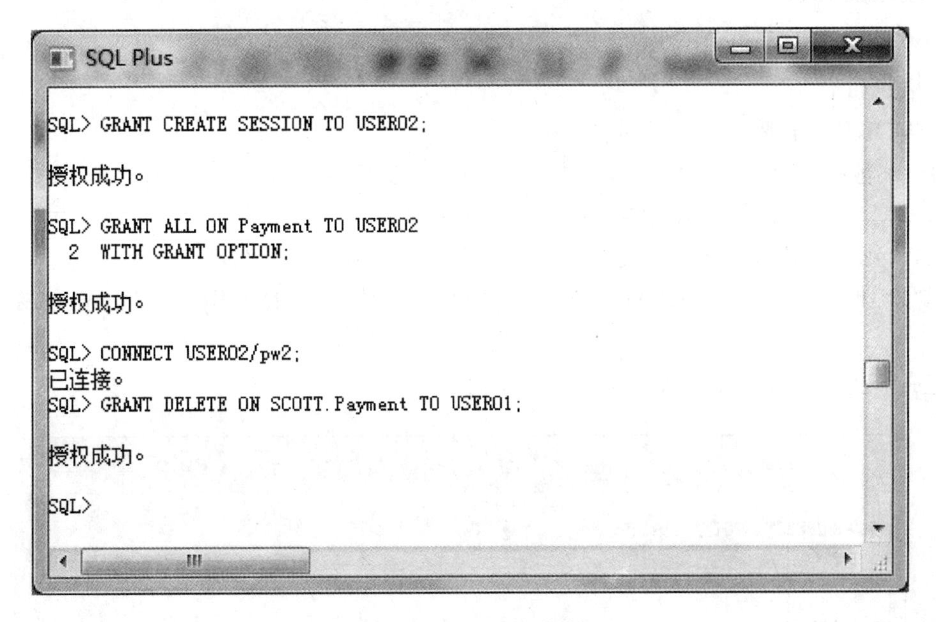

图 10－28　授权成功

(3)以“USER01/pw1”身份登录，对 SCOTT 用户的 Payment 表执行查询操作，系统显示“权限不足”；对 SCOTT 用户的 Payment 表执行删除操作，操作成功。实验结果如图 10－29 所示。

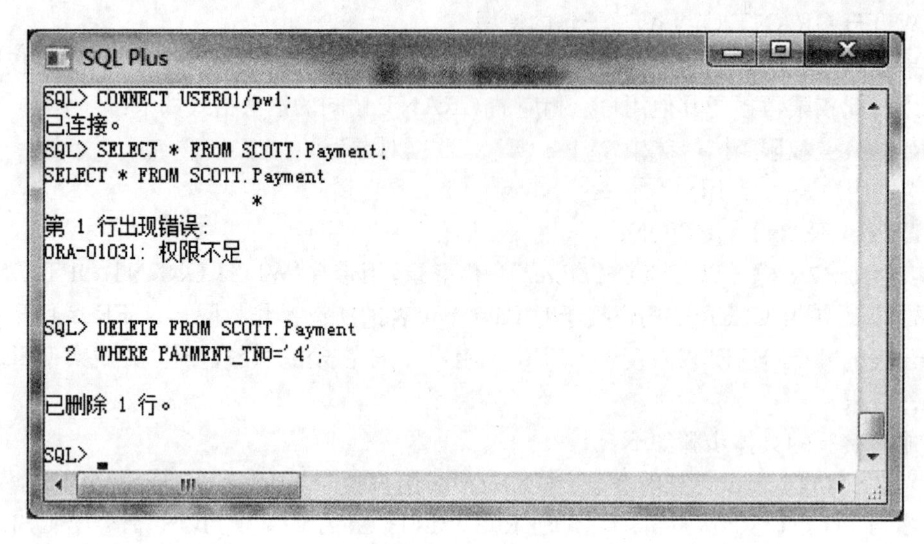

图 10－29　实验结果

三、撤销权限

GRANT 命令用于向用户授予权限，而 REVOKE 语句用于从用户那里撤销权限，该语句的语法格式如下：

REVOKE ＜权限＞[，＜权限＞]…

ON ＜数据对象＞

FROM ＜用户＞[，＜用户＞]…；

REVOKE 语句可以从一个或多个用户处将一个或多个权限收回。

【实验 10－2－7】 以“SCOTT/tiger”身份登录，撤销 USER02 用户对 Payment 表的所有权限。

完成本实验的语句及其结果如图 10－30 所示。

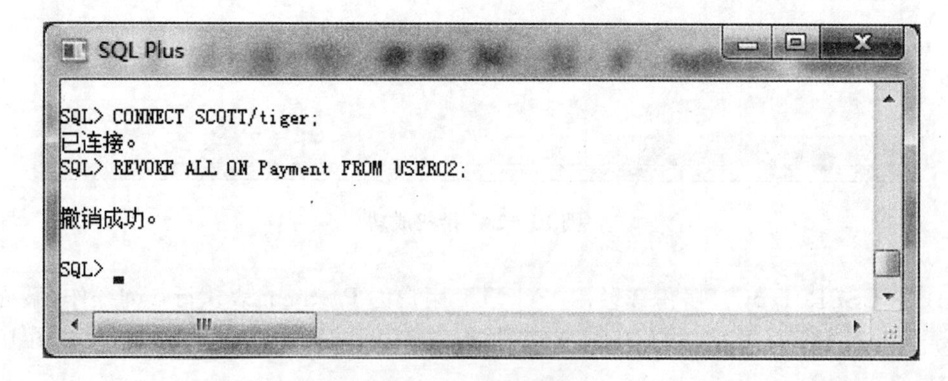

图 10－30　撤销权限

四、查看用户权限

在 Oracle 系统的数据字典中存放了关于用户权限的信息。用户连接入数据库以后，可以直接用 SELECT 语句查询 user_tab_privs 表，了解自己所拥有的权限。

【实验 10—2—8】 查看 USER02 和 USER01 用户所拥有的权限。

(1)以“USER02/pw2”身份连接到数据库，发出“SELECT * FROM user_tab_privs”语句，执行结果如图 10—31 所示。

由于在实验 10—2—7 中撤销了 USER02 用户的权限，所以该用户目前不具有任何权限。

图 10—31　查看用户 USER02 的权限

(2)以“USER01/pw1”身份连接到数据库，发出“SELECT * FROM user_tab_privs”语句，执行结果如图 10—32 所示。

经过前面实验中的授权操作，USER01 用户拥有了对 Customer 表的“SELECT”权限，以及对 Product 表的所有权限。

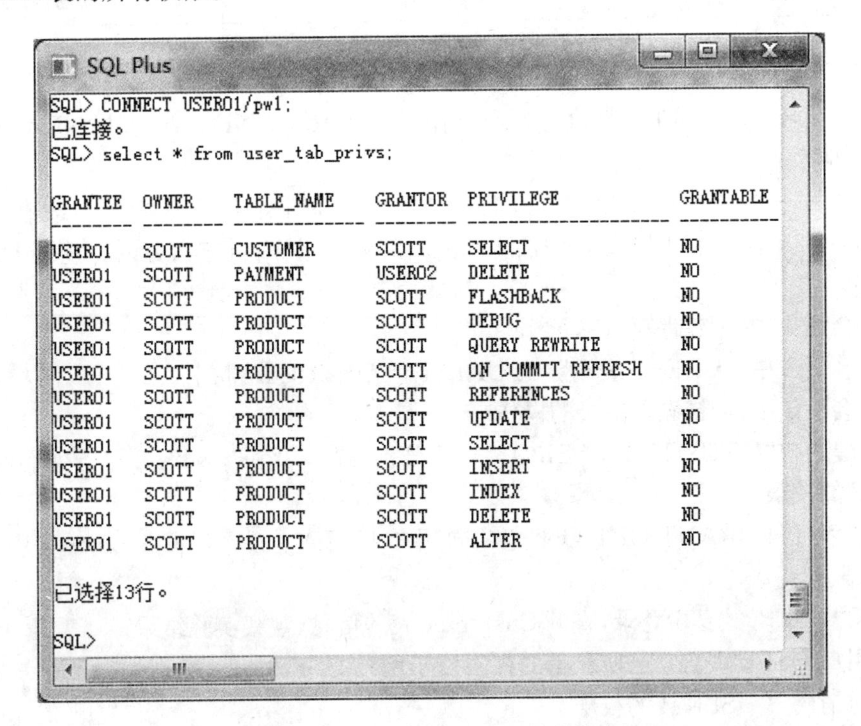

图 10—32　查看用户 USER01 的权限

实验 10—3　补充实验

实验目的

- 理解 Oracle 数据库的并发控制方法；
- 熟悉 Oracle 数据库的用户创建方法；
- 掌握 Oracle 数据库的安全性控制方法。

实验环境

- Oracle11g

实验要求

用“SCOTT/tiger”身份登录 Oracle，并自行完成如下补充实验：

1. 启动一个 SQL Plus 会话 1，在 DEPT 表中插入 4 项记录，见表 10—7。

表 10—7　插入 DEPT 表的记录

DEPTNO	DNAME	LOC
50	PURCHASING	BOSTON
60	PERSONNEL	NEW YORK
70	PRODUCTION	BOSTON
80	QUALITYCONTROL	BOSTON

2. 在会话 1 中，对 DEPT 表执行更新操作，将“PERSONNEL”部门从“NEW YORK”移至“BOSTON”。

3. 启动另一个 SQL Plus 会话 2，查询 DEPT 表的部门编号、名称和地址，观察实验结果。

4. 在会话 1 中，提交 DEPT 表中插入和更新的记录，然后再进入会话 2 查询 DEPT 表的信息。

5. 在会话 1 中，创建保存点“save_a”。

6. 在会话 1 中，从 DEPT 表删除“QUALITYCONTROL”部门。

7. 在会话 1 中，撤销删除记录的操作。

8. 创建用户“USER03”和“USER04”，口令分别为“pw3”和“pw4”，并授予他们“CREATE SESSION”的权限。

9. 用“WITH GRANT OPTION”选项向用户 USER03 授予对 Customer 表中上海客户的所有权限。

10. 用“USER03”身份登录，查询 Customer 表的信息，观察实验结果。

11. 用户 USER03 将自己所获得的权限授予用户 USER04。

12. 撤销用户 USER04 的权限。

13. 删除 USER04 用户。

实 验 报 告

实验项目名称 实验十　数据库的并发和安全性控制

实　　验　　室 ____________

所属课程名称 数 据 库

实 验 日 期 ____________

班　级 ____________

学　号 ____________

姓　名 ____________

成　绩 ____________

【实验环境】

· Oracle11g

【实验目的】

· 掌握 Oracle 数据库的事务提交操作；
· 掌握 Oracle 数据库的事务撤销操作；
· 熟悉保存点的设置方法；
· 熟悉 Oracle 数据库的用户创建方法；
· 掌握 Oracle 数据库的安全性控制方法。

【实验结果提交方式】

● 实验 10—1：

· 按实验要求和步骤完成各个实验，并将执行结果屏幕复制下来，记录在本实验报告中。

● 实验 10—2：

· 按实验要求和步骤完成各个实验，并将执行结果屏幕复制下来，记录在本实验报告中。

● 实验 10—3：

· 自行完成本补充实验，记录实验结果。

● 将本实验报告存放在“XXXXXXXXXX－10.docx”文件中，其中“XXXXXXXXXX”是学号，并在教师规定的时间内通过 BB 系统提交该文件。

【实验 10—1 的实验结果】

记录实验的执行结果。

【实验 10—2 的实验结果】

记录实验的执行结果。

【实验 10—3 的实验结果】

自行完成补充实验，并记录实验的执行结果。

【实验思考】

1. 举例说明 COMMIT 和 ROLLBACK 语句的作用。
2. 举例说明 SAVEPOINT 语句的作用。
3. 是否可以在两个不同的会话中同时更新同一个表的不同记录？
4. 新创建的用户在未被授权之前能否登录到 Oracle 数据库中？
5. 举例说明 GRANT 语句中“WITH GRANT OPTION”子句的作用。
6. 撤销了被授权人的权限后，由被授权人转授给其他用户的权限是否也自动撤销了？试设计相关实验加以验证。

【思考结果】

将思考结果记录在本实验报告中。

1.

2.

3.

4.

5.

6.

实验成绩：　　　　　批阅老师：　　　　　批阅日期：

实验十一

简单 PL/SQL 程序

实验 11－1　简单 PL/SQL 程序的编写和执行

实验目的

- 掌握 PL/SQL 程序的创建和执行方法；
- 学会编写简单的 PL/SQL 程序；
- 学会%type 和%rowtype 属性的使用；
- 熟悉 IF 语句的使用；
- 理解 LOOP、WHILE 和 FOR 循环语句的使用；
- 熟悉 PL/SQL 程序块中的异常处理方法。

实验环境

- Oracle11g

实验要求

利用“订单管理”数据库，完成以下实验要求：

1. PL/SQL 程序块的编写和执行

(1)编写简单的 PL/SQL 程序块“plsql－11－1”，存放在 E 盘 PLSQL 文件夹下，用于显示姓名为“Xu Ping”的“客户”的公司名称和电话；

(2)编写 PL/SQL 程序块“plsql－11－2”，该程序从键盘接受用户输入的产品编号，并将该产品的名称、单价和库存显示在屏幕上；

(3)编写 PL/SQL 程序块“plsql－11－3”，该程序从键盘接受用户输入的客户代码，然后在屏幕上显示该客户的姓名、所在城市和电话；

(4)编写 PL/SQL 程序块“plsql－11－4”，完成“plsql－11－3”的功能，要求在程序代码中使用“%rowtype”属性。

2. IF 语句和循环语句的使用

(1)编写 PL/SQL 程序块“plsql－11－5”，由用户输入一个产品编号，然后程序将根据该产品的类别上调其价格，具体规则见表 11－1；

(2)在 Ptype 表中已保存 3 种产品类别的信息，类别代码分别为“1”“2”“3”，现需要新增加 5 种产品类别，类别代码分别为“4”“5”“6”“7”“8”，要求编写 PL/SQL 程序块“plsql－11－6”，将这 5 种类别产品的类别代码先保存在 Ptype 表中；

(3)编写 PL/SQL 程序块“plsql－11－7”，要求利用 WHILE 循环完成程序块“plsql－11－6”的功能；

(4)编写 PL/SQL 程序块“plsql－11－8”，要求利用 For 循环完成程序块“plsql－11－6”的功能。

3. 程序异常处理

编写 PL/SQL 程序块“plsql－11－9”，其中包含了异常处理。试编译并执行该程序，观察实验结果。

实验步骤

一、创建 PL/SQL 程序块

【实验 11－1－1】 编写简单的 PL/SQL 程序块“plsql－11－1”，存放在 E 盘 PLSQL 文件夹下，用于显示姓名为“Xu Ping”的客户的公司名称和电话。

完成本实验的具体步骤如下：

(1)在 SQL 提示下键入“ed e:\PLSQL\plsql－11－1”，调用记事本编辑器。

(2)在记事本编辑器中输入如图 11－1 所示的程序代码，并保存文件。

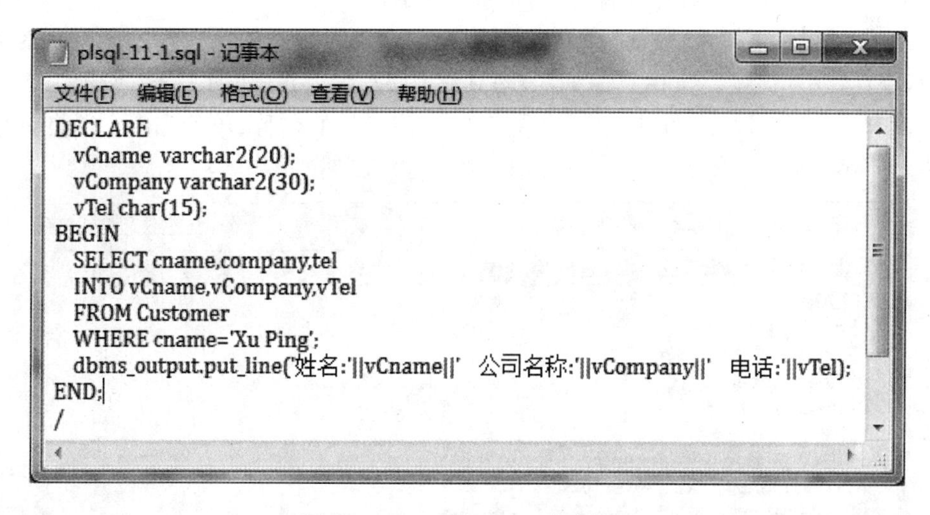

图 11－1　plsql－11－1 程序代码

上述代码中声明了三个变量 vCname、vCompany 和 vTel，用以接收 SELECT 语句中查询出的客户姓名、公司名称和电话属性的值；而“dbms_output.put_line”语句则用于在屏幕上显示变量所取得的值。

(3)从记事本编辑器中退出并返回到 SQL 提示下。

(4)在提示下键入“set serveroutput on”，然后按回车键。

说明：为了在执行程序时屏幕上显示“dbms_output.put_line”语句的输出，需要将系统变量“serveroutput”设置为“ON”。

(5)要编译和执行刚才编写并保存的程序代码，请在提示下键入“@e：\PLSQL\plsql－11－1”，然后按回车键即可。这时，用户将看到“Xu Ping”客户的公司名称和电话，如图 11－2 所示。

图 11－2 执行 PL/SQL 程序

【实验 11－1－2】 编写 PL/SQL 程序块“plsql－11－2”，该程序从键盘接受用户输入的产品编号，并将该产品的名称、单价和库存显示在屏幕上。

本实验的具体步骤如下：

(1)在 SQL 提示下键入“ed e：\PLSQL\plsql－11－2”，在随后出现的记事本编辑器中输入如图 11－3 所示的程序代码。

在程序代码中，使用了“&”操作符来接受用户输入的产品编号值，并将其保存在变量“vPno”中。

(2)保存“plsql－2.sql”程序文件，并从记事本中退出。

(3)在 SQL 提示下键入“@e：\PLSQL\plsql－11－2”，编译和执行程序代码。系统将处于等待状态直到用户输入 vpno(产品编号)的值并按回车键为止，如图 11－4 所示。

(4)输入一个产品编号，如“1003”，然后按回车，该产品的名称、单价和库存信息将显示出来，如图 11－5 所示。

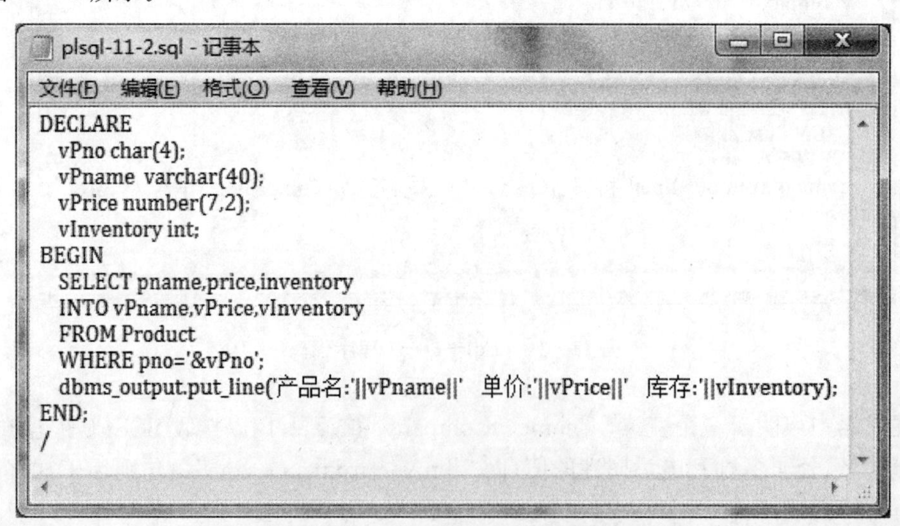

图 11－3 plsql－11－2 程序代码

图 11—4 等待用户输入产品编号

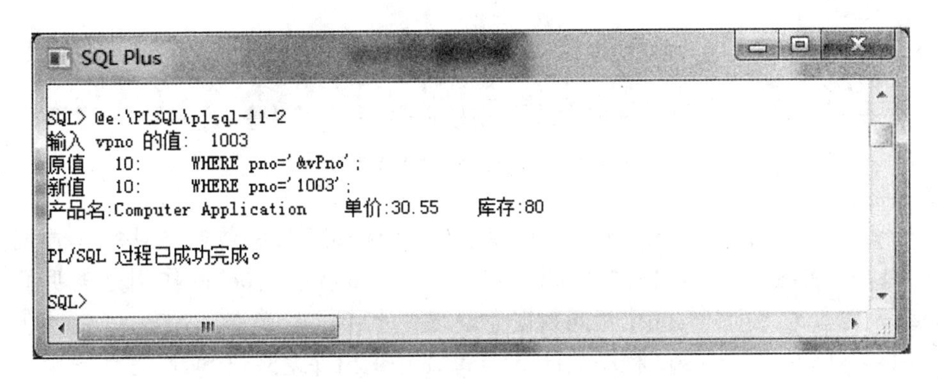

图 11—5 编译和执行程序代码

二、%type 和%rowtype 属性的使用

在编写程序代码的过程中，为了避免声明变量时可能发生的错误，确保程序中使用的变量与数据库中相应的字段具有相同的数据类型，在定义变量时可使用"%type"和"%rowtype"属性。其中，"%type"属性的作用是声明一个与指定属性列相同的数据类型，而"%rowtype"属性的作用是声明一个与指定表记录完全相同的记录数据类型。

【实验 11—1—3】 编写 PL/SQL 程序块"plsql—11—3"，该程序从键盘接受用户输入的客户代码，然后在屏幕上显示该客户的姓名、所在城市和电话。

完成本实验的具体步骤如下：

(1)在 SQL 提示下键入"ed e:\PLSQL\plsql—11—3"，在随后出现的记事本编辑器中输入如图 11—6 所示的程序代码。

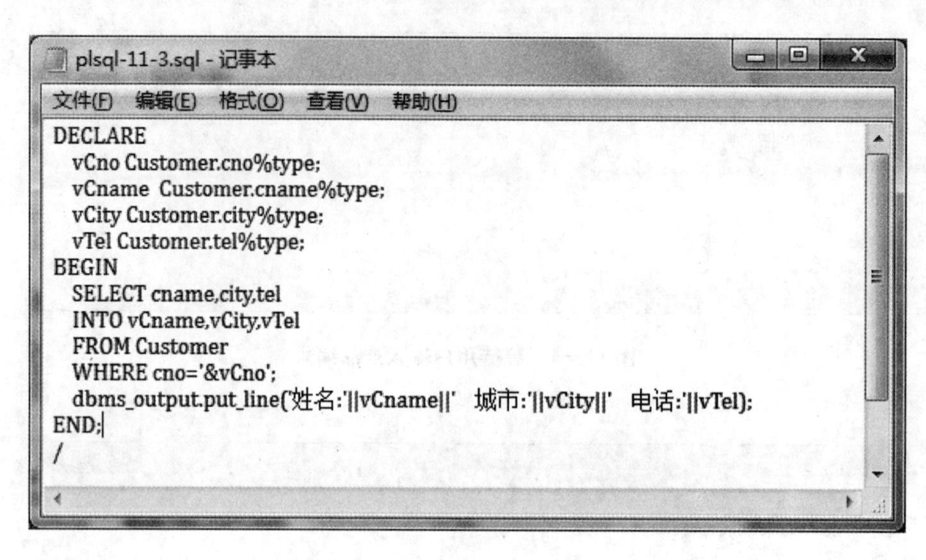

图 11-6 plsql-11-3 程序代码

在 plsql-11-3 程序代码中，为了保证变量与表中相应字段的数据类型相同，声明变量时使用了“%type”属性。其中，语句“vCname Customer.cname%type”的作用是声明了一个与 Customer 表的 cname 列具有完全相同数据类型的变量 vCname。

(2)保存“plsql-11-3.sql”程序文件，从记事本中退出并返回到 SQL 提示下。

(3)输入“@e:\PLSQL\plsql-11-3”，编译和执行程序代码，系统将等待用户输入 vcno(客户代码)的值。

(4)输入客户代码，如“C0006”，程序将显示该客户的姓名、所在城市和电话，如图 11-7 所示。

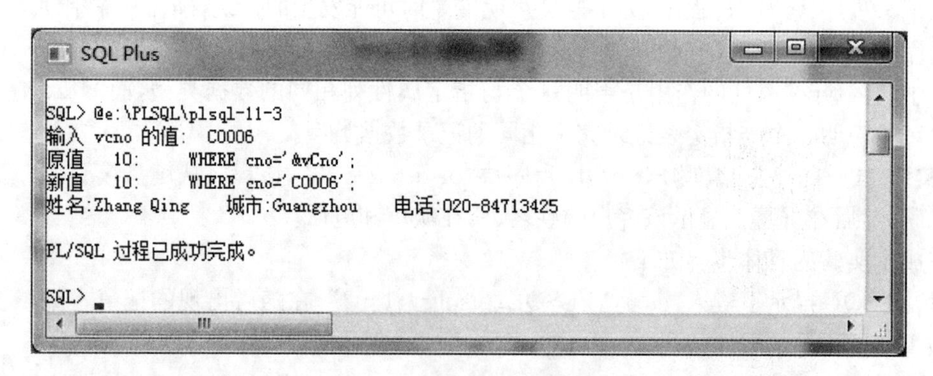

图 11-7 编译和执行程序代码

【实验 11-1-4】 编写 PL/SQL 程序块“plsql-11-4”，完成“plsql-11-3”的功能，要求在程序代码中使用“%rowtype”属性。

本实验中程序块“plsql-11-4”的代码如图 11-8 所示。

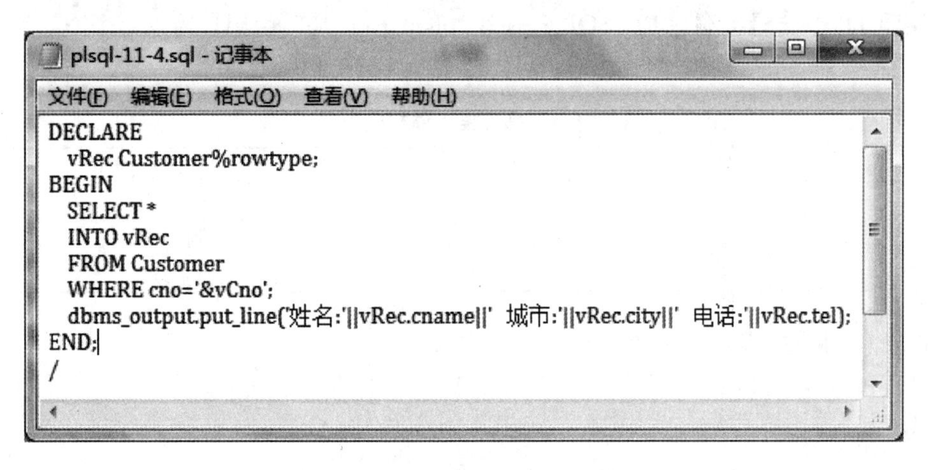

图 11－8　plsql－11－4 程序代码

其中，语句“vRec Customer％rowtype”的作用是声明了一个名为“vRec”的复合变量，该变量一次可存储多个值。该变量的数据类型是与 Customer 表记录完全相同的记录数据类型。

三、IF 条件语句

在 PL/SQL 中为了灵活地控制程序的执行方向，可使用 IF 语句。最简单的 IF 语句是 IF…THEN语句，其语法格式如下：

IF <条件>THEN
　<语句序列>；
END IF；

IF 语句的另一种形式是 IF…THEN…ELSE 语句，其语法格式如下：

IF <条件>THEN
　<语句序列 1>；
ELSE
　<语句序列 2>；
END IF；

为了判定两个以上的条件，PL/SQL 还提供了 IF…THEN…ELSIF 语句，其语法格式如下：

IF <条件 1>THEN
　<语句序列 1>；
ELSIF<条件 2>THEN
　<语句序列 2>；
ELSIF
　……
ELSE
　<语句序列 n>；
END IF；

下面将通过实验来熟悉 IF 语句的使用方法。

【实验 11－1－5】 编写 PL/SQL 程序块“plsql－11－5”，由用户输入一个产品编号，然后程序将根据该产品的类别上调其价格，具体规则见表 11－1。

表 11－1 产品价格上调规则

TNO	PRICE
1	上调 10％
2	上调 15％
3	上调 5％

完成本实验的步骤如下：

(1)新建程序块“plsql－11－5”，输入图 11－9 中给出的代码，然后保存文件并返回到 SQL 提示下。

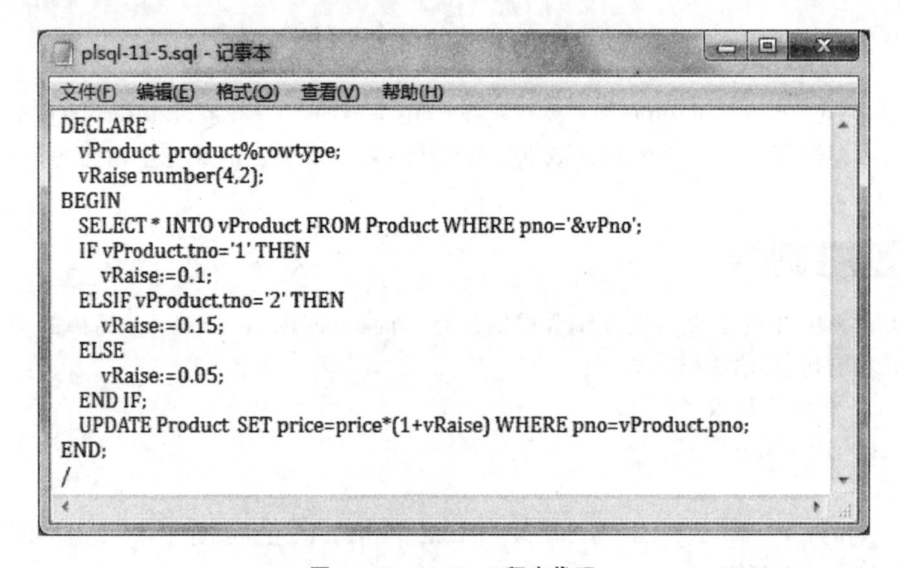

图 11－9 plsql－5 程序代码

(2)输入“@e:\PLSQL\plsql－11－5”，编译和执行程序代码，等待用户输入产品编号的值。

(3)输入产品编号“3004”，出现如图 11－10 所示的结果。

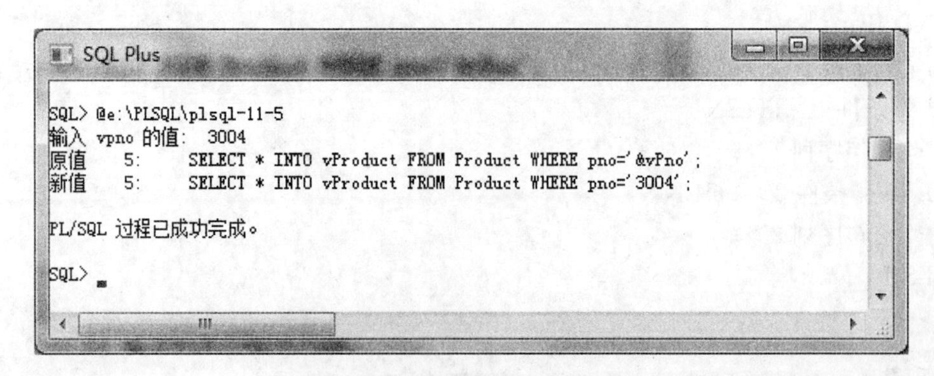

图 11－10 编译和执行程序代码

(4)查看 Product 表中“3004”产品的信息，如图 11－11 所示，其中的单价由原来的 30 元提高了 5%，变成了 31.5 元。

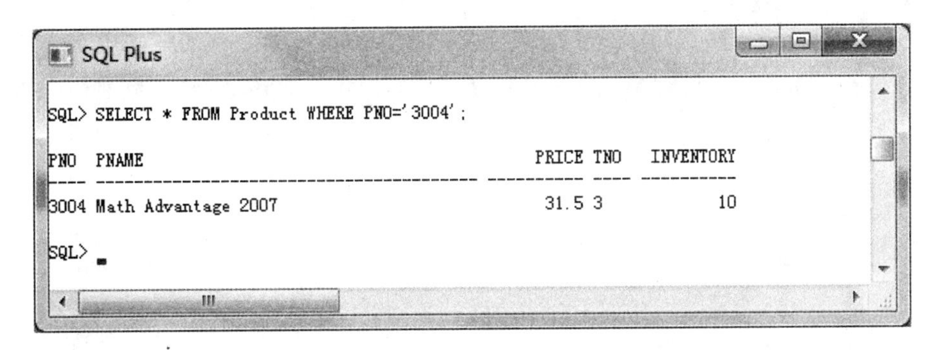

图 11－11　Product 表中 3004 产品的信息

四、循环语句

循环语句可以控制程序重复执行某一组语句，这组语句称为循环体。在 PL/SQL 中，常用的循环语句包括 LOOP 循环、WHILE 循环和 FOR 循环。

1. LOOP 循环语句

LOOP 循环的语法格式如下：

LOOP

　EXIT WHEN ＜循环结束条件＞；

　＜语句序列＞；

END LOOP；

在 LOOP 循环的循环体中必须要有 EXIT 语句，用以指定循环结束的条件，否则循环将一直运行，即出现死循环。

【实验 11－1－6】　在 Ptype 表中已保存 3 种产品类别的信息，类别代码分别为“1”“2”“3”，现需要新增加 5 种产品类别，类别代码分别为“4”“5”“6”“7”“8”，要求编写 PL/SQL 程序块“plsql－11－6”，将这 5 种类别产品的类别代码先保存在 Ptype 表中。

完成本实验的步骤如下：

(1)新建程序块“plsql－11－6”，输入图 11－12 中给出的代码。

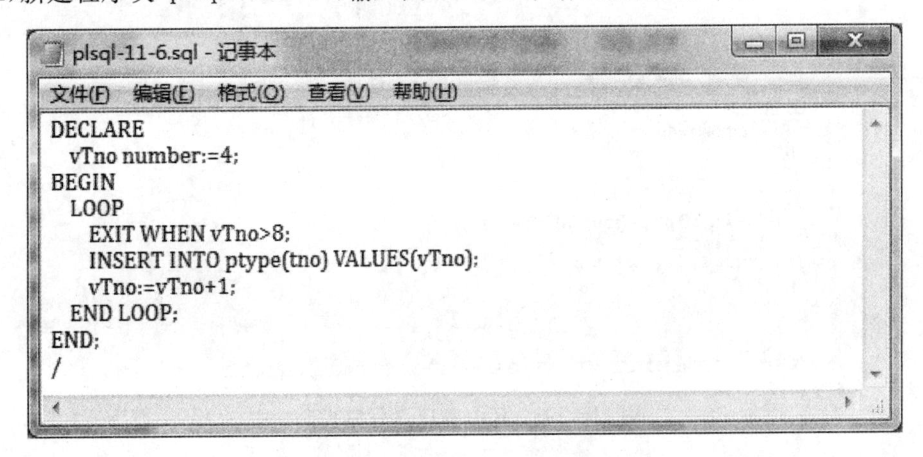

图 11－12　plsql－6 程序代码

(2)编译并运行程序块“plsql－11－6”，并查看 Ptype 表的内容，如图 11－13 所示，可以看到已在该表中插入了相应记录。

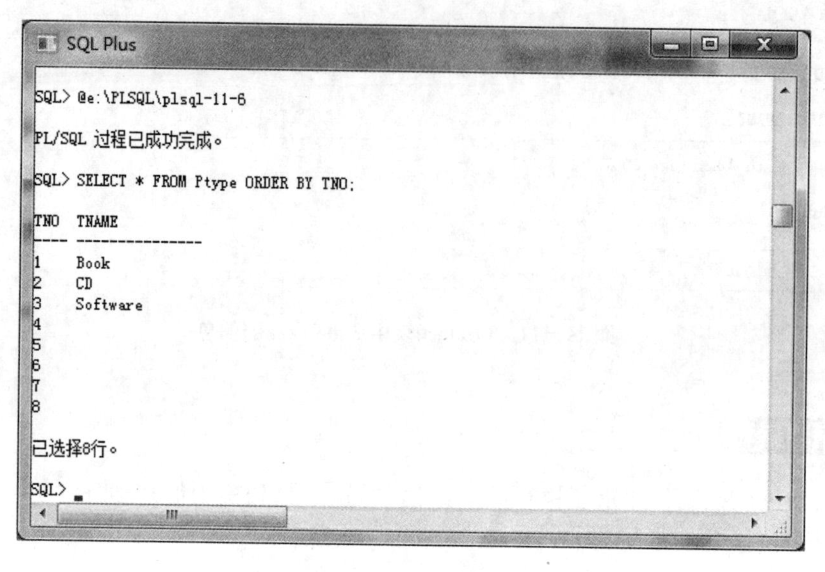

图 11－13　实验结果

2. WHILE 循环语句

WHILE 循环在循环的顶部包括了判断条件，如果条件成立则继续执行循环体，否则循环结束。该语句的语法格式如下：

WHILE＜循环条件＞

LOOP

　＜语句序列＞；

END LOOP；

为了防止死循环，WHILE 循环的语句序列必须不断修改循环条件。

【实验 11－1－7】 编写 PL/SQL 程序块“plsql－11－7”，要求利用 WHILE 循环完成程序块“plsql－11－6”的功能。

完成本实验的程序块“plsql－11－7”的代码如图 11－14 所示。

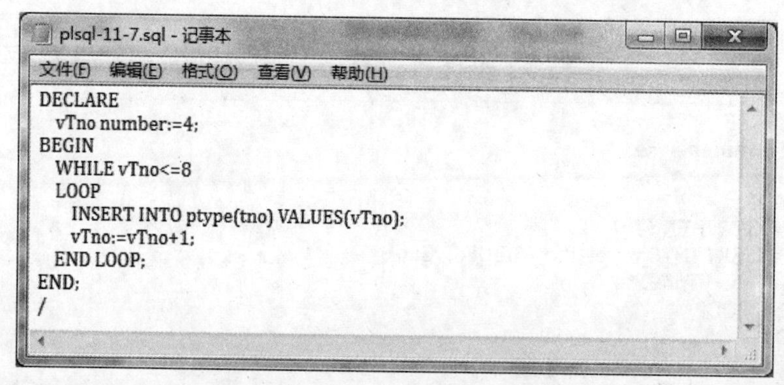

图 11－14　plsql－11－7 程序代码

3. FOR 循环语句

FOR 循环是利用一个循环计数器来控制循环次数的，该语句的语法格式如下：

FOR ＜循环计数器＞ IN ＜值 1＞ ..＜值 2＞
LOOP
　＜语句序列＞；
END LOOP；

其中，循环计数器可以从小到大（或从小到大）计数。当循环次数确定时，一般使用 FOR 循环。

【实验 11－1－8】 编写 PL/SQL 程序块“plsql－11－8”，要求利用 For 循环完成程序块“plsql－11－6”的功能。

完成本实验的程序块“plsql－11－8”的代码如图 11－15 所示。

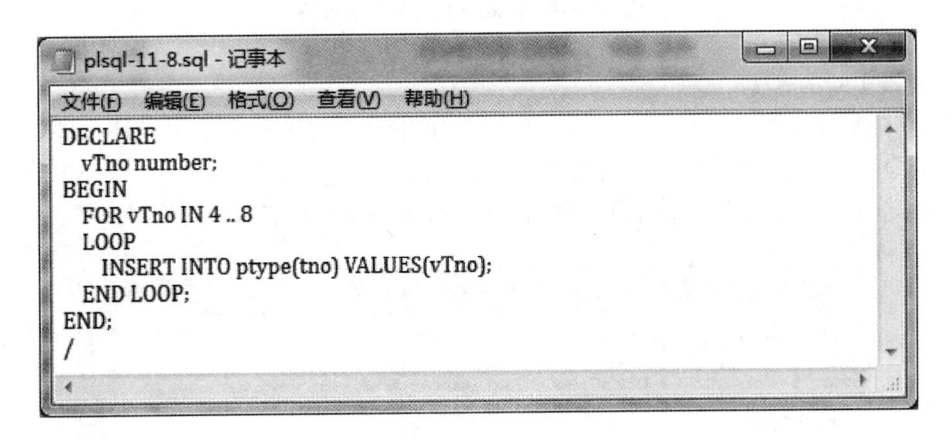


```
DECLARE
  vTno number;
BEGIN
  FOR vTno IN 4 .. 8
  LOOP
    INSERT INTO ptype(tno) VALUES(vTno);
  END LOOP;
END;
/
```

图 11－15　plsql－11－8 程序代码

五、程序异常处理

在编写 PL/SQL 程序时，不可避免会出现一些错误，程序员可以在程序的 EXCEPTION 块中使用异常来处理这些错误。

Oracle 系统提供了一些内置的异常，如 NO_DATA_FOUND、TOO_MANY_ROWS 等，用户也可以根据实际需要定义异常。

下面的实验将帮助读者学会如何在 PL/SQL 程序块中使用预先定义的异常。

【实验 11－1－9】 编写 PL/SQL 程序块“plsql－11－9”，代码如图 11－16 所示。试编译并执行该程序，观察实验结果。

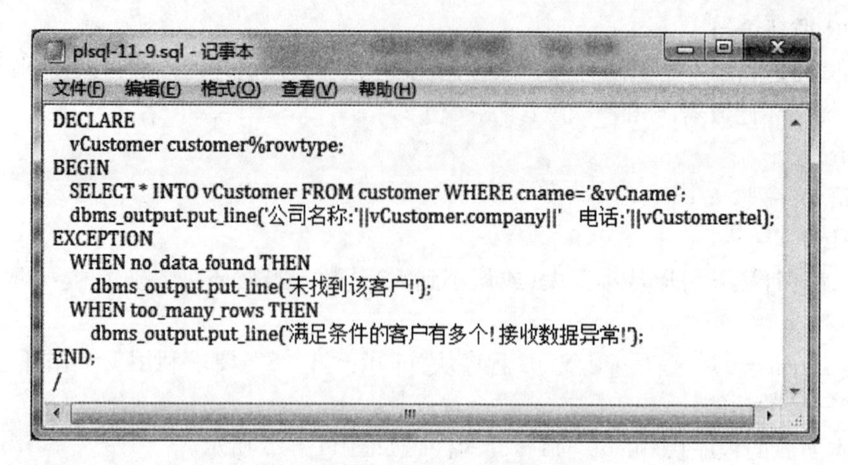
plsql-11-9.sql - 记事本
文件(F) 编辑(E) 格式(O) 查看(V) 帮助(H)

```
DECLARE
  vCustomer customer%rowtype;
BEGIN
  SELECT * INTO vCustomer FROM customer WHERE cname='&vCname';
  dbms_output.put_line('公司名称:'||vCustomer.company||'  电话:'||vCustomer.tel);
EXCEPTION
  WHEN no_data_found THEN
    dbms_output.put_line('未找到该客户!');
  WHEN too_many_rows THEN
    dbms_output.put_line('满足条件的客户有多个!接收数据异常!');
END;
/
```

图 11－16 plsql－11－9 程序代码

完成该实验的具体步骤如下：

(1)新建程序块“plsql－11－9”，输入图 11－16 中给出的代码，保存并关闭文件。

(2)SQL 提示符下编译并运行程序块“plsql－11－9”，输入一个 Customer 表中不存在的客户的姓名“Zhang ping”，运行结果如图 11－17 所示，系统显示“未找到该客户！”。

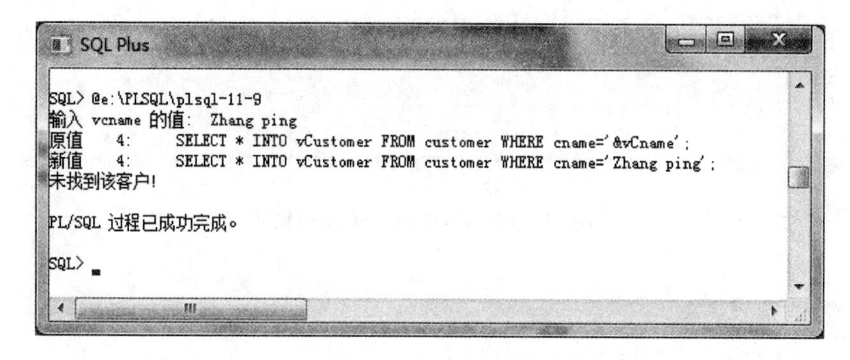
SQL Plus

```
SQL> @e:\PLSQL\plsql-11-9
输入 vcname 的值:  Zhang ping
原值    4:     SELECT * INTO vCustomer FROM customer WHERE cname='&vCname';
新值    4:     SELECT * INTO vCustomer FROM customer WHERE cname='Zhang ping';
未找到该客户!

PL/SQL 过程已成功完成。

SQL>
```

图 11－17 实验结果

(3)重新运行程序块“plsql－11－9”，输入一个 Customer 表中存在的客户的姓名“Wang Ling”，运行结果如图 11－18 所示，系统显示了该客户的姓名和电话。

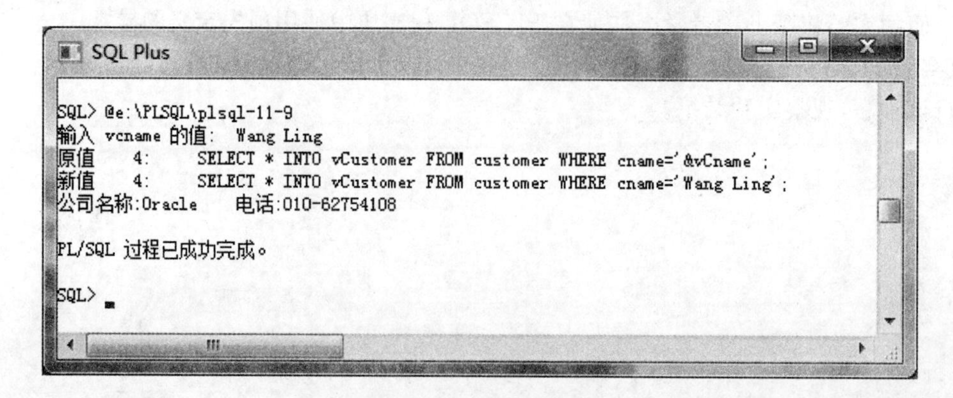
SQL Plus

```
SQL> @e:\PLSQL\plsql-11-9
输入 vcname 的值:  Wang Ling
原值    4:     SELECT * INTO vCustomer FROM customer WHERE cname='&vCname';
新值    4:     SELECT * INTO vCustomer FROM customer WHERE cname='Wang Ling';
公司名称:Oracle     电话:010-62754108

PL/SQL 过程已成功完成。

SQL>
```

图 11－18 实验结果

(4)用 INSERT 语句在 Customer 表中插入另一个姓名也为“Wang Ling”的客户，再重新运行程序块“plsql－11－9”，输入客户姓名“Wang Ling”，运行结果如图 11－19 所示，系统显示“满足条件的客户有多个！接收数据异常！”。

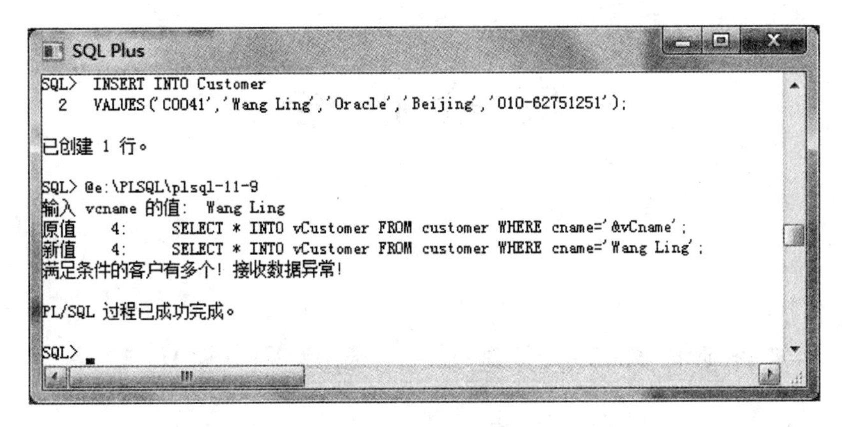

图 11－19　实验结果

实验 11－2　补充实验

实验目的

- 学会简单 PL/SQL 程序的编写和执行。

实验环境

- Oracle11g

实验要求

用 SCOTT 用户名登录到 Oracle11g，并使用 Oracle 自带的 EMP 表和 DEPT 表，自行完成以下补充实验：

1. 编写一个 PL/SQL 程序块“plsql－11－10”，由用户从键盘输入雇员编号，然后显示该雇员的姓名、雇用日期和薪金。

2. 编写一个 PL/SQL 程序块“plsql－11－11”，由用户从键盘输入雇员编号，然后根据该雇员所做的工作来修改其薪金，加薪规则见表 11－2。

表 11－2　加薪规则

工　作	薪金的提高比例
CLERK	20%
SALESMAN	15%
ANALYST	15%
MANAGER	10%

3. 编写一个 PL/SQL 程序块“plsql－11－12”，向“EMP”表添加 5 个新雇员。其中，雇员的编号分别为 8001～8005，其他字段的值暂时空缺。

实 验 报 告

实验项目名称　实验十一　简单 PL/SQL 程序

实　　验　　室

所属课程名称　　　　数 据 库

实 验 日 期

班　级

学　号

姓　名

成　绩

【实验环境】

- Oracle11g

【实验目的】

- 掌握 PL/SQL 程序的创建和执行方法；
- 学会编写简单的 PL/SQL 程序；
- 学会%type 和%rowtype 属性的使用；
- 熟悉 IF 语句的使用；
- 理解 LOOP、WHILE 和 FOR 循环语句的使用；
- 熟悉 PL/SQL 程序块中的异常处理方法。

【实验结果提交方式】

● 实验 11－1：

·按实验步骤编写和执行各个 PL/SQL 程序，熟悉 PL/SQL 语句的使用方法，并将实验结果记录在本实验报告中。

● 实验 11－2：

·按实验要求完成各个补充实验，编写相应 PL/SQL 程序，并将实验结果记录在本实验报告中。

● 将本实验报告存放在“XXXXXXXXXX－11.docx”文件中，其中“XXXXXXXXXX”是学号，并在教师规定的时间内通过 BB 系统提交该文件。

【实验 11－1 的实验结果】

记录实验的执行结果。

【实验 11－2 的实验结果】

自行完成补充实验，并记录实验的执行结果。

【实验思考】

1. 在 SQL 提示符下，如何将系统变量“serveroutput”设置为“ON”？其作用是什么？
2. 在 PL/SQL 程序中，如何接收 SELECT 语句的查询结果并将其显示在屏幕上？
3. 在定义变量时，“%type”和“%rowtype”属性的作用是什么？
4. 简述 PL/SQL 程序中循环语句的作用，以及各个循环语句的使用方法。
5. 在编写 PL/SQL 程序时，如何进行异常处理？

【思考结果】

将思考结果记录在本实验报告中。

1.

2.

3.

4.

5.

实验成绩：　　　　　　批阅老师：　　　　　　批阅日期：

实验十二

游标操作

实验 12－1　游标操作程序的编写和执行

实验目的

- 掌握游标的声明和使用方法；
- 掌握游标属性的使用方法；
- 掌握游标 FOR 循环的使用方法；
- 熟悉带参数游标的声明方法；
- 熟悉 FOR UPDATE OF 和 CURRENT OF 子句的使用方法。

实验环境

- Oracle11g

实验要求

利用“订单管理”数据库，完成以下实验要求：

(1)编写 PL/SQL 程序块“plsql－12－1”，通过使用游标来显示 Customer 表的客户姓名和电话信息；

(2)在“plsql－12－1”的基础上生成“plsql－12－2”程序块，熟悉游标属性(如“%isopen”和“%found”)的使用；

(3)编写 PL/SQL 程序块“plsql－12－3”，由用户输入一个产品的类别代码，该程序将显示 Product 表中所有该类产品的编号、名称和单价；

(4)编写 PL/SQL 程序块“plsql－12－4”，通过使用带参数的游标来显示 Product 表中指定类别代码的产品的编号、名称和单价；

(5)编写 PL/SQL 程序块“plsql－12－5”，根据产品的类别上调产品表中所有产品的价格，具体规则见表 12－1。

实验步骤

一、游标的声明和使用

通过实验十一，读者已经可以使用 PL/SQL 程序块处理一个记录，但实际情况并不总是这样。有时，SELECT 语句的查询结果包含了多个记录，这时就需要借助“游标”来处理。

PL/SQL 游标一般按以下步骤来使用：

(1)声明游标，就是使一个游标与一条查询语句建立联系。

语句格式如下：

CURSOR <游标名>[(<参数 1><数据类型 1>[,…n])]IS <SELECT 语句>
[FOR UPDATE[OF<表名 1>.<列名 1>[,…n]]];

(2)打开游标，就是执行游标定义时所对应的查询语句，并把查询返回的结果集存储在游标对应的工作区中。

语句格式如下：

OPEN <游标名>[(<参数 1>[,…n])];

(3)提取游标数据，就是从定义游标的工作区中取出一条数据记录作为当前数据记录。

语句格式如下：

FETCH <游标名> INTO <变量 1>[,… n]

(4)对当前数据记录执行更新操作(可选)。

(5)关闭游标。

语句格式如下：

CLOSE <游标名>;

【实验 12－1－1】 编写 PL/SQL 程序块“plsql－12－1”，通过使用游标来显示 Customer 表的客户姓名和电话信息。

完成本实验的具体步骤如下：

(1)在 SQL 提示下键入“ed e:\PLSQL\plsql－12－1”，在随后出现的记事本编辑器中输入图 12－1 中给出的程序代码。

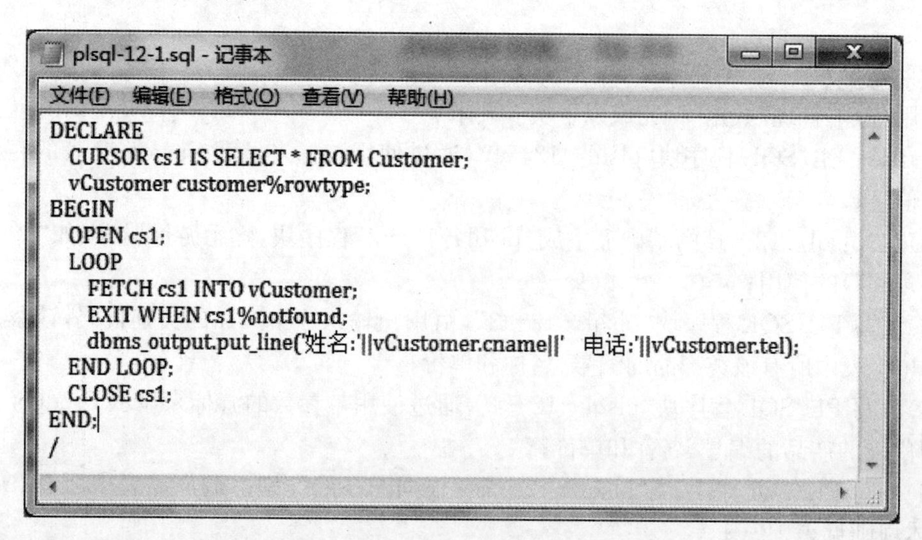


```
DECLARE
  CURSOR cs1 IS SELECT * FROM Customer;
  vCustomer customer%rowtype;
BEGIN
  OPEN cs1;
  LOOP
    FETCH cs1 INTO vCustomer;
    EXIT WHEN cs1%notfound;
    dbms_output.put_line('姓名:'||vCustomer.cname||'  电话:'||vCustomer.tel);
  END LOOP;
  CLOSE cs1;
END;
/
```

图 12－1　plsql－12－1 程序代码

(2)保存“plsql—12—1.sql”程序文件，并从记事本中退出。

(3)在 SQL 提示下键入“@e:\PLSQL\plsql—12—1”，编译和执行程序代码，执行结果如图 12—2 所示显示。

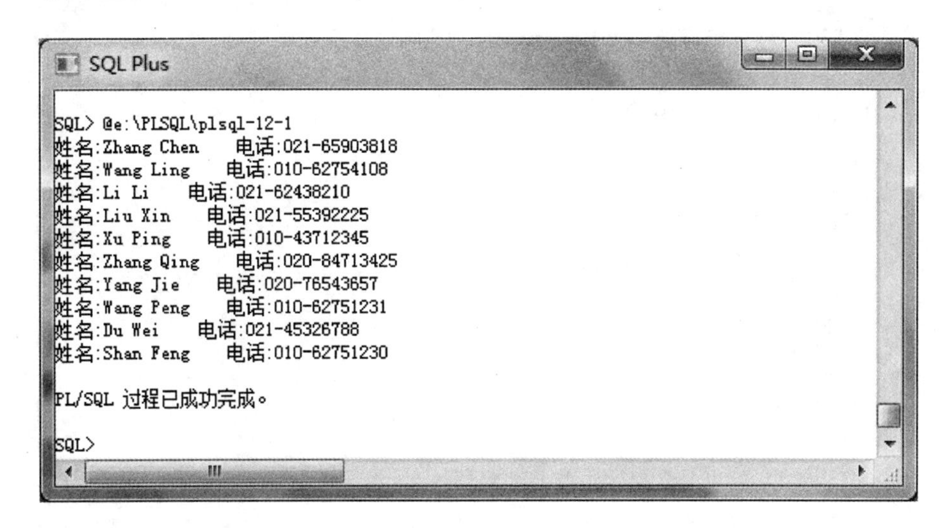

图 12—2 实验结果

二、游标属性的使用

PL/SQL 中可使用以下的游标属性：

(1) %isopen

用于表示游标是否已经打开，返回布尔型值。如果游标没有打开就直接使用 FETCH 语句提取游标数据，系统就会出错。

(2)%found

用于表示最近一次 FETCH 语句的执行情况，返回布尔型值。如果最近一次使用 FETCH 语句成功地通过游标提取了数据记录则返回 TRUE，否则返回 FALSE。

(3)%notfound

用于表示最近一次 FETCH 语句的执行情况，返回布尔型值。其返回的结果值与%FOUND 属性正好相反。

(4)%rowcount

用于表示截至目前从游标工作区提取的实际记录个数。

【实验 12—1—2】 在“plsql—12—1”的基础上生成“plsql—12—2”程序块，熟悉游标属性(如“%isopen”和“%found”)的使用。

完成本实验的具体步骤如下：

(1)在 SQL 提示符下输入“ed e:\PLSQL\ plsql—12—1.sql”，在记事本编辑器中将原程序代码修改成如图 12—3 所示的代码，并将文件另存为“plsql—12—2.sql”。

plsql-12-2.sql - 记事本

文件(F) 编辑(E) 格式(O) 查看(V) 帮助(H)

```
DECLARE
  CURSOR cs1 IS SELECT * FROM Customer;
  vCustomer customer%rowtype;
BEGIN
  IF NOT cs1%isopen THEN
    OPEN cs1;
  END IF;
  LOOP
    FETCH cs1 INTO vCustomer;
    IF cs1%found THEN
      dbms_output.put_line('姓名:'||vCustomer.cname||'  电话:'||vCustomer.tel);
    ELSE
      EXIT;
    END IF;
  END LOOP;
  CLOSE cs1;
END;
/
```

图 12—3 plsql—12—2 程序代码

(2)在 SQL 提示下键入"@e:\PLSQL\plsql—12—2",编译和执行程序代码,执行结果与图 12—2 所示的结果相同。

三、游标 FOR 循环的使用

使用游标 For 循环,可以无须按照"打开游标、从游标获得值、关闭游标"等步骤来取出数据记录。这些步骤都可以在游标 For 循环内部完成,使用起来更加方便灵活。

【实验 12—1—3】 编写 PL/SQL 程序块"plsql—12—3",由用户输入一个产品的类别代码,该程序将显示 Product 表中所有该类产品的编号、名称和单价。

完成本实验的具体步骤如下:

(1)新建程序块"plsql—12—3",输入图 12—4 中给出的代码。

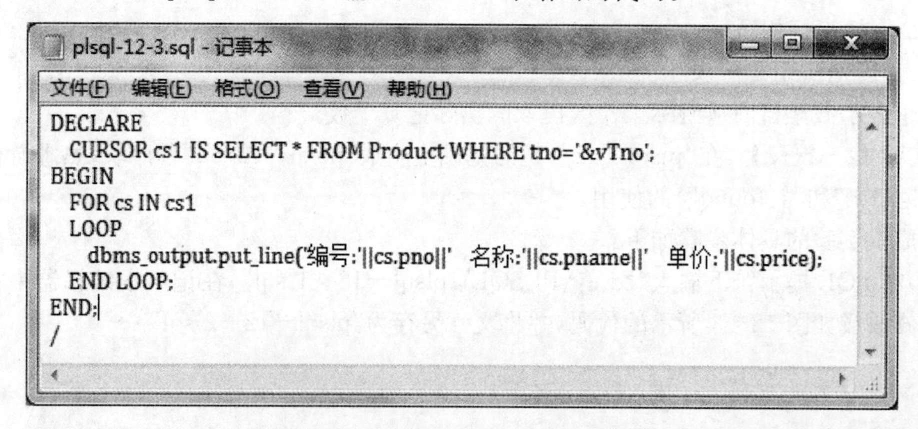

```
DECLARE
  CURSOR cs1 IS SELECT * FROM Product WHERE tno='&vTno';
BEGIN
  FOR cs IN cs1
  LOOP
    dbms_output.put_line('编号:'||cs.pno||'  名称:'||cs.pname||'  单价:'||cs.price);
  END LOOP;
END;
/
```

图 12—4 plsql—12—3 程序代码

(2)编译并运行程序块“plsql－12－3”，系统将等待用户输入一个产品类别代码。

(3)输入类别代码“3”，实验结果如图 12－5 所示，系统将显示所有“3”号类产品的编号、名称和单价。

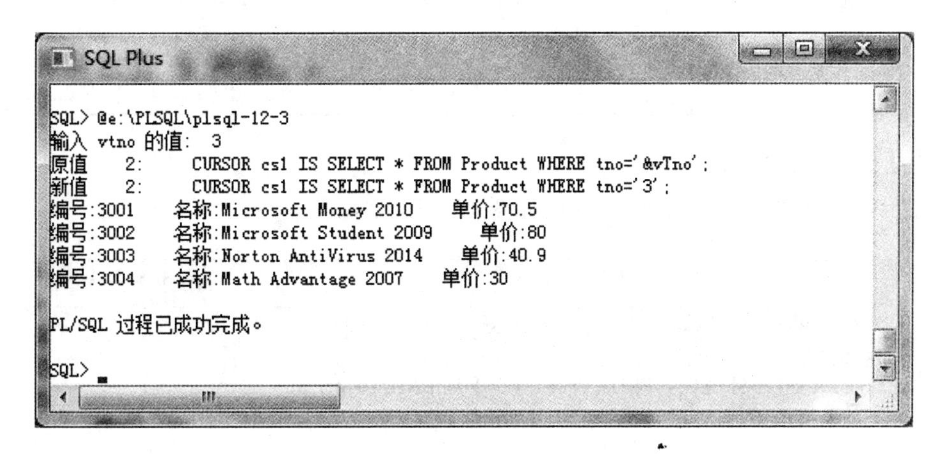

图 12－5 实验结果

四、参数化游标

在 PL/SQL 程序块中，也可以向游标传递参数。

【实验 12－1－4】 编写 PL/SQL 程序块“plsql－12－4”，通过使用带参数的游标来显示 Product 表中指定类别代码的产品的编号、名称和单价。

完成本实验的程序块“plsql－12－4”的代码如图 12－6 所示。

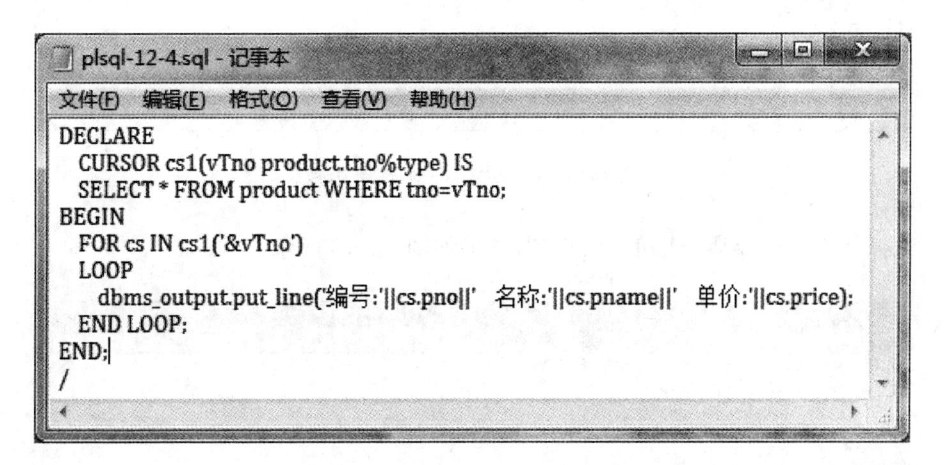

图 12－6 plsql－12－4 程序代码

五、游标 FOR UPDATE OF 和 CURRENT OF

【实验 12－1－5】 编写 PL/SQL 程序块“plsql－12－5”，根据产品的类别上调产品表中所有产品的价格，具体规则见表 12－1。

表 12－1 产品价格上调规则

TNO	PRICE
1	上调 10%
2	上调 15%
3	上调 5%

完成本实验的具体步骤如下：

(1)编写程序块“plsql－12－5”，代码如图 12－7 所示。

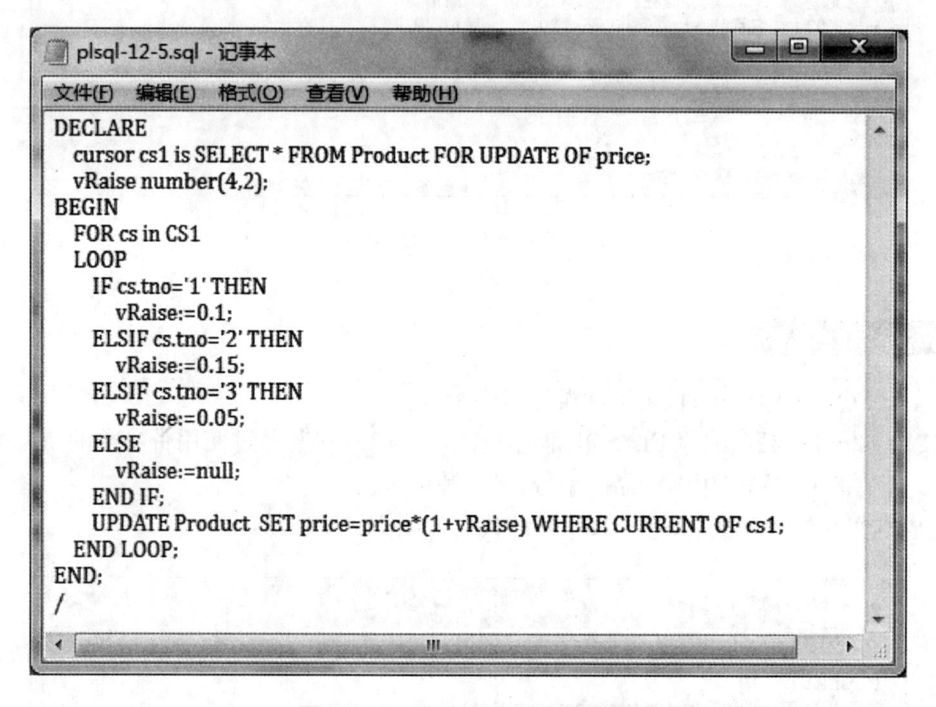

```
DECLARE
  cursor cs1 is SELECT * FROM Product FOR UPDATE OF price;
  vRaise number(4,2);
BEGIN
  FOR cs in CS1
  LOOP
    IF cs.tno='1' THEN
      vRaise:=0.1;
    ELSIF cs.tno='2' THEN
      vRaise:=0.15;
    ELSIF cs.tno='3' THEN
      vRaise:=0.05;
    ELSE
      vRaise:=null;
    END IF;
    UPDATE Product  SET price=price*(1+vRaise) WHERE CURRENT OF cs1;
  END LOOP;
END;
/
```

图 12－7 plsql－12－5 程序代码

(2)编译并运行程序块“plsql－12－5”，结果如图 12－8 所示。

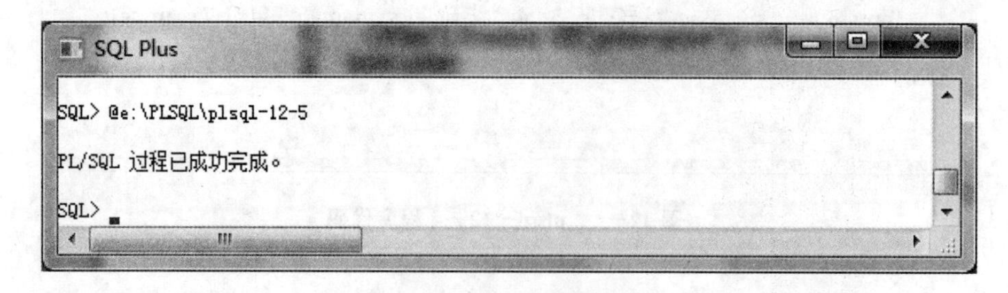

图 12－8 实验结果

(3)在 SQL 提示下输入命令“SELECT * FROM Product;”，查询结果如图 12－9 所示，其中所有产品的单价已按表 12－1 的规则进行了更新。

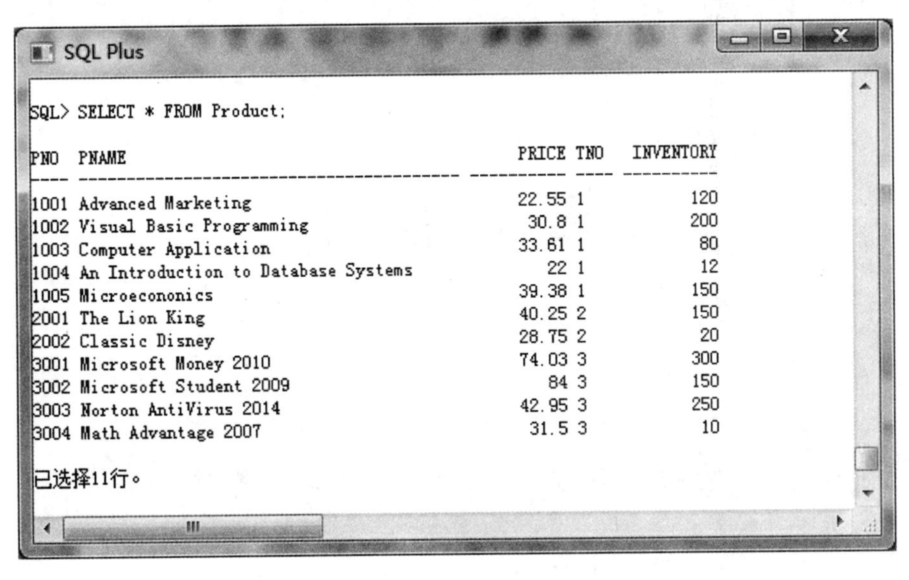

```
SQL> SELECT * FROM Product;

PNO  PNAME                                    PRICE TNO  INVENTORY
---- ---------------------------------------- ----- ---- ----------
1001 Advanced Marketing                       22.55 1           120
1002 Visual Basic Programming                  30.8 1           200
1003 Computer Application                     33.61 1            80
1004 An Introduction to Database Systems         22 1            12
1005 Microeconomics                           39.38 1           150
2001 The Lion King                            40.25 2           150
2002 Classic Disney                           28.75 2            20
3001 Microsoft Money 2010                     74.03 3           300
3002 Microsoft Student 2009                      84 3           150
3003 Norton AntiVirus 2014                    42.95 3           250
3004 Math Advantage 2007                       31.5 3            10

已选择11行。
```

图 12－9　Product 表的查询结果

实验 12－2　补充实验

实验目的

- 掌握游标操作程序的编写和执行。

实验环境

- Oracle11g

实验要求

用 scott 用户名登录到 Oracle11g，并使用 Oracle 自带的 EMP 表和 DEPT 表，自行完成以下补充实验：

1. 编写一个 PL/SQL 程序块“plsql－12－6”，由用户输入一个部门编号，该程序将显示 EMP 表中指定部门的所有雇员的姓名、工作和薪水。

2. 编写一个 PL/SQL 程序块“plsql－12－7”，对名字以“S”或“T”开始的所有雇员的基本薪水提高 20%。

3. 编写一个 PL/SQL 程序块“plsql－12－8”，对所有雇员根据其所从事的工作，按表 12－2中指定的规则进行加薪。

表 12－2　加薪规则

JOB	SALARY
CLERK/SALESMAN	上调 18%
ANALYST	上调 20%
MANAGER	上调 10%
PRESIDENT	上调 8%

实 验 报 告

实验项目名称 实验十二 游标操作

实 验 室 ______

所属课程名称 数 据 库

实 验 日 期 ______

班 级 ______

学 号 ______

姓 名 ______

成 绩 ______

【实验环境】

- Oracle11g

【实验目的】

- 掌握游标的声明和使用方法；
- 掌握游标属性的使用方法；
- 掌握游标 FOR 循环的使用方法；
- 熟悉带参数游标的声明方法；
- 熟悉 FOR UPDATE OF 和 CURRENT OF 子句的使用方法。

【实验结果提交方式】

● 实验 12－1：

·按实验步骤编写和执行各个 PL/SQL 程序，熟悉游标的使用方法，并将实验结果记录在本实验报告中。

● 实验 12－2：

·按实验要求完成各个补充实验，编写相应 PL/SQL 程序，并将实验结果记录在本实验报告中。

● 将本实验报告存放在“XXXXXXXXXX－12.docx”文件中，其中“XXXXXXXXXX”是学号，并在教师规定的时间内通过 BB 系统提交该文件。

【实验 12－1 的实验结果】

记录实验的执行结果。

【实验 12－2 的实验结果】

自行完成补充实验，并记录实验的执行结果。

【实验思考】

1. 简述使用游标的基本步骤。
2. 列举一些在 PL/SQL 中可以使用的游标属性并描述其作用。
3. 举例说明在什么情况下会使用 FOR UPDATE OF 和 CURRENT OF 子句。

【思考结果】

将思考结果记录在本实验报告中。

1.

2.

3.

实验成绩： 批阅老师： 批阅日期：